高等学校遥感信息工程实践与创新系列教材

无人机测绘生产

主编　段延松

副主编　王玥　刘亚文

WUHAN UNIVERSITY PRESS
武汉大学出版社

图书在版编目（CIP）数据

无人机测绘生产/段延松主编.—武汉：武汉大学出版社,2019.7（2023.7
重印）

ISBN 978-7-307-20916-9

Ⅰ.无… Ⅱ.段… Ⅲ.无人驾驶飞机—航空摄影测量 Ⅳ.P231

中国版本图书馆 CIP 数据核字（2019）第 090206 号

责任编辑：杨晓露　　　　责任校对：汪欣怡　　　　版式设计：马　佳

出版发行：**武汉大学出版社**　（430072　武昌　珞珈山）

（电子邮箱：cbs22@whu.edu.cn　网址：www.wdp.com.cn）

印刷：武汉图物印刷有限公司

开本：787×1092　1/16　印张：23.25　字数：542 千字　插页：1

版次：2019 年 7 月第 1 版　2023 年 7 月第 6 次印刷

ISBN 978-7-307-20916-9　　定价：48.00 元

序

实践教学是理论与专业技能学习的重要环节，是开展理论和技术创新的源泉。实践与创新教学是践行"创造、创新、创业"教育的新理念，是实现"厚基础、宽口径、高素质、创新型"复合人才培养目标的关键。武汉大学遥感科学与技术类专业（遥感信息、摄影测量、地理信息工程、遥感仪器、地理国情监测、空间信息与数字技术）人才培养一贯重视实践与创新教学环节，"以培养学生的创新意识为主，以提高学生的动手能力为本"，构建了反映现代遥感学科特点的"分阶段、多层次、广关联、全方位"的实践与创新教学课程体系，夯实学生的实践技能。

从"卓越工程师教育培养计划"到"国家级实验教学示范中心"建设，武汉大学遥感信息工程学院十分重视学生的实验教学和创新训练环节，形成了一整套针对遥感科学与技术类不同专业和专业方向的实践和创新教学体系、教学方法和实验室管理模式，对国内高等院校遥感科学与技术类专业的实验教学起到了引领和示范作用。

在系统梳理武汉大学遥感科学与技术类专业多年实践与创新教学体系和方法的基础上，整合相关学科课间实习、集中实习和大学生创新实践训练资源，出版遥感信息工程实践与创新系列教材，服务于武汉大学遥感科学与技术类专业在校本科生、研究生实践教学和创新训练，并可为其他高校相关专业学生的实践与创新教学以及遥感行业相关单位和机构的人才技能实训提供实践教材资料。

攀登科学的高峰需要我们沉下心去动手实践，科学研究需要像"工匠"般细致入微地进行实验，希望由我们组织的一批具有丰富实践与创新教学经验的教师编写的实践与创新教材，能够在培养遥感科学与技术领域拔尖创新人才和专门人才方面发挥积极作用。

2017 年 3 月

1

前　言

　　航空摄影测量有着悠久的历史，但由于涉及的仪器设备昂贵，一直以来属于贵族型的行业。自数字摄影测量发展并普及后，航空摄影测量内业走出了贵族门槛，但航空摄影的飞行成本仍然很昂贵，而无人机的出现使航空摄影测量彻底变革为大众化、平民化行业。早在20世纪80年代，国际上就开始将无人机应用于测绘工程，无人机全称无人驾驶飞行器，英文Unmanned Aerial Vehicle，缩写为UAV，是利用无线电遥控或自备程序控制操纵的不载人飞机。随着技术发展的成熟，无人机生产成本大幅降低，在各个领域无人机都得到了广泛应用，特别是在现代测绘领域，无人机颠覆了传统测绘的作业方式，通过无人机摄影获取高清晰立体影像数据，自动生成三维地理信息模型，快速实现地理信息的获取，具有效率高、成本低、数据精确、操作灵活等特点，无人机正逐渐成为测绘部门的新宠儿，今后或将成为航空遥感数据获取的"标配"。为了让更多人快速地学习和掌握这种"标配"生产技术，编者收集整理了大量无人机生产软硬件的操作说明以及地面控制点测量常用测量方法，归纳总结为《无人机测绘生产》这本书。

　　撰写本书的目的在于提供基础性的生产操作技能，因此编者把本书的重点放在具体流程操作方面。同时，作为一本入门教材，编者尽可能地保证文字叙述通俗易懂，以具体操作的图形界面为主导，图文并茂地讲解作业操作过程，希望可以给测绘生产技术人员提供一些综合参考，给即将从事测绘工作的学生奠定一些应用基础。

　　本书题材大部分来自武汉大学本科生摄影测量综合生产的课程讲义。外业生产部分总结自GPS测量学讲义和GPS仪器使用说明等，内业生产部分总结自数字摄影测量4D生产综合实习材料、DPGrid软件使用说明等。无人机航空摄影部分是全新的内容，教学现在也还处于初始阶段，无人机相关材料主要来自大疆无人机说明书、飞控软件操作说明书，部分材料也参考了大疆无人机论坛等网站的信息。

　　全书分为9个章节，每章以基础知识入手，概要介绍所涉及的基础理论知识，详细介绍在实际生产中的具体操作步骤。第1章介绍航空摄影测量的设备，包括无人机、摄影测量内业处理工作站等。第2章讲述无人机航空摄影作业方法。第3章讲述地面控制点测量作业方法。第4章到第7章分别介绍内业生产的空中三角测量、DEM生产、DOM生产、DLG生产的作业方法。第8章讲述了从航空摄影到生产出测绘成果的综合生产过程。第9章介绍了近年来在实际生产单位中比较流行的几款摄影测量内业处理软件。

　　本书大部分内容由段延松撰写完成，王玥和刘亚文参加了部分内容的编写，并对全书进行了审稿和修正。感谢武汉大学遥感信息工程学院摄影测量课程组和实习组所有老师提供的教学环节的宝贵经验，还要特别感谢北京达北公司、武汉兆格信息技术有限公司为本教材提供的大量实例以及在编写过程中给予的大力帮助，本书所用的所有软件和数据均存

1

放于武汉兆格信息技术有限公司为作者免费提供的云桌面空间中，若读者有需要可前往空间下载体验。

　　本书也是国家重点研发计划项目《高频次迅捷无人航空器区域组网遥感观测技术》（项目编号 2017YFB0503000）的研究成果之一，在此对项目组的支持和帮助表示感谢。

　　由于编者水平有限，书中难免存在诸多不足与不妥之处，敬请读者批评指正。

编　者

2018 年 12 月于武汉大学

目　　录

第1章 绪 论

无人机测绘是无人机遥感的重要组成部分，一般是指通过无人机搭载数码相机获取目标区域的影像数据，同时在目标区域通过传统方式或 GPS 测量方式测量少量控制点，然后应用数字摄影测量系统对获得的数据进行全面处理，从而获得目标区域三维地理信息模型的一种技术。

1.1　无人机测绘的基本概念

无人机全称无人驾驶飞行器，英文 Unmanned Aerial Vehicle，缩写为 UAV，是利用无线电遥控或自备程序控制装置操纵的不载人飞机。随着地理信息科学与相关产业的发展，各国对遥感数据的需求急剧增长，低成本的 UAV 作为航空摄影和对地观测的遥感平台得到快速发展。

无人机遥感（UAV remote sensing，UAVRS）是利用先进的无人驾驶飞行器技术、遥感传感器技术、遥测遥控技术、通信技术、GPS 定位技术和 POS 定位定姿技术实现获取目标区域综合信息的一种新兴解决方案。无人机遥感具有自动化、智能化、专业化快速获取空间信息的特点，可实现对目标进行实时获取、建模、分析等处理。UAVRS 技术有其他遥感技术不可替代的优点，它能克服传统航空遥感受制于长航时、大机动、恶劣气象条件、危险环境等的影响，又能弥补卫星因天气和时间无法获取感兴趣区信息的空缺，可提供多角度、大范围、宽视野的高分辨率影像信息。

无人机测绘是无人机遥感的一种特殊应用，主要通过无人机对目标区域进行航空摄影，然后利用地面处理系统对数据进行处理，最终制作出目标区域的正射影像图、数字地形图以及三维地物模型。无人机测绘在基础地理信息测绘、地理国情监测、地理信息应急监测方面起到了无可替代的作用。因此，近年来国家测绘地理信息局多次举办无人机航摄系统推广会，在全国范围内大力推广应用国产低空无人飞行器航测遥感系统，同时率先在各省级测绘单位配备使用。在现代测绘中，无人机测绘颠覆了传统测绘的作业方式，通过无人机摄影获取高清晰立体影像数据，自动生成三维地理信息模型，快速实现地理信息的获取，具有效率高、成本低、数据精确、操作灵活等特点，可满足测绘行业的不同需求，正逐渐成为测绘部门的新宠儿，今后或将成为航空遥感数据获取的"标配"。

1.1.1　无人飞行器构造

无人机主要由飞行器和遥控器组成，一些飞行器具备自动返航以及视觉定位系统等，可实现稳定飞行甚至悬停等功能。根据无人飞行器的结构不同，无人飞行器分为固定翼飞行器和旋翼飞行器，固定翼飞行器和旋翼飞行器的结构和动力方式差异非常大，固定翼飞行器与载人的飞机一样，主要由机身、发动机、机翼、尾翼、起落架五部分组成。

①机身——将固定翼飞行器的各部分联结成一个整体的主干部分叫机身。同时机身内可以装载必要的控制机件、设备和燃料等。

②发动机——它是固定翼飞行器产生飞行动力的装置。固定翼飞行器常用的动力装置有：橡筋束、活塞式发动机、喷气式发动机、电动机。

③机翼——是固定翼飞行器在飞行时产生升力的装置，并能保持固定翼飞行器飞行时的横侧安定。

④尾翼——包括水平尾翼和垂直尾翼两部分。水平尾翼可保持固定翼飞行器飞行时的俯仰安定，垂直尾翼可保持固定翼飞行器飞行时的方向安定。水平尾翼上的升降舵能控制固定翼飞行器的升降，垂直尾翼上的方向舵可控制固定翼飞行器的飞行方向。

⑤起落架——供固定翼飞行器起飞、着陆和停放的装置。前部一个起落架，后面两面三个起落架叫前三点式；前部两面三个起落架，后面一个起落架叫后三点式。

旋翼飞行器一般由电机、螺旋桨、飞控板、电调、遥控器、电池等部分组成。

①电机：电机给螺旋桨提供旋转的力量。将电机每分钟的空转速度定义为 kV 值。kV 值越小，转动力越大。电机要与螺旋桨匹配，螺旋桨越大，需要较大的转动力和较小的转速就可以提供足够大的升力。因此螺旋桨越大，匹配电机的 kV 值越小。

②螺旋桨：螺旋桨主要提供升力，同时要抵消螺旋桨的自旋，所以需要正反桨，即对角的桨旋转方向相同，正反相同。相邻的桨旋转方向相反，正反也相反。

③飞控板：通过 3 个方向的陀螺仪和 3 轴加速度传感器控制飞行器的飞行姿态。如果没有飞控板，飞行器就会因为安装、外界干扰、零件之间的不一致性等原因形成飞行力量不平衡，左右、上下胡乱翻滚，根本无法飞行，如果飞控板安装错误，会剧烈晃动，无法飞行。

④电调：电调的作用就是将飞控板的控制信号，转变为电流的大小，以控制电机的转速。电机的电流很大，平均有 3A 左右，如果没有电调，飞控板无法承受这样大的电流。

⑤遥控器：需要控制俯仰（y 轴）、偏航（z 轴）、横滚（x 轴）、油门（高度），最少 4 个通道。所谓遥控器油门，在飞行器当中控制供电电流大小，电流大，电动机转得快、飞得高、力量大。判断遥控器的油门很简单，遥控器 2 个摇杆当中，上下扳动后不自动回到中间的那个就是油门摇杆。

⑥电池：给飞行器提供能源。电池的型号一般是 mAh，表示电池容量，如 1000mAh 电池，如果以 1000mA 放电，可持续放电 1 小时。如果以 500mA 放电，可以持续放电 2 小时。电池后面的 2s，3s，4s 代表锂电池的节数，锂电池 1 节的标准电压为 3.7V，那么 2s 电池，就代表有 2 个 3.7V 电池在里面，电压为 7.4V。电池后面的 C 代表电池的放电能力，这是普通锂电池和动力锂电池最重要的区别，动力锂电池需要很大的电流放电，这个放电能力是用 C 来表示的，如 1000mAh 电池的标准为 5C，得出电池可以以 5000mAh 的电流强度放电。

测绘无人机最重要的功能是对目标拍摄照片，因此需要增加额外的摄像设备，通常摄像设备被称为云台相机。

云台相机：目前无人机所用的航拍相机，除无人机厂商预设于飞行器上的相机外，有部分机型容许用户自行装配第三方相机，例如 Canon 5D 系列单反相机，Panasonic GH4 微单相机等。航拍相机主要通过云台（Gimbal）装设于飞行器之上，云台可以说是整个航拍系统中最重要的部件，航拍视频的画面是否稳定，全要看云台的表现如何。云台一般会内置两组电机，分别负责云台的上下摆动和左右摇动，让架设在云台上的摄像机可维持旋转轴不变，使航拍画面不会因飞行器震动而晃动起来。

以无人机测绘设备大疆精灵 Phantom 3 为例，主要构成部件如图 1-1、图 1-2 所示。

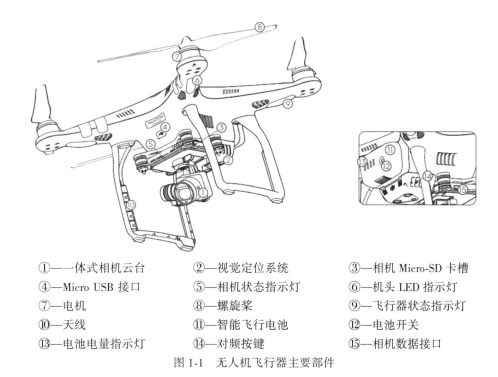

①——一体式相机云台　　　②——视觉定位系统　　　③——相机 Micro-SD 卡槽
④——Micro USB 接口　　　⑤——相机状态指示灯　　　⑥——机头 LED 指示灯
⑦——电机　　　　　　　　⑧——螺旋桨　　　　　　　⑨——飞行器状态指示灯
⑩——天线　　　　　　　　⑪——智能飞行电池　　　　⑫——电池开关
⑬——电池电量指示灯　　　⑭——对频按键　　　　　　⑮——相机数据接口

图 1-1　无人机飞行器主要部件

1.1.2　无人机工作原理

根据牛顿第一运动定律可知：除非受到外来的作用力，否则物体的速度会保持不变，因此若要让飞机平稳飞行，必须保证所有外力合力为零。当飞机在天上保持等速直线飞行时，这时飞机所受的合力为零。与一般人想象不同的是，当飞机保持相同下沉率降落时，这时升力与重力的合力仍是零，升力并未减少，否则飞机会越掉越快。当物体受一个外力后，即在外力的方向产生一个加速度，飞机起飞滑行时引擎推力大于阻力，于是产生向前的加速度，速度越来越快，阻力也越来越大，引擎推力迟早会等于阻力，于是加速度为零，速度不再增加，当然飞机此时早已飞在天空中了。

作用于飞机上的力要刚好平衡，如果不平衡就是合力不为零，根据牛顿第二运动定律就会产生加速度，为了分析方便我们把力分为 X、Y、Z 三个轴力的平衡及绕 X、Y、Z 三个轴弯矩的平衡。轴力不平衡则会在合力的方向产生加速度，飞行中的飞机受的力可分为

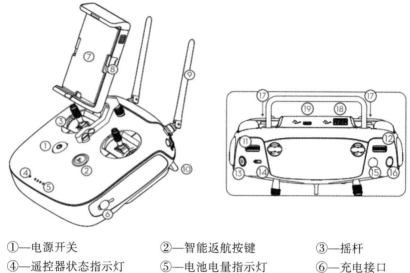

①—电源开关 　　　　　②—智能返航按键 　　　　③—摇杆
④—遥控器状态指示灯 　⑤—电池电量指示灯 　　　⑥—充电接口
⑦—移动设备支架 　　　⑧—手机卡扣 　　　　　　⑨—天线
⑩—握手 　　　　　　　⑪—云台俯仰控制拨轮 　　⑫—相机设置转盘
⑬—录影按键 　　　　　⑭—飞行模式切换开关

图 1-2　无人机遥控器主要部件

升力、重力、阻力、推力，如图 1-3 所示。升力由机翼提供，推力由引擎提供，重力由地心引力产生，阻力由空气产生，我们可以把飞机受的力分解为两个方向的力，称 X 及 Y 方向的力（还有一个 Z 方向的力，但对飞机不是很重要，除非是在转弯过程中）。飞机等速直线飞行时，X 方向阻力与推力大小相同，方向相反，故 X 方向合力为零，飞机速度不变；Y 方向升力与重力大小相同，方向相反，故 Y 方向合力亦为零，飞机不升降，所以会保持等速直线飞行。

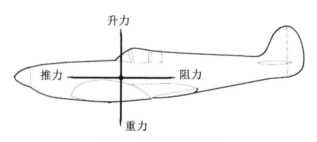

图 1-3　飞机受力示意图

弯矩不平衡则会产生旋转加速度，对飞机来说，X 轴弯矩不平衡飞机会滚转，Y 轴弯矩不平衡飞机会偏航，Z 轴弯矩不平衡飞机会俯仰，如图 1-4 所示。

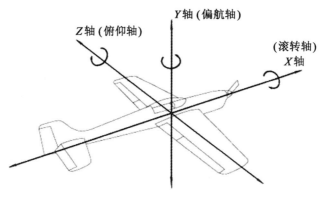

图 1-4 飞机运动角定义

1.1.3 无人机在测绘中的应用

世界上许多国家正在建立民用无人机产业，并推动其得以广泛应用，中国无人机产业也取得了很大进展，产品已经开始出口到国外高端市场。相关专家指出，随着无人机装备的发展和服务队伍的建设，我国已能够利用无人机为国民经济建设服务，无人机发展已经进入社会应用的新时期。

基础测绘在国民经济和社会发展中，起着基础性、先行性、公益性的作用。航空摄影测量方式是基础测绘获取数据的最有效的途径之一，但局限于数据处理工作复杂、分辨率低，时效性和灵活性也远不能满足实际需求。无人机航摄系统作为传统航空摄影测量技术的有益补充，日益成为获取空间数据的重要手段，其具有机动灵活、高效快速、作业成本低的特点，已在困难地区大比例尺地形图测绘、应急救灾和土地执法监察等领域开展应用。为适应城镇发展的总体需求，提供综合地理、资源信息，各地区、各部门在综合规划、田野考古、国土整治监控、农田水利建设、基础设施建设、厂矿建设、居民小区建设、环保和生态建设等方面，无不需要最新、最完整的地形地物资料，这已成为各级政府部门和新建开发区亟待解决的问题。无人机测绘技术也可以广泛应用于国家生态环境保护、矿产资源勘探、海洋环境监测、土地利用调查、水资源开发、农作物长势监测与估产、农业作业、自然灾害监测与评估、城市规划与市政管理、森林病虫害防护与监测、公共安全、国防事业、数字地球以及广告摄影等领域，在这些领域有着广阔的市场需求。

1. 无人机测绘的优势

1）安全性和可靠性

随着科学技术的进步，无人机技术已经有了较大的发展，在地形测量方面的可靠性已经有了较大的提高。利用无人机，可以不需要机上工作人员，所以在使用过程中，可以充分发挥出无人机自身的优越性。不同于直升机等载人的飞机，无人机的起落不需要专门的场地，在不同的地形中也可以正常运作，大大提高了无人机的使用效率。经过设置后，无人机可以根据预先的路线进行作业，事先制订的计划可以充分发挥作用，保证数据的准确性。经过无人机采集的数据，也可以根据事先的程序设定，及时地传到地面的工作地点，可以及时地进行数据的交换。

2）成本较低，数据处理费用少

无人机的控制系统相对于普通的航拍飞机较为简单，无人机的造价要远低于普通的航拍飞机，起降也没有固定场地的需求，利用无人机航空摄影技术进行数据处理时，总的费用较低，性价比较高。此外，无人机驾驶员只需在地面通过遥感系统来进行操作，因此无人机驾驶员上岗执照的获取较为简单，使得驾驶员的上岗时间缩短。无人机通常采用的材料都是轻质量的碳纤维复合材料，其后期的维修、保养也较为简单便捷。

3）机动灵活性

无人机相对于普通的航拍飞机而言，其体型更加娇小，升空的时间更短，不需要专门的升降起跑场地就可以快速升空，并且正常运行。通常情况下，在进行测量前会先给无人机制定出其在测量时的飞行路线，在进行测量时，无人机能够根据设定好的路线自动飞行。因其稳定性较好，不仅能够进行高强度的航拍工作，还能够提高航拍的准确性与精准度。在无人机飞行用油的情况下，由于无人机并不需要载人，在耗油量相同时，无人机与普通的航拍飞机相比能够飞得更远、飞的时间更长。

4）高分辨率、多角度的影像

无人机搭载的数码成像设备都是一些新型、高精度的设备，能够从多个方向进行摄影成像，例如从垂直角度、倾斜角度和水平角度等。无人机在进行拍摄时，拍摄的角度可以多变，还可以进行多角度的交错拍摄，全方位地获取测量地点的数据，可以解决建筑物的遮挡问题，从而使得测量的精度更高，而传统的单一角度拍摄很难做到这一点。

2. 无人机测绘的不足

1）飞行不够平稳

机体轻是无人机的一大优点，但同时由于无人机机体很轻，当飞行高度升高时，容易受高空风力的影响，从而导致无人机飞行不稳定。在测绘领域的应用中，处理一些突发性事件时，工作的环境大多是山区及高原地区。在空进行无人机飞行会受风向和风速的影响，而无法进行低空拍摄作业，或拍摄的遥感影像无法达到精度要求。一般情况下，只有增加飞机的自身重量才能提高无人机的抗风性能，然而这样就无法满足现实起降要求。如何解决测绘无人机的起降技术和抗风性能，是目前测绘无人机的关键技术之一。

2）传感器不够完善

普通的无人机由于技术的限制和要求，尚不能搭载精度较高的传感器，这使得监测工作无法获取精度较高的信息和图像，无法满足大比例尺的测绘要求。

3）对通信系统的依赖性大

由于无人机是通过技术人员进行操作，利用传感器的传递信号来实现和完成的，无人机的控制程序对通信系统的依赖程度很高。无人机对 GPS 和通信系统的依赖使黑客很容易通过编码程序来干扰无人机的正常飞行，引发安全问题。

3. 无人机测绘注意事项

1）定期检查相关设备

在使用无人机遥感技术进行测绘前，要想提高其测绘质量，工作人员还需定期检查和调适其相关设备：①应确保相关设备符合相关的质量标准，且都是经过检定合格的设备，并根据工程测绘的实际需要适当调整设备的使用。②要对其通信设备、地面电台、电源系统、记录系统等相关设备进行定期检查，例如连接航摄平台进行通电检查等，从而确保这些设备和系统具备良好的运行状态。③在进行遥感测绘工作时，还应检查像片的重叠度、航线弯曲度、倾角、旋角以及影像的质量。例如在检查影像质量时，可目测其清晰度、色彩等效果。

2）严格控制飞行和摄影质量

为提高无人机拍摄工作的效率与水平，在实际使用中，相关操作人员还应严格控制无人机飞行和摄影的质量：①需要严格按照规定的时间进场，并明确相关的起飞和降落方式、起飞重量等，还应控制好飞行速度，进而获取更加高清的测绘影像。②应设计和控制好无人机飞行的高度，掌握好拍摄区域实际航高与设计行高之间的高度差，并将其控制在合理范围内。还应控制好无人机的飞行状态，避免 GPS 定位系统等产生信号混乱现象而影响拍摄的准确性。同时，在无人机飞行过程中还应控制好其上升和下降的飞行速率。除此之外，工作人员还应规划并制定出完善的安全保护方案，从而保证无人机在飞行过程中的安全。在进行拍摄时，应确保没有航摄遗漏的现象发生，若有遗漏则需要进行补摄。

3）优化像控点测量流程

为提高无人机遥感技术拍摄像控点布设工作的有效性，需要不断优化像控点测量的流程：①应根据工程需要明确具体的拍摄区域和范围，并检验拍摄区域自由网的效果，快速生成自由网快拼图等。②应根据测量区域的地形地势特点等设计并制作出像控点测量布设方案，并确保像控点像片的质量。在进行数据采集和处理时，相关工作人员需要注意不能将原始观测记录进行删除或修改，也不能在无人机数据处理等系统中设定任何能够对数据进行重新加工组合的操作指令，进而保存真实的原始工程测绘数据，以便日后能够进行科学的调整等。

4. 无人机在测绘中的具体用途

1）影像资料获取

无人机遥感技术在进行测量时，首先要选择合适的飞行平台，飞行平台要根据地形地貌的特点进行适当的选择。与传统的影像获取手段不同，无人机的飞行旋偏角大而像幅小，因此，在获取影像资料时，可以采用空中三角测量技术，空中三角测量技术通过对拍摄进行纠正和修复，可以有效地防止拍摄中的漏洞。

2）突发事件处理

在突发事件中，如果用常规的方法进行地形图测绘与制作，往往达不到理想效果，且周期较长，无法实时进行监控。如 2008 年汶川地震救灾中，由于震灾区是在山区，且自然环境较为恶劣，天气比较多变，多以阴雨天为主，利用卫星遥感系统或载人航空遥感系统，无法及时获取灾区的实时地面影像，不便于进行及时救灾。而无人机的航空遥感系统则可以避免以上情况，能迅速进入灾区，对震后的灾情调查、地质滑坡及泥石流灾害等实施动态监测，并对道路损害及房屋坍塌情况进行有效的评估，为后续的灾区重建工作等方面提供了更有力的帮助。

3）特殊目标获取

无人机遥感在特殊目标获取方面的应用主要是专题测绘目标的获取等，利用无人机遥感对该特殊目标进行获取，所获得的影像精度高，并且特殊目标位置准确，对大比例尺图幅的快速制作有很大的帮助，大大节省了人力、物力。

1.2 无人机测绘系统的组成

无人机测绘系统主要由数据获取和地面数据处理两部分组成。数据获取部分的功能是通过无人机对目标进行影像数据获取。数据获取系统由无人机、摄影机（相机）、无人机飞控系统组成，通常将这一部分称为航空摄影系统。地面数据处理部分的功能是对获得的数据进行专业处理，包括空中三角测量、DEM 生产作业、DOM 生产作业、DLG 生产作业等，最终形成目标区域的三维模型信息，这一部分也被称为摄影测量系统（软件）。

1.2.1 无人机航空摄影系统

1. 无人机航空摄影概念

无人机操作系统是通过无线电遥控控制器或机载计算机远程控制系统对不载人飞行器进行控制。无人机航拍摄影就是以无人机操作系统为平台媒介，通过以高分辨率的数字遥感设备作为信息的获取载体，通过低空高分辨率的摄像机进行遥感数据的获取。当前，数字化时代建设进程速度明显加快，建立定期更新的地理信息数据库，对地形地貌的动态监测变化情况进行实时关注，都离不开无人机航拍系统的运用。目前，我国对于无人机航拍系统硬件技术的掌握还不够成熟，相关的软件信息技术也不够完善，无人机航拍测图的最大精度只能达到 1∶2000 比例尺要求，1∶1000 的数据生产还处于试验研究阶段。

2. 无人机航空摄影常用操作

1）准备拍摄阶段

准备拍摄阶段包括对无人机的选型、资料收集及现场勘测和航拍线路设计等环节。无人机航拍器的现场勘测工作是通过组织一些经验丰富的专业技术人员和航拍专业人员进行现场勘察，检查四角坐标是否在规定的数据范围内，基准面的实际情况和航拍飞行器的航拍难度及对起飞、降落点的选定。

2）外部作业拍摄调查阶段

外部作业拍摄调查阶段的基本工作是对无人机进行飞行路线、布控方案的制定，用来展开无人机航拍器的外部影像拍摄控制点测量工作及外部的调绘工作。无人机在进行外部拍摄作业调查时，由于受天气原因的影响，可能会导致局部影像信息的旋转角度过大，需要在航拍飞行结束后检查无人机的飞行质量，确保无人机航拍数据的处理效果和处理质量。目前，无人机航拍系统通过利用 GPS 技术对影像控制点进行测量，其测量方式主要是静态测量、快速静态测量和 GPS RTK 测量技术。

3. 无人机航空摄影的特点

无人机航拍飞行系统因其自身平台的特点，使航拍系统与传统摄像之间存在很大区别。与传统摄像相比，无人机的航拍系统主要特点在于：搭载非测量数码相机，无人机拍摄平台的飞行姿势不够稳定，拍摄的画面幅度小且重叠在一起，具有一定的不准确性。根据对无人机航拍器的实际操作经验研究，影像的重叠率应在 60%~80%，不能低于 53%；拍摄的旁向重叠度要设置在 15%~60%，数值设置不能低于 8%。

无人机在飞行中的姿态不稳定，飞行时只能负载小型的数码摄像机，拍照幅度较小，操作处理工作量大，遥感定位系统的抗电磁干扰能力差，极易发生无人机失踪或坠地情况。飞行不稳定对无人机航拍最主要的影响是精度问题。由于无人机在飞行过程中的飞行姿态不稳定，相片的倾斜角度会引发航拍影像发生变形，导致所获取的影像资料的精度不高，影响整体航拍测绘的效果和质量。

无人机航拍系统作为现代化先进的航空拍摄手段和拍摄方式，能够有效填补地理信息的空白，无人机航拍系统具有灵活度大、运行快速、无人机作业投入成本低等特点，无人机在满足应急服务的前提保障下，正不断扩大其应用范围，拍摄范围在不断扩大。在保证灵活机动的前提下，要适当提高无人机航拍器的任务载荷，提高无人机航拍系统的高空姿态控制能力和对无人机飞行拍摄的参数记录能力，改善无人机的抗风能力，提升拍摄的稳定性，加强无人机自主起降的精准度和安全性。

1.2.2 无人机摄影测量系统

航空摄影测量主要通过飞机、飞艇、无人机等在空中对地面进行摄影，可实现大范围的地表信息获取，非常适用于地形测绘。航空摄影测量成图快、效率高、成品形式多样，可生产纸质地形图、数字线划图（Digital Line Graphics，DLG）、数字高程模型（Digital Elevation Model，DEM）、数字正射影像（Digital Orthophoto Map，DOM）和数字栅格地图（Digital Raster Graphics，DRG）等地图产品，其中 DLG、DEM、DOM、DRG 被合称为摄影测量 4D 产品，而生产 4D 的过程主要是在室内完成的，因此人们将对获取的影像在室内进行摄影测量处理，生产出 4D 产品的过程称为内业生产。

摄影测量发展至今，经历了模拟法摄影测量、解析法摄影测量和数字摄影测量三个发展阶段，各个阶段都拥有各自特色的生产仪器和设备。

在模拟法摄影测量时代，内业主要仪器是采用光学投影器或机械投影器或光学-机械投影器"模拟"摄影过程，用它们交会被摄物体的空间位置（摄影光束的几何反转），所以称其为"模拟摄影测量仪器"。在这一时期，摄影测量工作者们都在自豪地欣赏着 20 世纪 30 年代德国摄影测量大师 Gruber 的一句名言"摄影测量就是能够避免繁琐计算的一种技术"。在模拟摄影测量的漫长发展阶段中，摄影测量科技的发展可以说基本上是围绕着十分昂贵的模拟立体测图仪进行的。立体测图的基本原理是摄影过程的几何反转，模拟立体测图仪是利用光学机械模拟投影的光线，由"双像"上的"同名像点"进行"空间前方交会"获得目标点的空间位置，建立立体模型，进行立体测图。用以模拟投影光线的光机部件，称为"光机导杆"。根据投影方式的不同，模拟立体测图仪可分为光学投影、光学-机械投影与机械投影三种类型，图 1-5 和图 1-6 是各种不同类型的模拟立体测图仪。

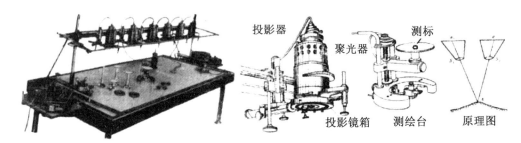

图 1-5　多倍仪（光学投影）

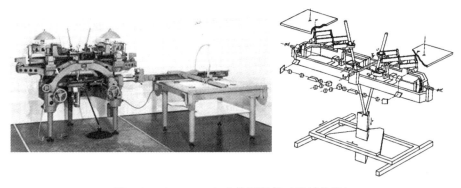

图 1-6　A8 Autograph 立体测图仪（机械投影）

随着模数转换技术、电子计算机与自动控制技术的发展，Helava 于 1957 年提出了摄影测量的新概念，就是"用数字投影代替物理投影"。所谓"物理投影"就是上述"光学的、机械的，或光学-机械的"模拟投影。"数字投影"就是利用电子计算机实时地进行投影光线（共线方程）的解算，从而交会被摄物体的空间位置。当时，由于电子计算机十分昂贵，且常常受电子故障的影响，而且，实际的摄影测量工作者通常没有受过有关计算机的训练，因而没有引起摄影测量界很大的兴趣。但是，意大利的 OMI 公司确信 Helava 的新概念是摄影测量仪器发展的方向，他们与美国的 Bendix 公司合作，于 1961 年制造出第一台解析测图仪 AP/1。后来又不断改进，生产了一批不同型号的解析测图仪 AP/2，AP/C 与 AS11 系列等。这个时期的解析测图仪多数为军用，AP/C 虽是民用，但也没有获得广泛应用。直到 1976 年在赫尔辛基召开的国际摄影测量协会的大会上，由 7 家厂商展出了 8 种型号的解析测图仪，解析测图仪才逐步成为摄影测量的主要测图仪。到 20 世纪 80 年代，由于大规模集成芯片的发展，接口技术日趋成熟，加之微机的发展，解析测图仪的发展更为迅速。后来，解析测图仪不再是一种专门由国际上一些大的摄影测量仪器公司生产的仪器，有的图像处理公司（如 I²S，Intergraph 公司等）也生产解析测图仪。摄影测量的这一发展时期有代表性的仪器设备就是"解析立体测图仪"。图 1-7 所示是解析立体测图仪原理图，图 1-8 是几种著名的解析立体测图仪。

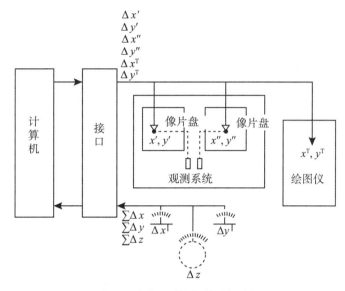

图 1-7　解析立体测图仪原理图

图 1-8　AP/C3 解析立体测图仪和 BC1 解析立体测图仪

数字摄影测量的发展起源于摄影测量自动化的实践，即利用影像相关技术，实现真正的自动化测图。摄影测量自动化是摄影测量工作者多年来所追求的理想，最早涉及摄影测量自动化的专利可追溯到 1930 年，但并未付诸实施。直到 1950 年，才由美国工程兵研究发展实验室与 Bausch and Lomb 光学仪器公司合作研制了第一台自动化摄影测量测图仪。当时是将像片上灰度的变化转换成电信号，利用电子技术实现自动化。这种努力经过了许多年的发展历程，先后在光学投影型、机械型或解析型仪器上实施，例如 B8 - stereomat，Topomat 等。也有一些专门采用 CRT 扫描的自动摄影测量系统，如 UNAMACE，GPM 系统。与此同时，摄影测量工作者也试图将由影像灰度转换成的电信号再转变成数字信号（即数字影像），然后，由电子计算机来实现摄影测量的自动化过程。美国于 20 世纪 60

11

年代初研制成功的 DAMC 系统就是属于这种全数字的自动化测图系统。它采用 Wild 厂生产的 STK-1 精密立体坐标仪进行影像数字化，然后用 1 台 IBM 7094 型电子计算机实现摄影测量自动化。

　　武汉测绘科技大学（现武汉大学）王之卓教授于 1978 年提出了发展全数字自动化测图系统的设想与方案，并于 1985 年完成了全数字自动化测图系统 WUDAMS（后发展为全数字摄影测量系统 VirtuoZo，图 1-9），就是采用数字方式实现摄影测量自动化。1988 年京都国际摄影测量与遥感协会第 16 届大会上展出了商用数字摄影测量工作站 DSP-1。尽管 DSP-1 是作为商品推出的，但实际上并没有成功地应用于生产。直到 1992 年 8 月在美国华盛顿第 17 届国际摄影测量与遥感大会上，有多套较为成熟的产品展示，表明了数字摄影测量工作站正在由试验阶段步入摄影测量的生产阶段。1996 年 7 月，在维也纳 18 届国际摄影测量与遥感大会上，展出了十几套数字摄影测量工作站，表明数字摄影测量工作站已进入了使用阶段。

图 1-9　数字摄影测量系统 LH 和 VirtuoZo

　　在这以后，数字摄影测量得到了迅速发展，数字摄影测量工作站得到了越来越广泛的应用，它的品种也越来越多。2001 年，德国 Hanover 大学摄影测量和工程测绘学院的 Heipke 教授为数字摄影测量工作站的现状做了一个很好的回顾与分析，他提到根据系统的功能、自动化的程度与价格，目前国际市场上的 DPW 可分为四类，第一类是自动化功能较强的多用途数字摄影测量工作站，由 Autometric，LH System，Z/I Imaging，Erdas，Inpho 与 Supresoft 等公司提供的产品即属于此类产品；第二类是较少自动化的数字摄影测量工作站，包括 DVP Geometrics，ISM，KLT Associates，R-Wel 及 3D Mapper，Espa Systems，Topol Software/Atlas 与 Racures 等公司提供的产品；第三类是遥感系统，由 ER Mapper，Matra，Mircolmages，PCI Geometrics 与 Research Systems 等公司提供，大部分没有立体观测能力，主要用于产生正射影像；第四类是用于自动矢量数据获取的专用系统，目前还没有成功用于生产的系统。

　　数字摄影测量工作站的自动化功能可分为：①半自动（semi-automatic）模式，它在人、机交互状态下进行工作；②自动（automated）模式，它需要作业员事先定义、输入各种参数，以确保其完成操作的质量；③全自动（full-automated）模式，它完全独立于作业员的干预。目前大多数数字摄影测量工作站具有自动模式功能，自动工作模式所需要的质量控制参数的输入，取决于作业员的经验，对此不能掉以轻心。因此，在运行数字摄影测量工作站的自动工作模式时，所需要输入参数的多少，对作业员所需经验的多少，应该是衡量数字摄影测量工作站是否强健（robust）的一个重要指标。一个好的自动化系统应该具备的条件是：所需参数少；系统对参数不敏感。以前，不少数字摄影测量工作站实质上是一台用于处理数字影像的解析测图仪，基本上是人工操作。从发展的角度而言，这一类数字摄影测量工作站不能属于真正意义上的数字摄影测量的范畴。因为数字摄影测量与解析摄影测量之间的本质差别，不仅仅在于是否能处理数字影像，最重要的是应该考察其是否将数字摄影测量与计算机科学中的数字图像处理、模式识别、计算机视觉等密切地结合在一起，将摄影测量的基本操作不断地实现半自动化、自动化，这是数字摄影测量的本质所在。例如影像的定向、空中三角测量、DEM 的采集、正射影像的生成，以及地物测绘的半自动化与自动化，使它们变得越来越容易操作。对于一个操作人员而言，这些基本操作似乎是一个"黑匣子"，他们并不一定需要摄影测量专业理论的培训（Ir Chung，1993），只有这样数字摄影测量才能获得前所未有的广泛应用。

一台完整的数字摄影测量系统通常包括专业硬件设备和摄影测量软件系统，专业硬件设备主要是立体影像显示设备和三维坐标输入（或称拾取）设备，立体影像显示设备主要是计算机显卡、显示器和对应的立体眼镜，三维坐标输入设备一般是手轮脚盘或者三维鼠标。

1. 专业硬件设备

1）立体显示与观测设备

立体显示是摄影测量与虚拟仿真的一个实现基础，在测绘领域具有十分重要的地位。根据人眼视差的特点，让左右眼分别看到不同的图像是立体显示的基本原理。实现方法主要是补色法、光分法和时分法等，对应的设备包括双色眼镜、主动立体显示、被动同步的立体投影设备。由于测图生产的需要，本书只介绍与 4D 生产实习有关的双色眼镜、主动立体观测设备及立体显示设备。

双色眼镜是最常用的一种立体观测设备，如图 1-10 所示。这种模式下，在屏幕上显示的图像将先由驱动程序进行颜色过滤。渲染给左眼的场景将被过滤掉红色光，渲染给右眼的场景将被过滤掉青色光（红色光的补色光，绿光加蓝光）。然后观看者使用一个双色眼镜，这样左眼只能看见左眼的图像，右眼只能看见右眼的图像，物体正确的色彩将由大脑合成。这是成本最低的方案，但一般只适合于观看全身的场景，对于其他真彩显示场景，由于丢失了颜色的信息可能会造成观看者的不适。

图 1-10 双色眼镜

主动立体显示设备最常见的是闪闭式立体眼镜以及对应的信号发射器，如图 1-11 所示。闪闭式立体又称为时分立体或画面交换立体，这个模式以一定速度轮换地传送左右眼图像，显示端上轮流显示左右两眼的图像，观看者需戴一副液晶眼镜，当左眼图像出现时，左眼的液晶体透光，右眼的液晶体不透光；相反，当右眼图像出现时，只有右眼的液晶体透光，左右两眼只能看见各自所需的图像。

图 1-11 闪闭式立体眼镜及其对应的信号发射器

这种模式需要立体显示卡的配合使用。立体显示卡是具有双头输出的显卡，如图 1-12 所示。立体显示卡的驱动程序将同时渲染左右眼的图像，并通过特殊的硬件输出和同步（如采用偏振分光眼镜进行同步投影）左右两张图像。闪闭式立体需要显示卡的驱动程序交替地渲染左右眼的图像，例如第一帧为左眼的图像，那么下一帧就为右眼的图像，再下一帧再渲染左眼的图像，依次交替渲染。然后观测者将使用一副快门眼镜。快门眼镜通过有线或无线的方式与显卡和显示器同步，当显示器上显示左眼图像时，眼镜打开左镜片的快门同时关闭右镜片的快门，当显示器上显示右眼图像时，眼镜打开右镜片的快门同时关闭左镜片的快门。看不见的某只眼的图像将由大脑根据视觉暂存效应保留为刚才画面的影像，只要在此范围内的任何人戴上我们的立体眼镜都能观看到立体影像。这种方法将降低图像一半的亮度，并且要求显示器和眼镜快门的刷新速度都达到一定的频率，否则也会造成观看者的不适。

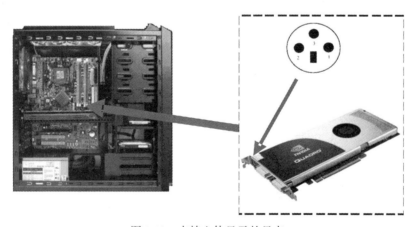

图 1-12 支持立体显示的显卡

2）手轮脚盘设备

手轮脚盘设备是数字摄影测量系统用于立体测图的主要工具，是在三维测图坐标系实现调整和操作的计算机仿真输入系统。如图 1-13 所示，手轮代表摄影测量坐标系的 X、Y 轴，脚盘代表 Z 轴，A、B 用于功能控制，进行确认或取消的功能操作。

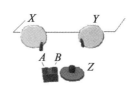

图 1-13　手轮脚盘设备

3）三维鼠标

三维鼠标是除手轮脚盘外另一重要的交互设备，用于 6 个自由度 VR 场景的模拟交互，可从不同的角度和方位对三维物体进行观察、浏览、操纵，可与立体眼镜结合使用。作为跟踪定位器，也可单独用于 CAD/CAM、Pro/E、UG。如图 1-14 所示，作为输入设备，此种三维鼠标类似于摇杆加上若干按键的组合，由于厂家给硬件配合了驱动和开发包，因此在视景仿真开发中使用者可以很容易通过程序，将按键和球体的运动赋予三维场景或物体，实现三维场景的漫游和仿真物体的控制。

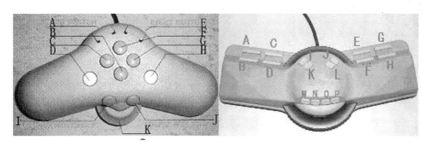

图 1-14　三维鼠标

4）其他硬件设备

数字摄影测量工作站的其他硬件设备，如作为输入设备的影像数字化仪（扫描仪）主要用于将胶片或纸质影像数字化；作为输出设备的矢量绘图仪、栅格绘图仪以及批量出版用的印刷设备等，主要用于数字产品的输出。

2. 传统摄影测量软件

数字摄影测量软件由数字影像处理模块、模式识别模块、解析摄影测量模块及辅助功能模块组成。

数字影像处理模块主要包括影像旋转、影像滤波、影像增强、特征提取等；

模式识别模块主要包括特征识别与定位（包括框标的识别与定位）、影像匹配（同名点、线与面的识别）、目标识别等；

解析摄影测量模块主要包括定向参数计算、空中三角测量解算、核线关系解算、坐标计算与变换、数值内插、数字微分纠正、投影变换等；

辅助功能模块主要包括数据输入输出、数据格式转换、注记、质量报告、图廓整饰、人机交互等；

国际国内主流的传统摄影测量软件系统有以下几种。

1）ImageStation SSK 摄影测量系统（Intergraph 公司）

ImageStation SSK（Stereo Soft Kit）是美国 Intergraph 公司推出的数字摄影测量系统，它把解析测图仪、正射投影仪、遥感图像处理系统集成为一体，与 GIS（地理信息系统）以及 DTM（数字地形模型）在工程 CAD 中的应用紧密结合在一起，形成强大的具备航测内业所有工序处理能力的以 Windows 操作系统为基础的数字摄影测量系统，如图 1-15 所示。Intergraph 是目前世界上最大的摄影测量及制图软件的提供商之一，提供完整的摄影测量解决方案，其 ImageStation 系列软件已推出 20 年以上，具有深厚的理论基础。ImageStation SSK 不仅能处理传统的航摄数据和数字航摄相机的数据，还具备强大的卫星数据处理能力，包括 IKONOS、SPOT、IRS、QUICKBIRD、LANDSET 等商业卫星。同时，它亦具备近景摄影测量功能，是涵盖摄影测量全领域的完全解决方案。

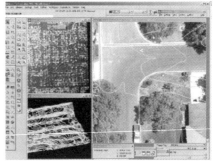

图 1-15　Intergraph 公司的 ImageStation SSK 摄影测量系统

ImageStation SSK 包含项目管理模块 ImageStation Photogrammetric Manager（ISPM）、数字测量模块 ImageStation Digital Mensuration（ISDM）、立体显示模块 ImageStation Stereo Display（ISSD）、DTM 采集模块 ImageStation DTM Collection（ISDC）、基础纠正模块 ImageStation Base Rectifier（ISBR）、遥感图像处理软件 ImageStation Raster Analyst Softcopy（IRASC）、自动 DTM 提取模块 ImageStation Automatic Evaluation（ISAE）、自动空三模块 ImageStation Automatic Triangulation（ISAT）、正射影像处理模块 ImageStation Ortho Pro（ISOP）等。其各模块简介如下：

项目管理模块（ISPM）：项目管理模块提供航测生产流程所需的管理工具。该模块提供工程编辑、数据导入与输出标准数据报告、工程归档等。

数字测量模块（ISDM）：数字测量模块生成的影像点坐标可以直接用于 Z/I 或第三方的空三计算软件。灵活的多窗口影像显示环境有助于高效量测多度重叠区的连接点。自动相关和在线完整性检查能提高精度、生产效率和可靠性。影像增强和处理功能能极大地帮助操作者进行量测。

立体显示模块（ISSD）：立体显示模块提供在 MICROSTATION 环境中的立体像对的显示和操作，如高精度三维测标跟踪，矢量数据立体叠加显示，立体漫游，影像对比度和亮度的调整等。

DTM 采集模块（ISDC）：DTM 采集模块以交互方式在立体模型上采集数字地形模型数据、高程点、断裂线及其他地形信息。它也可以用来编辑已有的 DTM 数据。用户通过它可以动态实时地看到三角网或等高线的变化。ISDC 使用特征表来定义地形特征。它也是 ISAE 的输入和接受部分。

基础纠正模块（ISBR）：基础纠正模块是基于交互式和批处理的正射纠正软件，能处理航空和卫星数据，适合不同规模生产单位的需要。ISBR 产生的正射影像可用于影像地图生产。它的操作界面简单易用，效率极高。

遥感图像处理软件（IRASC）：遥感图像处理软件是适用于制图、航测成图、地理信息系统及市政工程的图像处理软件。它能显示和处理二值、灰度和彩色影像。在整个生产流程中 IRASC 可随时对影像进行处理及增强。

自动 DTM 提取模块（ISAE）：自动 DTM 提取模块能根据航空或卫星立体影像自动生成高程模型。它利用影像金字塔数据结构和处理算法，并自动进行实时核线重采样。它生成的 DTM 模型可由 ISDC 进行编辑修改及用于 ISOP 等软件生成正射影像。

自动空三模块（ISAT）：自动空三模块自动进行连接点生成和空三计算。它在做影像匹配时，利用内置的光束法自动产生多度重叠的连接点。ISAT 允许利用图形选择相片/模型/测区，项目大小不受限制，支持 GPS／惯导处理（例如 Applanix POSEO）、相机检校、自检校参数自动设置及分析、空三结果的图形分析等。ISAT 能支持从内定向、连接点自动提取到空三计算及分析的全部流程。

正射影像处理模块（ISOP）：是集成正射纠正功能的具备正射影像产品生产的全功能软件，包括正射生产任务计划、正射纠正、匀光处理、真实正射纠正、色调均衡、自动生成拼接线、镶嵌、裁剪和质量评估。它能将不同原始数据的坐标系转换为统一的成图坐标系。它将复杂的正射生产环节集成为一个简单高效的工作流程。

卫星空三模块（ISDM）：卫星空三模块提供各种数字影像的多片量测环境。提供处理 SPOT、IRS、QuickBirds 和 Landsat 的星历数据和轨道参数做空三计算。

2）InPho 摄影测量系统（Trimble 公司）

InPho 摄影测量系统是由世界著名的测绘学家 Fritz Ackermann 教授（武汉大学李德仁院士的导师）于 20 世纪 80 年代在德国斯图加特创立，并于 2007 年加盟 Trimble 导航有限公司，系统如图 1-16 所示。历经 30 年的生产实践、创新发展，InPho 已成为世界领先的数字摄影测量及数字地表/地形建模的系统供应商。InPho 支持各种扫描框幅式相机、数字 CCD 相机、自定义相机、推扫式相机以及卫星传感器获取的影像数据的处理。其主要功能已覆盖摄影测量生产的各个流程，如定向处理（空中三角测量）、DEM、DOM 等的

4D 产品生产以及地理信息建库处理等。InPho 以其模块化的产品体系使得它极为方便地整合到其他工作流程中，为全球各种用户提供便捷、高效、精确的软件解决方案及一流的技术支持，其代理经销商和合作伙伴遍布全球。

图 1-16　Trimble 公司的 InPho 摄影测量系统

InPho 系列产品包括系统核心 Applications Master，定向模块 MATCH-AT、InBLOCK，地形地物提取模块 Summit Evolution、MATCH-T DSM，影像正射纠正及镶嵌模块 OrthoMaster、OrthoVista，以及地理建模模块 DTMaster、SCOP++。各模块既可以相互结合进行实践应用，又可以独立实现各自功能，并能够非常容易地整合到任何一个第三方工作流程中，其各模块简介如下：

MATCH-AT 是基于先进而独特的影像处理算法为用户提供高精度、高效率、高稳定性的航空三角摄影测量软件。对于各种航空框幅式相机、数字框幅式 CCD 相机、推扫式 ADS 系列相机甚至无人机承载的数码相机等获取的影像均可实现完全自动化的高效空三处理。对于沙漠、水域等纹理较差的区域都可实现自动、有效的连接点匹配。

InBLOCK 是测区平差及相机校正软件。结合先进的数学建模和平差技术，通过友好的用户界面，极好地实现交互式图形分析。支持多种传感器的灵活平差，包括胶片、数字框幅式相机、GPS 和 IMU，同一测区内支持多相机及特定相机的自校准。

MATCH-T DSM 自动进行地形和地表提取，从航空或卫星影像中提取高精度的数字地形模型（DTM）和数字地表模型（DSM），为整个目标测区生成无缝模型。自动选择最适影像进行智能多影像匹配，生成的 DSM 可以媲美 LIDAR 点云数据，尤其适于城市建模的应用。

DTMaster 是数字地形模型或数字地表模型的快速而精确的数据编辑软件。其拥有极好的平面或立体显示效果，为 DTM 项目的高效检查、编辑、滤波分类等提供最优技术，可以非常容易地处理 5 千万个点，并可以方便地支持和转换各种数字地形/地表数据格式。

OrthoMaster 是 InPho 的一款为数字航片或卫片进行严格的正射纠正的专业软件。处理过程高度自动化，既可以处理单景影像，也可同时处理测区内的所有影像。既支持基于 DTM 进行严格的正射纠正，也可以基于平面模型进行纠正。与 OrthoVista 结合后可以生成真正射镶嵌图。

OrthoVista 是全球领先的生产镶嵌匀色影像的专业软件。利用先进的影像处理技术，对任意来源的正射影像进行自动调整、合并，从而生成一幅无缝的、颜色平衡的镶嵌图。全自动的拼接线查找算法可以探测人工建筑物，因而拼接线甚至是在城区依然可以有效地绕开建筑物，并可自动调整拼接线周边羽化区域。可同时处理上万张影像。

SCOP++被设计用以高效管理 DTM 工程，数据源可以是 LIDAR、摄影测量或其他来源的 DTM 或 DSM。SCOP++ 提供非常卓越的数字地形模型的内插、滤波、管理、应用和显示质量。其所有模块均被设计用以处理成千上万个 DTM 点，方便管理大型 DTM 项目并提供独特的混合式 DTM 数据结构。

InPho 的数字立体测图部分集成了 DAT/EM 的 Summit Evolution。Summit Evolution 是一款界面友好的数字摄影测量立体处理工作站，可以方便地从航空框幅式和推扫式影像以及近距离、卫星、IFSAR、激光雷达亮度图及正射影像中采集 3D 要素，并可将收集的三维要素直接导到 ArcGIS，AutoCAD 或 MicroStation 中。

3）VirtuoZo 摄影测量系统（武汉大学，原武汉测绘科技大学）

VirtuoZo 数字摄影测量工作站是根据 ISPRS 名誉会员、中国科学院资深院士、武汉大学（原武汉测绘科技大学）教授王之卓于 1978 年提出的"Fully Digital Automatic Mapping System"方案进行研究，由武汉大学（原武汉测绘科技大学）教授张祖勋院士主持研究开发的成果，属世界同类产品的知名品牌之一。最初的 VirtuoZo SGI 工作站版本于 1994 年 9 月在澳大利亚黄金海岸（Gold Coast）推出，被认为是有许多创新特点的数字摄影测量工作站（Stewart Walker & Gordon Petrie，1996）。VirtuoZo 系统基于 Windows 平台利用数字影像或数字化影像完成摄影测量作业，由计算机视觉（其核心是影像匹配与影像识别）代替人眼的立体量测与识别，不再需要传统的光机仪器。从原始资料、中间成果及最后产品等都是以数字形式，克服了传统摄影测量只能生产单一线划图的缺点，可生产出多种数字产品，如数字高程模型、数字正射影像、数字线划图、三维透视景观图等，并提供各种工程设计所需的三维信息、各种信息系统数据库所需的空间信息，如图 1-17 所示。

图 1-17 武汉大学的 VirtuoZo 摄影测量系统

VirtuoZo 系统包括，基本数据管理模块 V_Basic，全自动内定向模块 V_Inor，单模型相对定向与绝对定向模块 V_ModOri，全自动空中三角测量模块 V_AAT，DEM 自动提取模块 V_DEM，正射影像生产模块 V_Ortho，立体数字测图模块 V_Digitize，卫星影像定向模块 V_RSImage 以及诸多人工交互编辑的工具如 DemEdit、TINEdit、OrthoEdit、OrthoMap 等，其各模块简介如下：

基本数据管理模块 V_Basic，实现测区建立、引入影像、设置相机、控制点。

全自动内定向模块 V_Inor，通过全自动框标识别实现影像的内定向。

单模型相对定向与绝对定向模块 V_ModOri，通过全自动匹配实现自动相对定向、计算机辅助下半自动控制点量测，以及绝对定向核线范围指定功能。

全自动空中三角测量模块 V_AAT，通过影像匹配实现连接点自动提取，半自动控制点量测，通过光束法平差完成空中三角测量。

DEM 自动提取模块 V_DEM，通过核线影像密集匹配，实现 DEM 的自动提取。

正射影像生产模块 V_Ortho，包括正射影像生产、拼接线编辑、正射影像修补、匀光匀色等功能。

立体数字测图模块 V_Digitize，集成按测绘规范定义的属性符号库，实现在立体模式下的数字化地图生产。

VirtuoZo 不仅在国内已成为各测绘部门从模拟摄影测量走向数字摄影测量更新换代的主要装备，而且也被世界诸多国家和地区所采用。VirtuoZo 软件的诞生，张祖勋院士功不可没，可以说，整个软件的设计与开发，张院士起到带头作用。张院士回忆起将 VirtuoZo 推向世界的过程，他告诉大家，VirtuoZo 的推广和应用，彻底简化了数字摄影测量的仪器设备，改变了摄影测量的"贵族"身份。过去只有极少数院校能进行摄影测量教学，有了 VirtuoZo，目前已有约 40 所院校能进行这项教学，它还促使中国摄影测量生产方式发生完全改变，生产规模扩大，产值大幅度提高，促进了摄影测量的跨越式发展。2002 年国际摄影测量与遥感学会原主席、东京大学教授村井俊治在日本《测量》杂志撰文《中国的 IT 行业登陆日本》称："最先商品化的软件是张祖勋教授开发的利用数字影像匹配进行数字摄影测量的软件，名称叫 VirtuoZo，这个软件就是一个数字摄影测量的优秀产品。我想我们已经到了该向中国学习的时候了。"谈及此，张院士的脸上洋溢着无限的骄傲与自豪——不是因为个人的成绩与荣誉，而是因为中华民族的扬眉吐气。

4）JX4 摄影测量系统

数字摄影测量工作站 JX4，如图 1-18 所示，是由王之卓院士的弟子，中国测绘科学研究院的刘先林院士主持开发的。

JX4 数字摄影测量工作站（DPS）是结合生产单位的作业经验开发的一套半自动化的微机数字摄影测量工作站，主要用于各种比例尺的数字高程模型 DEM、数字正射影像 DOM、数字线划图 DLG 生产，是一套实用性强，人机交互功能好，有很强的产品质量控制的数字摄影测量工作站。可将矢量（包括线形和符号）、DEM 和 TIN 映射到立体屏幕上，而二维屏幕也可同时进行矢量、DEM、TIN 和 DOM 的迭加、显示和编辑，硬件影像漫游、图形漫游、测标漫游，实现了方便的实时立体编辑命令，同时也实现了自动内定向、相对定向、半自动绝对定向，特征点、线的自动匹配，JX4 的特点如下：

①双屏幕显示，图形和立体可独立显示于两个不同的显示器上，使得视场增大，立体

图 1-18　中国测绘科学研究院的 JX4 摄影测量系统

感强，影像清晰、稳定，便于进行立体判读。

②在接收遥感数据方面具有较强的兼容性，JX4G 数字摄影测量工作站除了进行常规的航空影像处理外，还可接收诸如 IKONOS、SPOT5、QUICK BIRD、ADEOS、RADAR-SAT、尖三等卫星与雷达影像，可通过以上数据获取 DEM、DOM、DLG 成果。

③由 Tin 生成正射影像，解决城市 1∶1000、1∶2000 比例尺正射影像中由于高层建筑和高架桥引起的投影差问题，使大比例尺正射影像完全重合，更加精确地描述道路等。

3. 无人机专用摄影测量软件

1）ContextCapture

Bentley 公司的 ContextCapture 是全球应用最广泛的基于数码照片生成全三维模型的软件解决方案，系统界面如图 1-19 所示。其前身是由法国 Acute3D 公司开发的 Smart3DCapture 软件，Bentley 公司已于 2015 年全资收购 Acute3D 公司，并将其软件产品更名为 ContextCapture。ContextCapture 的特点是能够基于数字影像照片全自动生成高分辨率真三维模型。照片可以来自数码相机、手机、无人机载相机或航空倾斜摄影仪等各种设备。适应的建模对象尺寸从近景对象到中小型场所到街道到整个城市。基于 ContextCapture 生成的模型，用户可以分析/掌握现有条件，进行风险管理、安防管理，监督建筑/施工项目，以及通过模拟培训地面工作人员等，从而可以优化决策、降低风险、减少成本，其构建模型可达到毫米级精度。目前 ContextCapture 软件已在全球上百家工业及科研单位得到了广泛应用。

2）Pix4Dmapper

Pix4Dmapper 是瑞士 Pix4D 公司的全自动快速无人机数据处理软件，集全自动、快速、专业精度为一体的无人机数据和航空影像处理软件，系统界面如图 1-20 所示。系统

21

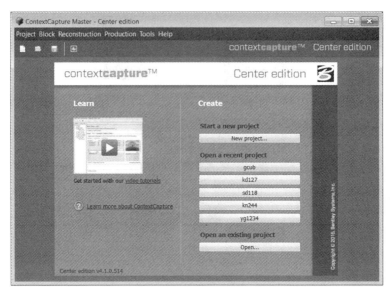

图 1-19 无人机处理软件 ContextCapture

无需专业知识，无需人工干预，即可将数千张影像快速制作成专业的、精确的二维地图和三维模型，该软件可从航拍片中利用摄影测量与多目重建的原理快速获取点云数据，并进行后期的加工处理。加工处理后的应用，可惠及不同行业，例如测绘、文物保护、矿业等。应用领域：航测制图、灾害应急、安全执法、农林监测、水利防汛、电力巡线、海洋环境、高校科研、军事等多个领域。

3）PhotoScan

PhotoScan 是俄罗斯公司 Agisoft 开发的一款基于影像自动生成高质量三维模型的优秀软件，系统界面如图 1-21 所示。PhotoScan 无须设置初始值，无须相机检校，它根据最新的多视图三维重建技术，可对任意照片进行处理，无需控制点，而通过控制点则可以生成真实坐标的三维模型。照片的拍摄位置是任意的，无论是航摄照片还是高分辨率数码相机拍摄的影像都可以使用。整个工作流程无论是影像定向还是三维模型重建过程都是完全自动化的。PhotoScan 可生成高分辨率真正射影像（使用控制点可达 5cm 精度）及带精细色彩纹理的 DEM 模型。完全自动化的工作流程，即使非专业人员也可以在一台电脑上处理成百上千张航空影像，生成专业级别的摄影测量数据。

4）数字摄影测量网格 DPGrid

DPGrid（数字摄影测量网格）是由中国工程院院士张祖勋提出并指导研制的具有完全自主知识产权、国际首创的新一代航空航天数字摄影测量处理平台。系统界面如图 1-22 所示。该软件打破了传统的摄影测量流程，集生产、质量检查、管理为一体，合理地安排人、机的工作，充分应用当前先进的数字影像匹配、高性能并行计算、海量存储与网络通信等技术，实现了航空航天遥感数据的自动化快速处理和空间信息的快速获取。其性能远远高于当前的数字摄影测量工作站，能够满足三维空间信息快速采集与更新的需要。DP-

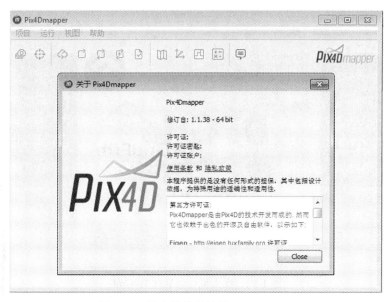

图 1-20　无人机处理软件 Pix4Dmapper

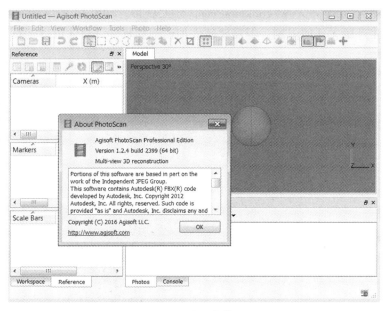

图 1-21　无人机处理软件 PhotoScan

Grid 的低空系统专门针对低空无人机航片的实际情况，能够处理飞行姿态与影像质量较差的无人机航片，实现了自动空三、自动 DEM 与正射影像自动生成，大大提高了自动化程度。

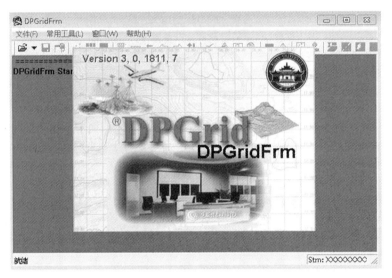

图 1-22　无人机处理软件 DPGrid

　　本教程配套的无人机测绘地面处理软件就是 DPGrid，该软件在 64 位版的 Win10、Win7 系统下均可运行。DPGrid 分为生产版和教学版，软件安装包可以在武汉兆格信息技术有限公司网站（http：//www.gridknow.com/）上获得。DPGrid 教学版可以处理 200 张以下的测区，生产版无任何限制，但需要软件加密狗和软件许可才可以运行。

第2章　无人机航空摄影

航空摄影是指将相机安置在飞机上，按照一定的技术要求对地面进行摄影的过程，它是摄影测量中最为常见的一种方法。传统航空摄影由专业飞行员驾驶飞机在目标区域上空按直线航带飞行，同时由专业摄影人员控制相机对目标进行拍摄。无人机航空摄影不同于传统航空摄影，无人机由遥控装置进行控制，飞机上的相机也是由遥控装置进行控制摄影。随着科技进步，无人机都安装有 GPS 定位装置和自动巡航软件，可以实现对目标区域进行按航带飞行和摄影，摄影位置甚至可做到定点定位摄影，即可以指定拍摄位置、角度等。同时也应该注意到，相对于有人驾驶飞机，无人机质量一般比较轻，非常容易受环境影响，因此飞行姿态不是非常稳定，这个给后处理带来了一些困难。为此，无人机航空摄影时应该考虑环境影响，尽量做到稳定飞行。

2.1　无人机航空摄影基础

2.1.1　航空摄影概念

航空摄影是指将航摄仪安置在飞机上，按照一定的技术要求对地面进行摄影的过程。它是摄影测量中最为常见的一种方法，相对于航天摄影与近景摄影，在 10000m 以下的空中，传统有人驾驶飞机摄影高度通常为 2500m 左右，而无人机摄影高度通常为 500m 左右。

航空摄影按像片倾斜角分类（像片倾斜角是航空摄影机主光轴与通过透镜中心的地面铅垂线（主垂线）间的夹角），可分为垂直摄影和倾斜摄影。

垂直摄影倾斜角接近 0°，这时主光轴垂直于地面（与主垂线重合），感光胶片与地面平行。但由于飞行中的各种原因，倾斜角不可能绝对等于 0°，一般凡倾斜角小于 3°的称垂直摄影。由垂直摄影获得的像片称为水平像片。水平像片上地物的影像，一般与地面物体顶部的形状基本相似，像片各部分的比例尺大致相同。水平像片能够用来判断各目标的位置关系和量测距离。倾斜角大于 3°的，称为倾斜摄影，所获得的像片称为倾斜像片。这种像片可单独使用，也可以与水平像片配合使用。

按感光材料分类，可分为全色黑白摄影、黑白红外摄影、彩色摄影、彩色红外摄影和多光谱摄影等。

全色黑白摄影：是采用全色黑白感光材料进行的摄影。它对可见光波段（0.4 ～ 0.76μm）内的各种色光都能感光，是一种应用范围广，容易收集到的航空遥感材料，如我国为测制国家基本地形图摄制的航空像片即属此类。

黑白红外摄影：黑白红外摄影是采用黑白红外感光材料进行的摄影。它能对可见光、近红外光（0.4~1.3μm）波段感光，尤其对水体植被反应灵敏，所摄像片具有较高的反差和分辨率。

彩色摄影：彩色像片虽然也是感受可见光波段内的各种色光，但由于它能将物体的自然色彩、明暗度以及深浅表现出来，因此与全色黑白像片相比，影像更为清晰，分辨能力更高。

彩色红外摄影：彩色红外摄影虽然也是感受可见光和近红外波段（0.4~1.3μm），但却使绿光感光之后变为蓝色，红光感光之后变为绿色，近红外感光后成为红色，这种彩色红外片与彩色片相比，在色别、明暗度和饱和度上都有很大的不同。例如在彩色片上绿色植物呈绿色，在彩色红外片上却呈红色。由于红外线的波长比可见光的波长长，受大气分子的散射影响小，穿透力强，因此，其彩色红外片色彩要鲜艳得多。

多光谱摄影：多光谱摄影是利用摄影镜头与滤光片的组合，同时对一地区进行不同波段的摄影，取得不同的分波段像片。例如通常采用的四波段摄影，可同时得到蓝、绿、红及近红外波段四张不同的黑白像片，或合成为彩色像片，或将绿、红、近红外三个波段的黑白像片合成假彩色像片。

进行航空摄影，首先要对大气的光学特征进行了解。大气是由氮、氧和少量的二氧化碳、氢、臭氧等气体并含有悬浮着的水气和尘埃杂质组成，这些气体和杂质包围着整个地球。大气对光具有折射、吸收和散射作用。大气对光的折射能使光在大气层中传播的路线由直线变成曲线，能使生成的影像产生位移与变形。尤其在拍摄高度较高、倾斜角度较大时，影像位移和变形更为明显。大气介质能吸收光的能量，因而使光传播的速度变得缓慢而引起亮度减弱。大气能使太阳光变为散射中心点向四面八方传播。光是摄影的生命。光学影像是由景物反射的光线通过镜头使底片感光进行化学反应而生成的。大气对光的折射、吸收和散射直接影响着影像的色差、反差、影调和清晰度。

航空摄影进行前，需要利用与航摄仪配套的飞行管理软件进行飞行计划的制定。根据飞行地区的经纬度、飞行需要的重叠度、飞行速度等，设计最佳飞行方案，绘制航线图。

在飞行中，一般利用 GPS 进行实时的定位与导航。拍摄过程中，操作人员利用飞行操作软件，对航拍结果进行实时监控与评估。

飞行质量主要包括像片重叠度、像片倾斜角、像片旋角、航线弯曲度、航高、图像覆盖范围和分区覆盖以及控制航线等内容。

航向重叠度一般应为 60%~65%，个别最大不应大于 75%，最小不小于 56%。沿图幅中心线和沿旁向两相邻图幅公共图廓线敷设航线，要求实现一张像片覆盖一幅图和一张像片覆盖四幅图时，航向重叠度可加大到 80%~90%。

旁向重叠度一般应为 30%~35%，个别最小不应小于 13%，最大不大于 56%。按图幅中心线和旁向两相邻图幅公共图廓线敷设航线时，至少要保证图廓线距像片边缘不少于 1.5cm。

航摄仪主轴与通过物镜的铅垂线之间的夹角称为像片倾角，相邻像片的主点连线与像幅沿航线方向的两框标连线之间的夹角称为像片的旋角。像片倾斜角一般不大于 2°，个别最大不大于 4°。像片旋角可根据航摄比例尺及航高设定一个最大值，一般不超过 8°。

航线弯曲度指航线长度与最大弯曲度之比。航线弯曲度会影响像片的旁向重叠度，弯曲度过大还会引起航摄漏洞，航线弯曲度一般不大于3%。

为便于航测成图的接边和避免航摄漏洞，进行航空摄影时要使得到的影像超过图廓线的一部分，所以在航摄时要确保摄区边界、分区和图廓的覆盖度。

2.1.2 航空摄影机

航空摄影机简称"航摄机"，是装置在飞机或其他飞行器上可对地面进行摄影的仪器，是一种专用于飞机或其他飞行器上向地面进行摄影的照相机。航空摄影机主要由镜箱、光阑、快门、胶片暗盒、座架、动力和控制系统等组成，如图2-1所示。

图 2-1　航空摄影机

此外航空摄影机还配备有检影器、高差仪、滤色镜等附属设备，最早的航空摄影机使用胶片记录影像信息，现在胶片已经被淘汰，取而代之的是数码传感器，记录的是数字影像，数字影像比胶片具有更高的分辨率，直观感觉就是照片更清晰了。航空摄影机的主要组成部分介绍如下：

1）镜箱本体

镜箱本体是一个金属制造的硬箱子，其上部连接着一个装载摄影底片的暗盒，下部固定连着一个有物镜和快门的镜筒。多数最新型的航空摄影机都有一组不同焦距的物镜镜筒，能在很大范围内改变摄影比例尺，满足不同的工作需要。航空摄影机是航空摄影中最常用最主要的遥感传感器。它通过光学系统采用感光材料直接记录地物的反射光谱能量。其结构与普通的摄影机相似，有镜头、快门、取景器、机身等。但是根据空中摄影的要求，它的镜头质量和结构更为精密和复杂。其种类有单波段摄影方式的单镜头单摄影机型、多波段摄影方式的单摄影机多镜头型和多摄影机多镜头型、单摄影机单镜头多光谱摄影方式的光束分离型以及数码摄影机等。不同类型的摄影机，决定了遥感成像的几何精度以及获取的信息量。

2）摄影机座架

摄影机座架用以固定航空摄影机在飞机舱里面，其构造可以使航空摄影机的物镜光轴依据水准器而导入铅垂方向，并使摄影机绕铅垂轴旋转，将像框对航线做必要的定向（航差角的安置）。同时，还要求座架能防止航空摄影机由于飞机发动机的工作而引起的震动。现代航空摄影机座架的型式很多，多数具有弹簧或空气避震、自动置平和航差控制装置。

3）动力装置

最新型的航空摄影机的动力，大多来自飞机内的发电机，供给摄影机的自动置平、自动导航仪（进行测量和自动控制重叠度和航差控制）和自动曝光控制装置所需的电量。

4）滤色镜

滤色镜是一种能够改变光谱成分的附加镜。在航空摄影中主要用来减少大气烟雾的影响。其中有一种青色烟雾，含有较多的蓝、紫等短波光线；另一种是灰白色烟雾，由水气、尘埃组成。它们能使物体产生色差、灰雾，从而降低影像的反差和色彩还原。从高空拍摄城市建筑、农村田野、牧区草原等黑白照片，适合选用黄色滤色镜或橙色滤色镜来减少烟雾的影响。拍摄彩色照片偏光镜用处最多。航拍海上舰艇编队加用偏光镜会消除舰艇表面与阳光照射水面形成的光斑所产生的光晕现象。渐变镜是一种由深颜色逐渐变为浅颜色的变密镜。它由于颜色深浅不同，吸收光谱的范围和光量也不同。航拍时，视角内远景和近景的光线路程相差很大，烟雾高度会引起像面照度不均的现象。选用渐变镜，既可减小不同程度的烟雾影响，又能补偿像面照度不均的现象。

航空摄影机具有较高的光学几何精度，主距固定，焦面上有框标可供测量，并能按设定的时间间隔自动进行连续摄影（启闭快门和卷片）等特点。现代的高精度航空摄影机上还装有前移补偿装置，能自动补偿飞行器前移引起的像点位移。航空摄影机具有空中侦察时进行单张航空像片的摄影和多张全面覆盖的地形摄影测量的航空摄影两种用途。

航空摄影机按软片曝光方法不同，分为画幅式、缝隙式和全景式航摄机；按镜头视角和焦距不同，分为狭角（长焦距）、常角（常焦距）、宽角（短焦距）和特宽角（特短焦距）航摄机；按用途不同，分为地形测图和侦察航摄机。地形测图航摄机构造要保持内方位元素不变，所得的航空像片要适用于高精度的量测；侦察航摄机所摄的航空像片主要用来判读，要求较高的地面分辨率，而对无畸变性要求不高，一般不进行精密量测。

航空摄影机的技术要求是：①航空摄影机应当是完全自动的，也应当具有半自动或者完全用手进行摄影的可能性。②航空摄影机应配有高性能和高分辨率的镜头，能在可见光和红外谱段内摄取黑白或彩色像片，镜头的畸变差应是最小的，一般不超过 $10\mu m$，快门应具有可以变更曝光速度功能，连续两次曝光之间的最小时间间隔应当是 $5 \sim 90s$。③用于航空摄影测量的摄影机，在曝光的瞬间，航空软片应当十分平直、稳定而紧紧地贴压在摄影机的像框上；像框四边的中心，应有框标标志，以便确定像片的主点精确位置；暗盒的结构以及暗盒固连在镜箱本体上应保证航空摄影机焦距固定不变。④航空摄影机应有如下装置：使每张像片上应当摄有摄影机编号、摄影机焦距数值、底片的顺序号、摄影日期与时表的针位、高差仪的分划以及水准气泡的影像。⑤航空摄影机应有替换暗盒，暗盒在从镜箱上卸下时应是不透光的，并且装卸方便，在飞行中能在 $1min$ 内快速更换。

航空摄影机在空中对地面摄影成像，其成像过程与一般摄影（照相）是一样的。即通过快门瞬间曝光将镜头收集到的地物反射光线（可见光）直接在感光胶片上感光，形成负像潜影，然后经显影、定影技术处理，得到像片底片；再经底片接触晒印以及显影、定影处理，获得与地面地物亮度一致的（正像）像片，即航空像片。

航空像片上的影像是由于地物各部分反射的光线强度不同，使感光材料上感光程度不同，形成各部分的（黑、白）色调不同所致。感光材料（不论是感光片或印像纸）主要是由感光乳剂层和片基构成。感光乳剂层由卤化银、明胶和增感染料组成。普通摄影用的黑白胶片一般是全色片，它能感受全部可见光（但对绿光感受较差）。黑白红外胶片的感光层中含有感受红外光的物质，能直接记录人眼看不见的近红外光。彩色胶片是由对蓝、绿、红三种波长分别敏感的三层乳剂组成，能感受全部可见光，经过曝光显影后，形成与地物颜色成互补色的负片，与彩色印像纸接触晒印后，还原成天然彩色像片。

当前航空摄影主要使用数字航摄仪，其成像原理和模拟航摄仪一样，只是在记录影像的介质上有所差异。它通过电荷耦合器件（CCD）把接收到的数字影像直接记录在磁盘上。数字航摄仪主要分为两类：一种利用面阵 CCD 记录影像，一种利用线阵 CCD 扫描记录影像。线阵 CCD 扫描仪利用线阵 CCD 记录数据，一维像元数可以很多，总像元数比面阵 CCD 相机少，像元尺寸比较灵活，帧幅率高，特别适合一维动态目标的量测，其主要代表为 ADS40 数码航摄仪，能够同时提供 3 个全色与 4 个多光谱波段的数字影像，其全色波段的前视、下视与后视影像可以构成三对立体像对以供观测。相机上集成的 GPS 与惯性测量装置 IMU 可以为每条扫描线产生比较精确的外方位元素初值。面阵扫描仪利用面阵 CCD 记录数据，可以获得二维图像信息，测量图像直观。然而其像元总数多，而每行的像元数一般较线阵少，帧幅率受限制。数字航空摄影机一般包含专业级和非专业级，专业级航空摄影机一般经过了严格的检校，所摄制的影像基本没有变形，具有很高的分辨率，同时体积也比较大，价格也比较昂贵，通常搭载在大飞机上使用，其主要代表为 DMC 与 UCD 相机。

DMC 由 Z/I 公司研制，如图 2-2 所示，是一种无人值守的数字航空相机系统。由 8 个独立的 CCD 相机整合为一体，其中 4 个是高分辨率全色镜头，另外 4 个是多光谱镜头。DMC 解决了单个 CCD 成像尺寸过小的问题。全色镜头获得的子影像间存在一定程度的重叠，子影像通过处理和拼接后成为模拟中心投影的虚拟影像。多光谱镜头围绕全色镜头排列，获得竖立影像，多光谱影像与全色影像的覆盖范围相同，但分辨率较低。因此，DMC 是面阵 CCD 成像，但不是严格的中心投影。

UltraCAM-D（UCD）相机，如图 2-3 所示，具有 8 个独立物镜。通过 13 个面阵 CCD 采集影像数据，同时生成全色影像、彩色 RGB 影像和近红外 NIR 影像。其中全色影像 9 个 CCD 到达同一位置进行曝光，将 9 个 CCD 面阵拼接，可以得到一个完整的中心投影大幅面全色影像。各 CCD 获取的影像数据根据重叠部分影像信息，消除曝光时间误差造成的影响，生成一个完整的中心投影影像。

非专业级就是普通民用型数码相机，通常没经过严格的检校，摄制的影像有变形，相机比较轻小，无人机上搭载的相机大多数就是非专业级摄影机，常见的有佳能、索尼、尼康等。

图 2-2　DMC 数码航空相机　　　　　　　图 2-3　UCD 数码航空相机

2.1.3　航线规划

在无人机行业应用场景中，航线规划是一项十分重要的前置工作，这能让无人机按照既定的路线进行飞行并完成设定的无人机航拍录影或数据采集任务，市面上有不少现成的软件提供规则图形（比如矩形、平行四边形）的航线规划，如图 2-4 所示就是由软件自动形成的摄影航线。

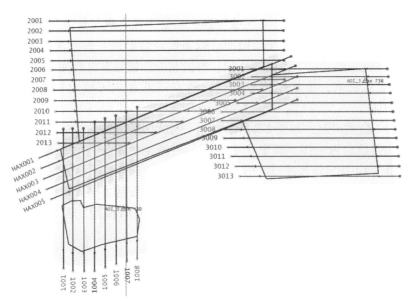

图 2-4　航空摄影的航线

航空摄影主要包含按航线摄影和按面积摄影两类。按航线摄影指沿一条航线，对地面狭长地区或沿线状地物（铁路、公路等）进行的连续摄影，称为航线摄影。为了使相邻像片的地物能互相衔接以及满足立体观察的需要，相邻像片间需要有一定的重叠，称为航向重叠。航向重叠一般应达到60%，至少不小于53%；按面积摄影指沿数条航线对较大区域进行连续摄影，称为面积摄影（或区域摄影）。面积摄影要求各航线互相平行。在同一条航线上相邻像片间的航向重叠为53%~60%。相邻航线间的像片也要有一定的重叠，这种重叠称为旁向重叠，一般应为15%~30%。实施面积摄影时，通常要求航线与纬线平行，即按东西方向飞行。但有时也按照设计航线飞行。由于在飞行中难免出现一定的偏差，故需要限制航线长度，一般为60~120km，以保证不偏航，避免产生漏摄。

航线规划一般分为两步：首先是飞行前预规划，即根据既定任务，结合环境限制与飞行约束条件，从整体上制定最优参考路径；其次是飞行过程中的重规划，即根据飞行过程中遇到的突发状况，如地形、气象变化、未知限飞因素等，局部动态地调整飞行路径或改变动作任务。航线规划的内容包括出发地点、途经地点、目的地点的位置关系信息、飞行高度和速度与需要达到的时间段。

无人机飞行航线任务规划要牢记的4个因素：

（1）飞行环境限制

无人机在执行任务时，会收到如禁飞区、障碍物、险恶地形等复杂地理环境的限制，因此在飞行过程中，应尽量避开这些区域，可将这些区域在地图上标志为禁飞区域，以提升无人机的工作效率。此外，飞行区域内的气象因素也将影响任务效率，以充分考虑大风、雨雪等复杂气象下的气象预测与应对机制。

（2）无人机的物理限制

无人机的物理限制对飞行航迹有以下限制：

①最小转弯半径：由于无人机飞行转弯形成的弧度将受到自身飞行性能限制，它限制无人机只能在特定的转弯半径内转弯。

②最大俯仰角：限制了航迹在垂直半径范围内转弯。

③最小航迹段长度：无人机飞行航迹由若干个航点与相邻航点之间的航迹段组成，在航迹段飞行途中沿直线飞行，而达到某些航点时有可能根据任务的要求而改变飞行姿态。最小航迹段长度是指限制无人机在开始改变飞行姿态前必须直飞的最短距离。

④最低安全飞行高度：限制通过任务区域的最低飞行高度，防止飞行高度过低而撞击地面，导致坠毁。

（3）飞行任务要求

无人机具体执行的飞行任务主要包括到达时间和目标进入方向等，需满足如下要求：

①航迹距离结束，限制航迹长度不大于预先设定的最大距离。

②固定的目标进入方向，确保无人机从特定角度接近目标。

（4）实时性要求

一方面，当预先具备完整精确的环境信息时，可一次性规划自起点到终点的最优航迹，而实际情况是难以保证获得的环境信息不发生变化；另一方面，由于任务的不确定性，无人机常常需要临时改变飞行任务。在环境变化区域不大的情况下，可通过局部更新的方法进行航迹的在线重规划，而当环境变化区域较大时，无人机任务规划则必须具备在线重规划功能。

31

2.1.4　航空摄影质量检查

数字航空摄影成果的质量检查包括对航空摄影成果的飞行质量、影像质量、数据质量及附件质量进行检查。飞行质量检查主要包括重叠度、像片倾角与旋偏角、航高保持、航线弯曲、航摄漏洞、摄区覆盖等的检查；影像质量检查主要是对影像最大位移、清晰度、反差等的检查；数据质量检查主要是对数据的完整性与数据组织的正确性的检查；附件检查主要是对提交资料的完整性和正确性的检查。飞行质量与影像质量检查占整个航摄质量检查工作的主体，其中影像质量可通过统计分析来进行质量评定，但是与地物目标有很强的相关性，统计信息不能真实地反映影像质量特性，因此影像质量检查中必要的人工目视检查必不可少，而重叠度、像片倾角与旋偏角是飞行质量检查中工作量最大的检查内容。

表 2-1 和表 2-2 是现行的测绘规范《国家基础航空摄影产品检查验收和质量评定实施细则》中航摄产品质量特性划分表和航摄产品缺陷分类表（资料源自测绘规范）。

表 2-1　　　　　　　　　　　　　航摄产品质量特性划分表

一级质量特性	二级质量特性
数据质量	1. 相机检定数据； 2. 底片压平检测资料； 3. 航摄设计数据
飞行质量	1. 航向重叠、旁向重叠； 2. 绝对漏洞、相对漏洞、漏洞补摄； 3. 像片倾斜角； 4. 旋偏角； 5. 航迹； 6. 航线弯曲度； 7. 最大航高与最小航高之差； 8. 实际航高与设计航高之差； 9. 实际航摄像片数与计划航摄像片数之差； 10. 摄区、分区图廓覆盖保证； 11. 控制航线
影像质量	1. 最大密度 D_{max}； 2. 最小密度 D_{min}； 3. 灰雾密度 D_0； 4. 影像反差 ΔD； 5. 影像色调； 6. 冲洗质量； 7. 像点位移； 8. 框标影像

一级质量特性	二级质量特性
附件质量	1. 像片索引图； 2. 航摄鉴定表编号、注记、包装； 3. 检查报告； 4. 资料移交书（航摄设计书、摄区范围图、相片结合图等）； 5. 航摄胶片感光特性测定及航摄底片冲洗记录等

表 2-2 **航摄产品缺陷分类表**

缺陷类别	缺 陷 内 容
严重缺陷	1. 航摄设计不符合《航摄合同》的相关规定。 2. 航摄仪器未按规定检定或检定的项目、精度不符合要求。 3. 航摄底片未进行压平质量检测或检测的方法、精度不符合要求。 4. 光学框标影像不齐全或不清晰，造成资料无法用于成图作业。 5. 航摄绝对漏洞。 6. 影像普遍模糊不清或底片密度和反差（含 D_0、D_{max}、D_{min}、ΔD）等检测资料与设计要求不符。 7. 山体（或高层建筑物）的阴影长度普遍超限，且其密度过大，掩盖相邻被摄景物的影像，形成摄影"死角"；底片上有云影，云影下的地物、地貌无法判读和测绘的面积在地物复杂地区大于 $9cm^2$，地物稀少地区大于 $15cm^2$。 8. 非终年积雪地区底片上有较大面积的积雪，雪下的地物、地貌无法判读和测绘。 9. 底片定影、水洗质量不符合要求，造成影像退色、发黄、药膜脱落，不利于资料的保存和使用。 10. 底片撕裂、折伤。 11. 飞行质量或影像质量中二级质量特性某项超限，以致不经返修或处理不能提供给用户使用
重缺陷	1. 旋偏角超过相应限差的 1.5 倍，其与相邻像片间的航空向重叠和旁向重叠并未因此出现漏洞。 2. 当 $0.3>D_0>0.2$，$D_{max}\approx0.6$ 或 $0.3>D_0>0.2$，$D_{max}=1.7\sim1.9$，$\Delta D=1.3\sim1.4$ 时，影像清晰度差，细小地物难以判读。 3. 有云或云影，且处于其下的地物、地貌基本可以辨别或地物、地貌无法判读和测绘的面积在地物复杂地区大于 $4cm^2$，地物稀少地区大于 $8cm^2$。 4. 非终年积雪地区底片上有少量积雪，雪下地物、地貌的判读对测绘影响较小。 5. 底片划（擦）痕。普遍性的静电斑痕，沙点状药膜损伤、底片边缘裂口、折伤等。 6. 实际航摄像片数与计划航摄像片数之比大于 115%。 7. 注记、包装、整饰不符合要求，图、表编制填报有错误。飞行质量或影像质量中二级质量特性某项超限，对用户使用有重大影响
轻缺陷	不属于前两类缺陷的轻微的差、错、漏

对航摄产品实行一级检查一级验收制。检查及验收工作必须单独进行，不得省略或相互代替。检查由航摄生产单位的质量管理机构负责实施。检查人员要重视过程质量的监督，及时发现问题，及时处理。检查、验收工作以相关标准和合同要求为依据。对检查、验收原始记录的要求：①原始记录是检查、验收过程的如实记载，不允许更改和增删。②原始记录内容应填写完整，应有检验人员签名；③原始记录在检查、验收报告发出的同时，随资料存档，保存期一般不少于 5 年。

2.2　无人机航空摄影系统

无人机航空摄影系统指将相机安装在无人机上对目标进行拍摄的整个飞行摄影系统。通常由无人机、无人机飞行控制系统、相机、相机拍照控制系统组成。无人机飞控需要实时了解飞机位置，因此要求飞机上必须有 GPS 定位设备。无人飞控系统的功能非常丰富，通常与相机控制系统相互进行合并，因此可以实现预先指定飞行路线、飞行高度、拍照位置等进行全自动航空摄影。下面以大疆精灵 Phantom 为例，详细介绍无人机航空摄影系统。

2.2.1　无人机飞控软件 DJI GO

DJI GO 软件是大疆创新为其各类无人飞行器开发的一款飞行控制软件，主要为用户带来线上无人机拍摄的功能。DJI GO 集飞行、拍摄、编辑和分享为一体，操作简单、体验流畅，完美操控大疆精灵 Phantom 系列、悟 Inspire 系列、灵眸 Osmo 系列、Matrice 系列等多种无人飞行器。

1. 启动 DJI GO

先在移动设备上安装好 DJI GO，并注册好大疆用户，然后启动 DJI GO，选择要连接的设备，也就是飞行器系列，如图 2-5 所示。

选好设备并连接上后，点击左上角图标进入我的飞行，可以查看以前的飞行记录。飞行记录会记录用户到过的位置、飞行中最快飞行速度等信息，右上角有一个云的图标可以让用户的数据保持和服务器同步。点击同步，服务器将会保存这条记录。而下面的飞行记录，可以通过"记录列表"那一栏往上滑动来查看。在飞行记录列表里，可以看到每一条记录的大致信息，比如飞行高度、距离等，点击每一条单独的记录都可以查看详细的信息。

左上角代表着飞行模式和 GPS 指示器。GPS 信号的表示分为信号塔和卫星数量显示，信号塔有 3 个以上，并且 GPS 卫星在 6 颗以上才可以记录起飞点和返航点。右上角是遥控器的信号、图传信号、电量显示等各项设置，如图 2-6 所示。

2. 飞控参数设置

"返航点设置"，返航点设置左侧和右侧分别有两个按钮，第一个按钮的作用是将返航点刷新到飞机目前的位置，第二个按钮的作用是刷新返航点到目前用户的图传显示设备

图 2-5　DJI GO 启动界面

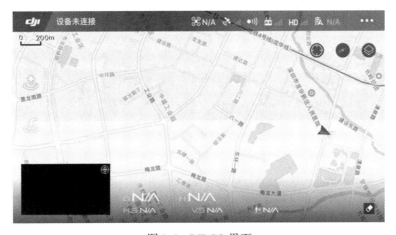

图 2-6　DJI GO 界面

的 GPS 位置上面。如果使用没有自带 GPS 功能的手机或者平板电脑，就只能使用第一种返航点刷新方式，界面如图 2-7 所示。

"返航高度"，返航高度可以说是除了返航点刷新之外最重要的设置之一。当飞行器失去控制，触发失控返航之后，或者手动选择智能返航的时候，这项参数就十分重要，所以要将防高处设置到一个用户能确定绝对不会撞上固定建筑物的高度上，界面如图 2-8 所示。

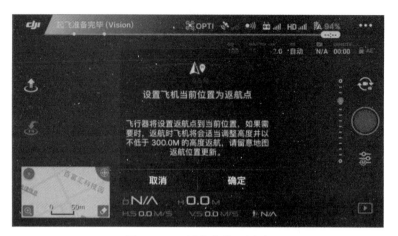

图 2-7 DJI 返航点设置界面

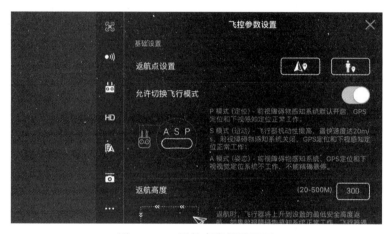

图 2-8 DJI 返航高度设置界面

"允许切换飞行模式"，这是一个开关，如果打开了，在已经起飞的状态，也可以切换 A 挡姿态模式和 F 挡智能飞行模式，若设置为关闭，飞行的状态是自由无法切换的。

"新手模式"，新手模式就是给新手使用的，在这个模式下，飞行的速度会变得非常慢，并且显示飞行高度和距离都是 30m，这样能保证新手安全飞行，界面如图 2-9 所示。

"限高"，大疆目前对于精灵飞行器的高度限制是 500m，而用户可以在 20～500m 的范围内调节最大限制高度。

"距离限制"，这是一个开关，可以选择打开或者关闭，如果打开，后面就会出现一个输入框，让用户能够调节所需要的限远设置。而在飞控参数设置的最下面有一个高级设置，里面包含有更多专业的选项，界面如图 2-10 所示。

"EXP"，该设置是油门对于输入的一个输出曲线，可以使物理油门输出不完全按照输入一样线性，从而达到满足自己手感的目的，界面如图 2-11 所示。

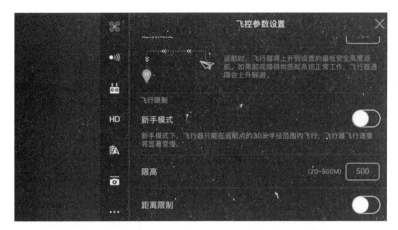

图 2-9　DJI 新手模式设置界面

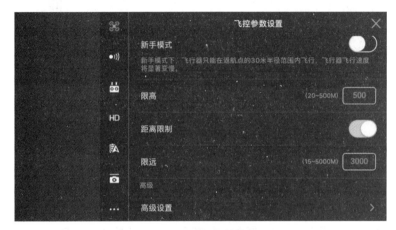

图 2-10　DJI 距离限制设置界面

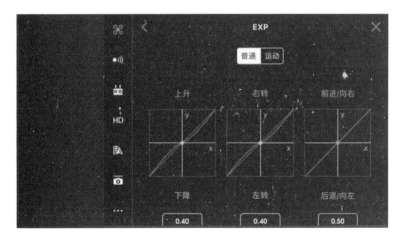

图 2-11　DJI 油门设置界面

　　"灵敏度"，可以调节刹车、油门等灵敏度，如果想要画面从动态到静态的变化更加平滑，那么可以降低刹车的灵敏度。

　　"失控行为"，用来确定当飞行器失去控制的时候，将会进行什么操作；有三个选项：悬停、降落和返航，这时推荐大家选择返航，因为这样最能够保证飞行器在失去控制时候的安全，界面如图 2-12 所示。

图 2-12　DJI 失控行为设置界面

　　"低电量智能返航"，App 会在飞行的时候通过当前飞行器与返航点的距离、当前飞行器电量以及高度来自动计算需要返航的电量，到达这个电量之后，App 会弹出提示，用户可以选择自动换行，界面如图 2-13 所示。

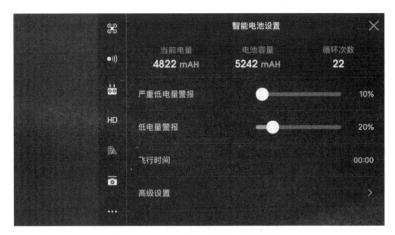

图 2-13　DJI 低电量行为设置界面

　　"打开前臂灯"，可以控制前臂灯的开关。前臂灯是用来在飞行中确认机头和机尾的，但在夜晚进行拍摄的时候红光会对画面造成不少影响，所以机长建议在夜晚拍摄的时候关闭前臂灯,而新版的固件加入了在拍摄的时候自动关闭前臂灯的功能,界面如图 2-14 所示。

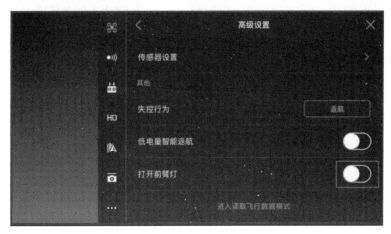

图 2-14 DJI 其他设置界面

3. 遥控器功能设置

"云台拨轮控制速度",使用遥控器来控制云台俯仰的时候是通过遥控器上方的拨轮来达到控制的目的的。可是有的时候发现无法将画面控制得那么精细,可能手一抖,画面就不好看了。所以我们可以将这个滑块往左侧调小一点来达到精准控制的目的,界面如图 2-15 所示。

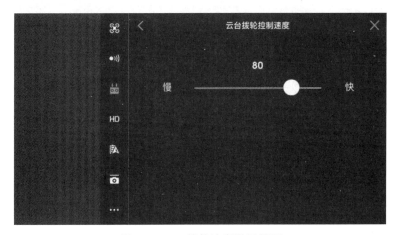

图 2-15 DJI 拨轮速度设置界面

"遥控器校准",当用户的遥控器出现扳到底仍然无法解锁电机,开机遥控器不停 bi-bi-响等问题时,就有可能是遥控器需要校准了,设置里面有校准的步骤提示,根据提示就可以完成遥控器的校准,界面如图 2-16 所示。

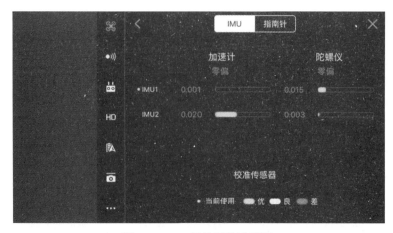

图 2-16 DJI 遥控器校准界面

"主机摇杆模式",可以选择常用的日本手、美国手和中国手,界面如图 2-17 所示。

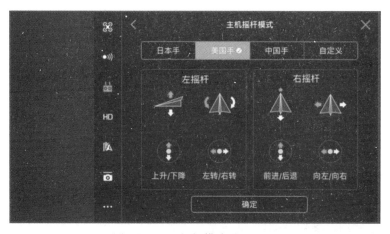

图 2-17 DJI 摇杆模式设置界面

日本手、美国手和中国手摇杆模式的含义如表 2-3 所示。

表 2-3   摇杆模式含义

日本手	左手——升降(前后飞)、方向(机身左右转) 右手——油门(上升下降)、副翼(左右侧飞)
美国手	左手——油门(上升下降)、方向(机身左右转) 右手——升降(前后飞)、副翼(左右侧飞)
中国手 (又称反美国手)	左手——升降(前后飞)、副翼(左右侧飞) 右手——油门(上升下降)、方向(机身左右转)

4. 云台模式

云台模式包含两个选项：一个是 FPV 模式，一个是跟随模式。FPV 指第一人称视角，和跟随模式的区别在于，跟随模式在飞行器左右倾斜的时候将会保持云台相对于地平面的水平状态，而 FPV 模式则是仅保持俯仰状态不变，横滚轴跟随飞机运动，通俗来讲，就是跟随模式会左右倾斜，各微调含义如下：

云台 Roll 轴微调，有的时候大家会看到云台的画面相对于地平线来说有些倾斜，也就是俗称的"歪脖子"现象。这就需要使用 Roll 轴微调，上面有"+"和"–"两个按钮。通过手动调节能够快速让云台恢复到与地平面平齐的状态。

云台自动校准，在云台出现问题的时候，例如方向不对、"歪脖子"现象等就可以通过自动校准来进行一次快速的校准。

云台俯仰限位，打开这个选项，就可以让用户的云台可调节俯仰轴角度变成−90 度到+30 度（虽然在飞行的时候往上转动云台，用户也只能看到转动的螺旋桨）。

云台 Yaw 跟随同步，我们在拨动遥控器转动机身的时候，云台会先转动，之后机身才会转动。这个功能能够使得拍摄出来的转动视频更加平滑。

云台俯仰平滑，在拨动云台拨轮的时候，即使拨动得再精细，画面也会有一定的生硬感觉。所以将这个滑块调节到 14 的位置，当拨动拨轮的时候，云台的俯仰在运动的时候就会在从静止到运动状态中有一个过渡，从而达到平滑画面的效果。

5. 智能电池信息

电池信息，这个页面的电池图标很直观地显示了当前电池的电量。比如精灵三的电池有四块电芯，上面就会显示四块电芯的详细电压信息，旁边的电压显示的是整个电池的总电压和温度，是电池当前的内部温度。底部的四个信息能让我们更加详细地了解电池的信息，如图 2-18 所示。

"低电量报警"，报警的设置值也就是飞机提醒低电量的值，通常设置为30%。

"严重低电量报警"，设置的是飞行器强制下降的值，通常为 10%，在电量严重不足的情况下，无人机会自动进行下降。

"主屏显示电压"，可以让我们快速看到各个电池的平均电量，这样就可以判断电池是否出现问题或者在没有满电起飞的情况下，电池电压是否太低。

"开始自放电时间"，可以让用户选择电池自放电的时间，一般最佳电容量是 60%左右，而满电存储将导致鼓包和容量下降等问题，所以电池会自动在用户设定的时间到达的时候开始放电到 60%左右。这个时间可以按照用户的使用习惯来调节，不过尽量不要太久，以避免对电池造成损害。

6. 拍摄设置

"自动模式"，在这个模式拍摄页面显示"AUTO"标志。这里可以调节的参数只有一个 Ev，这个参数用来调整曝光的补偿数值。例如当用户发现相机自动测光不准确，那么就可以在这里手动对画面亮度进行补偿。

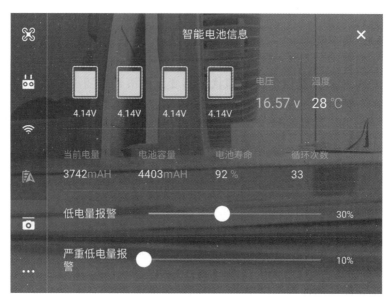

图 2-18　DJI 电池信息

"手动模式"，在里面我们可以调节 ISO 和快门速度两大参数。当然这些参数需要比较精通摄影技巧的人才能完美驾驭。我们可以选择调节 ISO（感光度越大，画面越亮，噪点越多，越小反之），或者调节快门速度（速度越大，曝光越久，越容易糊，越明亮且不增加噪点，越小反之，且也不增加噪点），如图 2-19 所示。

图 2-19　DJI 调节 ISO

"照片格式"，设置所拍照片的保存格式，如图 2-20 所示，有以下几种格式。
①RAW：拍摄时生成一张 RAW（DNG）格式的文件。
②JPEG：拍摄时生成一张 JPG 格式的文件。

③JPEG+RAW：拍摄时同时生成一张 JPG 格式的文件和一张 RAW（DNG）格式的文件。

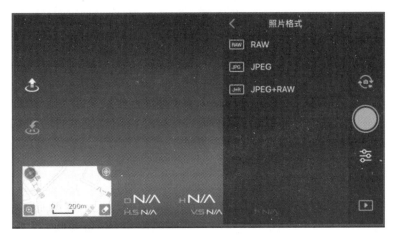

图 2-20　DJI 影像保存格式

"拍照模式"，设计拍照模式为一次一张，还是连拍等，如图 2-21（a）所示，有以下几种拍照模式。

①单拍：一次快门拍一张。

②HDR：高动态图像，或者说是包围曝光，可以提供更大的动态范围和更多的暗部细节。

③连拍：一次快门拍多张。

④AEB 连拍：带有包围曝光的连拍。

⑤定时拍摄：这个选项可以用来每隔一段时间拍摄一张图片。有足够多素材的情况下便可以将这些图片以正常影片的帧率播放，来达到延时摄影的效果。

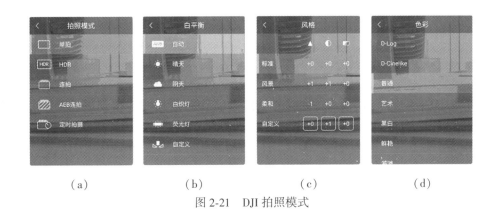

（a）　　　　　　（b）　　　　　　（c）　　　　　　（d）

图 2-21　DJI 拍照模式

"白平衡"，可以让用户根据当前环境更换白平衡，来达到风格化摄影的效果，如图

2-21（b）所示。

"风格"，可以让用户指定拍摄目标的影像风格，例如层次感明显的风景风格，色彩较平和的柔和风格等，如图 2-21（c）所示。

"色彩"，可以让用户指定多种可调色彩空间，例如 D-Log 等专业色彩空间，能够给后期调色等留下最大的空间，如图 2-21（d）所示。

2.2.2　无人机飞控软件 UMap

UMap 是广州优飞信息科技有限公司基于安卓移动操作系统和大疆 SDK 自主研发并具备自主知识产权的智能航测无人机数据采集、处理和应用调绘软件。UMap 基于安卓开发，运行于 Android 4.4 以上系统中。软件功能分为 5 个模块：智能飞行、任务管理、地图应用、我的足迹和系统设置。

智能飞行模块主要包括杆塔路径导入、航飞路径规划、飞行参数设置、飞行安全检查、航点自动生成、一键起飞全自主完成飞行任务、紧急情况一键返航。界面操作简单、便捷，安全可靠性高，适用于电力通道巡检、地形测绘、土地资源调查、环保污染源调查等各个领域。

任务管理模块主要对航飞任务进行管理。航飞之后生成的影像数据可以通过任务管理模块与魔方进行对接，将影像数据同步到魔方中处理，魔方处理完后，实时将影像成果传输回 App。

地图应用模块能将数据处理生成的高清影像成果和 DEM 数据进行统一管理，加载 Google 在线地图数据，提供点、线、面基本绘制工具和距离、面积量算工具；同时提供基于位置的轨迹记录、拍照、剖面及强大的导航功能，支持 KML 文件加载。地图应用模块能方便野外工作人员即时进行数据应用和调绘，能极大程度地提高野外工作效率。

飞行记录模块能够查看及回放之前执行过的任务，统计飞行次数、飞行总时间以及飞行总里程。

系统设置模块主要包括切换地图以及选择当前飞行的模式，如 360 全景、正射等，可以对地形数据、飞行平台和相机参数进行管理。

1. 无人机设备连接

打开飞行器，等待飞行器完成校准准备工作；

打开遥控器，点击遥控器上的启动按钮启动遥控；

打开"UMap"App，将装有 UMap 的手机通过 USB 连接线连接到遥控器上，在弹出的选项框里点击 UMap，出现如图 2-22 所示开始界面。

点击"智能飞行"选项，进入智能飞行的初始化界面。系统默认地图底图为高德地图，界面的图标及按钮介绍如图 2-23 所示。

KML 导航，工程应用中，往往根据已有的 KML 文件来界定任务范围，KML 文件的导入可在地图应用或者智能飞行模块中导入，点击 ⛢ 按钮，出现可选 KML 文件，如图 2-24 所示。

选择相应的 KML 文件，程序自动导航并定位到 KML 所在位置，如图 2-25 所示。

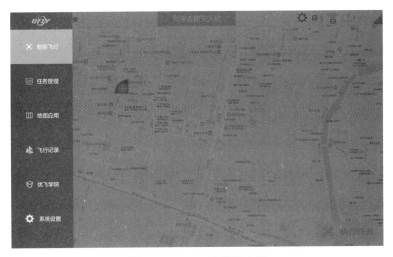

图 2-22 UMap 连接无人机

图 2-23 智能飞行界面

图 2-24 使用 KML 导航

图 2-25　载入 KML 后界面

2. 航飞路径规划

在正摄模式下，点击 ⛛ 按钮进行航飞路径规划，会自动出现绿色范围框，该范围框即航飞覆盖区域。通过旋转、平移、缩放绿色范围框来调整确定航飞覆盖区域。旋转：按住并拖动框内旋转标志可旋转范围框；平移：按住并拖动中心十字标志可调整范围框的中心位置；缩放：直接通过手指触摸并按住 ⬤ 标志拖动可调整范围框大小，如图 2-26 所示。

图 2-26　UMap 航飞路径规划

拖动绿色范围框时，会出现范围矩形框的长度和宽度，以及预计的飞行时间。为保障飞行安全，设置了安全飞行时间阈值，在预计飞行时间超过一定范围时绿色范围框的航线会变成黄色，此时提醒飞行人员注意飞行时间，考虑飞机特性和电池寿命等对飞行作业的影响，如图 2-27 和图 2-28 所示。

若选择倾斜模式，则需要进行 5 步的飞行拍摄，每一步的飞行起点和路线有所不同，包含原点起飞、原点西侧起飞、原点东侧起飞、原点南侧起飞和原点北侧起飞，各种情况如图 2-29 至图 2-33 所示。

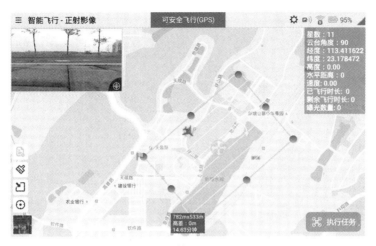

图 2-27 修改航飞路线

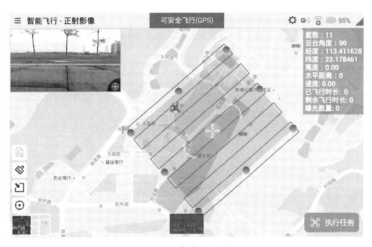

图 2-28 路线过长提醒

图 2-29 原点起飞

图 2-30　原点西侧起飞

图 2-31　原点东侧起飞

图 2-32　原点南侧起飞

图 2-33　原点北侧起飞

也可以在设置窗口选择是单架次飞完这 5 步，如图 2-34 所示。

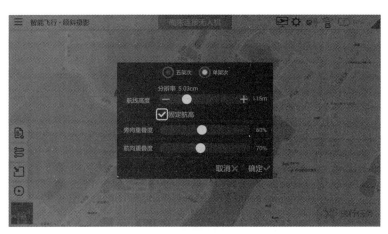

图 2-34　单架次完成 5 步

这种模式执行任务时，无人机便在飞完一步之后直接执行下一步，不需要在飞完每一步后返航。

若选择了 360 全景模式，则需要通过点击地图位置添加拍摄位置点，具体操作是点击 按钮，根据提示添加拍摄位置点，如图 2-35 所示。

如果是 P4，则最多只可以添加 4 个拍摄点，如果是 P3，则最多只可以添加 3 个拍摄点。若选择线状调查模式，同样通过点击地图位置选择拍摄路线，如图 2-36 所示。

航飞任务载入，系统会储存每一次的飞行任务，点击 按钮可对已储存的航飞任务进行载入，直接执行任务，从而避免重复操作，如图 2-37 所示。

选择要载入的任务，点击载入后，将调入之前规划的航线任务，如图 2-38 所示。

图 2-35　360 全景模式

图 2-36　线状路线飞行

图 2-37　载入任务

图 2-38 载入任务

3. 航飞参数设置

点击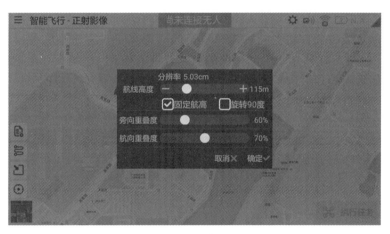按钮可对航飞参数进行设置，如图 2-39 所示为正射模式的默认参数设置。

图 2-39 正射模式

航线高度：在保证固定航高模式情况下，即 固定航高 勾选上的情况下可以拖动航线高度进度条，右边实时标示出高度数据，并在上方实时显示地面分辨率。如，表示飞行固定航高在 120m 的情况下，计算出的地面分辨率为 0.0525cm。

旋转 90 度：飞机航线规划时，默认以长边作为航线方向。如果选择此选项时，将以短边作为航线方向进行规划。

旁向重叠度：飞机飞行时，沿两条相邻航线所拍摄的相邻像片上有同一地面影像重叠部分。

航向重叠度：飞机飞行时，沿同一航线的相邻像片上有同一地面影像重叠部分。

固定航高：固定航高是指生成的所有航点的高度保持一致。在特殊情况下，需要调整

51

部分航线的航飞高度，本软件提供调整每条航线起始航点和最末航点的航点高度，该航线的其他曝光点高度由起始两点航点高度内插生成。若选择非固定航高，即 固定航高 取消勾选时，会自动弹出设置界面，如图 2-40 所示。

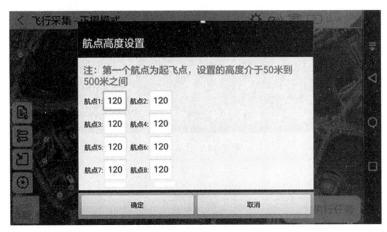

图 2-40　多航高设置

自动生成的航线中会自动生成航线和曝光点（即飞行过程中本软件控制无人机曝光拍照的位置），如图 2-41 所示。自动生成的航基线中，航点 1、航点 2 是指自动生成的第一条航线的起始曝光点和最末曝光点，航点 3、航点 4 是指自动生成的第二条航线的起始曝光点和最末曝光点……依次类推。

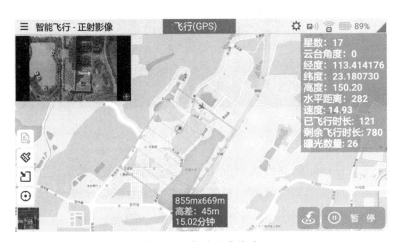

图 2-41　自动生成线路

4. 常规设置和相机设置

在界面上选择红色框的按钮便可进入常规以及相机设置窗口。在常规窗口中可以选择指南针校准，校准时请确保飞机远离电线、铁磁性物体等，防止电磁干扰。除此之外，此窗口可以查看 SD 卡的剩余容量，若剩余容量不够，则可以点击格式化按钮进行格式化，确保 SD 卡有足够的存储空间。若飞行区域有限高，可以在此窗口输入，便可确保飞行高度不会超过限制高度。若需调整距离限制，则需要连上飞机之后打开，打开之后默认值为 30m，可手动输入调整。该设置一般在航飞敏感区才需要设置，常规作业情况下，该设置默认为关闭，如图 2-42 所示。

图 2-42 常规设置

相机窗口可以选择拍摄相片的比例是 3∶2、4∶3 和 16∶9，其中 3∶2 是大疆精灵 4 Pro 的照片比例。也可以选择相片格式是 JPEG，RAW 和 RAW+JPEG。默认情况下，使用比例是 4∶3 时，航测拍照最优。打开网格线的按钮，则相机窗口会出现网格线，方便调整拍摄位置，如图 2-43 所示。

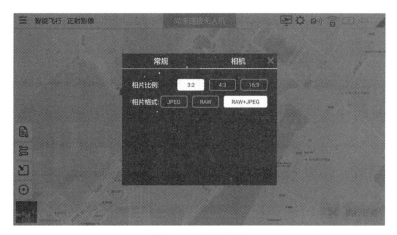

图 2-43 相机设置

5. 飞行安全检查

设置好飞行参数，退回到主界面，可多次确认航飞范围和航飞参数，确认完毕后，点击 执行任务 按钮，程序自动弹出如图 2-44 界面，进行飞行安全检查。飞行安全检查主要涉及本软件飞行作业时所要考虑的常规因素。如果这些需要检查的因素没有全部显示正常状态符号 ，请仔细检查对应项是否出现问题并认真调试。需要注意的是：正常安全起飞需要考虑的因素包括但不仅限于这些因素。

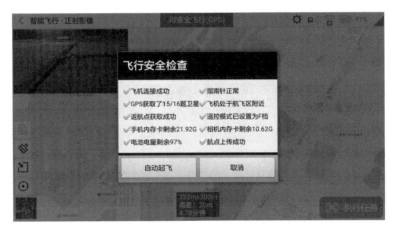

图 2-44　飞行安全检查

6. 智能飞行

完成飞行前，安全检查后点击 自动起飞 键，飞机自主起飞，进入如图 2-45 所示界面。无人机会在起飞点上空垂直升空，飞行高度达到航点 1 航高的 2/3 处时，飞行器自动调整云台方向为预设的云台角度，到达航点 1 后，按照预设航线和曝光点位置进行自动飞行和执行任务。

飞行过程中，点击 按钮可实时伸缩飞行状态信息框，查看飞机的飞行状态。如突发情况可点击一键返航 按钮或暂停 智停 按钮，使飞机返回起点或悬停在当时的位置。

7. 其他功能

定位按钮⊙：当作业区域离起飞点较远，或者起飞点、飞机不在视野范围内时，通过点击该定位按钮，画面中心点会定位到飞机的起飞点位置作为中心点。

地图切换按钮 ：点击该按钮，能切换地图底图。地图底图可以是常用路网地图，也可以是卫星影像视图。

2.2.3　无人机飞控软件 RTechGo

RTechGo 是武汉圆桌智慧有限科技公司基于飞行控制软件开发包，为满足多种行业应

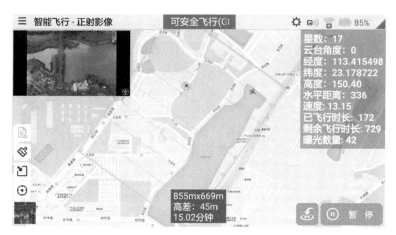

图 2-45 智能飞行界面

用领域而深度定制开发的一款飞行器数据采集软件，RTechGo 支持大部分 Android 5.0 以上的手机产品及 DJI Phantom 在售的全系列飞行器（DJI Phantom 3 SE 除外）。

RTechGo 拥有直观简易的交互设计，只需轻点屏幕，就能轻松规划复杂航线任务，实现全自动航点飞行拍照、测绘拍照等操作，实现飞行时长预测、低电量自动返航等功能，保障飞行安全；支持地图选点、文件导入等多种方式创建不同类型的任务，提供多种拍摄模式（正射、全景、倾斜）和多种路径规划模式（规则飞行路径规划、不规则航线规划、线状路径规划）以适应不同应用场景下的飞行需求。RTechGo 可广泛应用于航拍摄影、安防巡检、线路设备巡检、农业植保、气象探测、灾害监测、地图测绘、地质勘探等方面，大幅提升建筑行业、精准农业、空中摄影测量、电力巡检、安全监控和灾害救援等领域的任务执行效率。

RTechGo 基础版是专为行业应用领域设计的飞行器数据采集软件，可基于地图创建不同类型的任务，使飞行器按照规划航线自主飞行。RTechGo 包含初始界面（主界面）和飞行界面两部分，具体功能和常用操作如下。

1. 初始界面

先在移动设备上安装好 RTechGo，并注册好用户。使用时，先将移动设备与大疆遥控器用 USB 线连接，然后启动 RTechGo，软件就会自动与大疆飞机进行连接，并在主界面中显示已经连接好的设备，如图 2-46 所示。

RTechGo 软件各功能按钮的具体含义和详细说明如下。

1）通用设置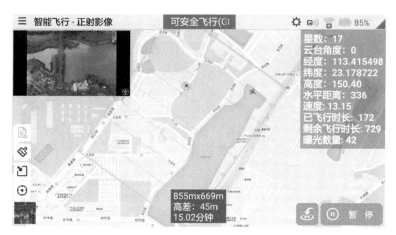

对软件和飞行器的工作参数进行设置，如图 2-47 所示。

"地图类型"，地图类型有 2 种，分别为高德地图和 Google 地图。用户可根据任务的实际情况和显示效果选择地图。

"模式选择"，影像的拍摄模式有 3 种：正射拍摄模式、自动 360 全景拍摄模式和倾

图 2-46　初始界面示意图

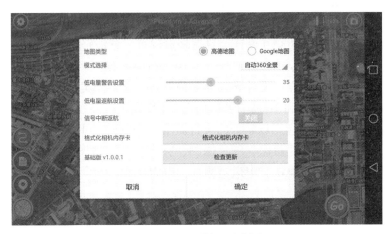

图 2-47　通用设置示意图

斜拍摄模式。

　　"低电量警告设置"，低电量警告设置的范围是 30%～50%，若飞行器电池电量低于所设阈值，遥控器将发出提示音，通知用户当前飞行器的电量过低，用户可以根据需要进行电量警告阈值设置。

　　"低电量返航设置"，低电量返航设置的范围是 10%～25%，若飞行器电池电量低于所设阈值，遥控器将发出提示音，持续数秒后飞行器结束任务并自动返航。

　　"信号中断返航"，信号中断返航总共有两种状态：打开状态和关闭状态。打开状态下，当飞行器和遥控器信号中断，飞行器会中断当前的作业，进行返航操作。关闭状态下，当飞行器和遥控器信号丢失，飞行器会继续执行任务。

　　"格式化相机内存卡"，点击"格式化相机内存卡"选项后，会格式化当前飞行器内相机的内存卡，格式化成功后会有消息提示。格式化的文件无法恢复，格式化之前请确认内存卡内无重要文件。

"检查更新"，点击"检查更新"选项后，软件会连接服务器检查是否有版本更新。

2）新建任务

进入新建飞行任务状态，通过轻触地图上位置，创建和调整飞行任务的范围（全景拍摄模式下，通过轻触地图上目标位置，确定飞行任务的拍摄点）。根据选择作业的飞行模式，新建任务也有三种不同的工作模式。

（1）正射拍摄模式下新建任务

点击"新建任务"，在视图范围生成一个矩形的任务范围，如图2-48所示，拉动任务范围的边缘绿点，可以进行任务范围大小调整；拖拽范围中心的平移十字标，可移动任务范围位置；拖拽范围内的其他空白区域，可旋转任务范围。

图 2-48　正射拍摄模式下新建任务

（2）自动360全景模式下新建任务

点击"新建任务"后，进入新建全景任务状态，如图2-49所示，轻触地图上目标位置以添加全景位置点，按住全景位置点可移动该点位置，飞行器会在位置点上进行自动全景拍摄。

（3）倾斜影像模式下新建任务

点击"新建任务"，在视图范围生成一个矩形的任务范围，如图2-50所示，拉动任务范围边缘的绿点，可以进行任务范围大小调整；拖拽范围中心的平移十字标，可移动任务范围位置；拖拽范围内的其他空白区域，可旋转任务范围。点击页面底部的视角按钮可以增加拍摄的倾斜视角，再次点击可以取消当前视角，支持多选视角。

3）取消任务

点击"新建任务"后，原按钮位置变更为"取消任务"，点击"取消任务"按钮，取消当前规划的任务。

4）任务列表

点击"任务列表"，进入"任务列表"窗口，如图2-51所示，可对任务进行"导入任

图 2-49　自动 360 全景模式下新建任务

图 2-50　倾斜影像模式下新建任务

图 2-51　任务列表示意图

务""导入范围""删除任务"等操作；切换拍摄模式也会切换"任务列表"中的任务。

点击"导入任务"会把选定的任务导入当前的主界面，继承当前的任务进度，可对没有完成的任务进行续飞。

点击"导入范围"会把任务列表中选定任务的任务范围导入初始界面，适合重新开始飞行规划地块。

点击"删除任务"会删除当前的任务数据。数据删除后不可恢复，请谨慎进行本操作。

5）定位 ⊙

可使当前地图显示以手机定位位置为中心。打开 WiFi 和 GPS 进行定位，定位会更加精准。

6）切换底图显示 ⊘

切换地图底图显示，显示模式共有两种，分别为卫星地图、矢量地图，如图 2-52、图 2-53 所示。

图 2-52　卫星地图

图 2-53　矢量地图

7）飞行器连接状态

飞行器连接状态总共有未连接和连接成功两种状态。

未连接状态下，状态显示区域为橙色的"未连接"字样，如图 2-54 所示，表示飞行器还未连接到 RTechGo 基础版，受到手机硬件以及 Android 系统制约，偶尔会出现连接不上飞行器的情况，尝试退出软件，关闭遥控器和飞行器后再次进入。

图 2-54　飞行器未连接示意图

连接成功状态下，状态显示区域为绿色的飞行器机型名称，如图 2-55 所示，表示当前软件已经和飞行器成功连接。

图 2-55　飞行器已连接示意图

8）遥控器链路信号质量

遥控器链路信号质量共有五格 ，格数表示当前飞行器和遥控器的无线连接状态，格数越多表示当前遥控器和飞行器的无线连接信号越强。

9）飞行器电池电量

电池图标中的数字代表当前飞行器电池电量，如果电池电量过低，不建议进行任务，以免因电量过低发生事故。

10）飞行参数设置

点击"飞行参数设置"，页面如图 2-56 所示。

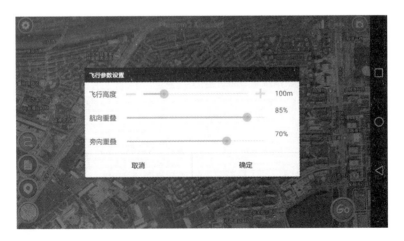

图 2-56　飞行参数示意图

"飞行高度"，飞行高度设置的范围是 15 ~ 500m，RTechGo 基础版中的高度均为相对起飞点的高度。

"航向重叠"，航空摄影中，沿同一航线的相邻像片上有同一地面影像部分，通常以百分比表示。航向重叠建议设置在 80% ~ 90%。

"旁向重叠"，航空摄影中，沿两条相邻航线所摄的相邻像片上有同一地面影像部分，两相邻航带之间的重叠，通常以百分比表示。旁向重叠建议设置在 70% ~ 85%。

11）准备起飞

任务规划好后，点击界面右下角的"准备起飞"按钮，会弹出"飞行安全检查"窗口，如图 2-57 所示。

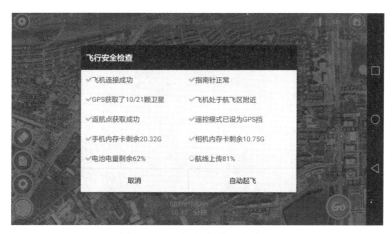

图 2-57　飞行安全检查示意图

"飞行安全检查"会检查当前飞行环境的安全性，通过的检查项以 ✔ 表示，没有通过的检查项以 ✖ 表示，有风险的检查项以 ⚠ 表示，⚠ 表示该项需要调整但不影响起飞，建议用户调整至显示绿色 ✔。建议全部检查项通过后再进行飞行。

具体的检查项如下：

"飞机连接成功"显示软件和飞机是否成功连接。

"GPS 获取的卫星数量"显示当前无人机获取的卫星数量。起飞前检查 GPS 星数，星数小于 6 颗时，起飞十分危险；星数小于 10 颗时，飞机有可能悬停不稳；星数大于 10 颗时，可以安全起飞，如果连接到的飞行器星数过低，飞行器可能无法工作。

"返航点获取成功"显示当前的无人机返航位置是否获取成功。

"手机内存卡剩余容量"显示当前手机内存的剩余容量。

"电池电量剩余"显示当前无人机的剩余电量。

"指南针正常"显示当前指南针状态。

"飞机处于航飞区附近"检查无人机离规划任务的距离。

"遥控模式已设为 GPS 挡"显示当前的遥控器模式是否为 GPS 挡。

"相机内存卡剩余容量"显示当前相机内存卡的剩余容量。

"上传航线"显示当前任务航线的上传进度。

12）断点续飞

RTechGo 基础版提供断点续飞功能。当前任务执行过程中返航（包括一键返航、低电量自动返航和信号中断自动返航），再次打开 RTechGo 基础版后，通过"导入任务"，程序将自动从上次任务的中断点开始继续完成飞行任务。

2. 飞行界面

飞行界面和初始界面的部分元素不同，开始飞行后会增加一部分功能控件，如图 2-58 所示。

图 2-58　飞行界面示意图

1）图像回传窗口

当收到相机输出画面时，自动显示相机实时画面。

飞行器进入飞行状态后，界面的右上角会出现图像回传画面，实时显示相机画面，飞行任务完成之后，会自动关闭画面。

遥控器链路信号质量不佳的情况下，相机的图像回传可能有延迟和卡顿。

2）飞行参数显示窗口

显示当前飞行任务的各项飞行参数。

飞行器进入飞行状态后，界面的右边会出现飞行参数的显示栏，显示当前任务的飞行参数，开始飞行后，飞行参数显示窗口会常驻主界面。

"星数"显示当前飞行器通过 GPS 连接到导航的卫星，影响飞行器的工作精度。

"经度"显示当前飞行器所处的经度信息。

"纬度"显示当前飞行器所处的纬度信息。

"高度"显示当前飞行器与起飞点的高度。

"水平距离"显示当前飞行器离地面的水平距离。

"速度"显示当前飞行器的飞行速度。

"云台角度"显示当前飞行器的云台角度。

"已飞行时长"显示当前任务飞行时长。

"曝光数量"显示当前任务拍摄的照片数量。

"相机模式"显示当前相机的拍摄模式。

返航时或者任务完成后，也不会关闭飞行参数显示窗口。

3）任务预计提示

显示当前任务的范围面积大小和预计任务时间。

4）一键返航⬤

点击⬤按钮，在弹出的提示框中点击"确认"，遥控器持续发出返航提示音，当前任务结束，飞行器开始返回起飞点上空，进行降落。受到户外环境和系统硬件的影响，飞行器的降落位置偶有偏差。

3. 典型操作流程

1）软件登录

软件首次启动需要 DJI 的账号。如果已有大疆账号，输入账号、密码，点击"Login Now"登录即可；如用户当前无大疆账号，需前往大疆的官方社区进行注册或者点击"REGISTER"进行账号的注册，如图 2-59 所示。

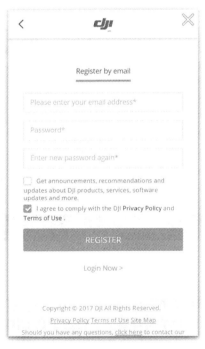

图 2-59 DJI 账户注册页面

注册完成后返回登录界面进行大疆账号的登录，登录后如需要登录其他账号，请卸载

RTechGo 基础版重新安装即可。

2）航拍准备

软件安装完成后，就可以准备前往航拍地点进行航拍了，飞行是一项技术含量高、需要仔细进行地面检查的一项工作。

出行前必须清点设备，检查设备电池电量是否满足此次的飞行任务。出行前尽量想得周全，外场飞行才能更好地开展工作，提高工作效率。

准备完成后，到达需要拍摄的地块附近，将飞行器和遥控器以及配件拿出。在航拍地点附近寻找一个平坦开阔的地面，将飞行器放置在地面上，清除飞行器附近的杂物，比如石子和植物，以保证不会对飞行器的起降造成影响。

飞行器开机，将手机用 USB 数据线连接遥控器，短按一下遥控器开关，再长按打开遥控器开关，遥控器开机后，会自动启动 RTechGo 基础版。

连接飞行器，等待 RTechGo 基础版和手机连接，连接成功后飞行器连接状态会变为当前连接的飞行器机型。

3）拍摄设置 ⚙

点击 ⚙ 按钮，点击"地图类型"，选择高德地图，点击"模式选择"，在列表中选择模式为正射影像，滑动设置"低电量警告设置"为 35，"低电量返航设置"为 20。

打开"信号中断返航"，设置完成后，点击"确定"保存设置。设置参数如图 2-60 所示。

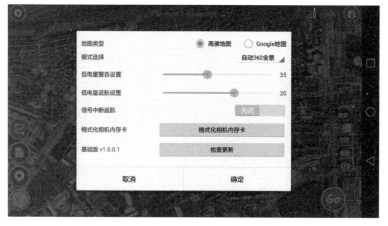

图 2-60　通用设置示意图

点击进入"飞行参数设置"，滑动设置飞行高度，将本次飞行高度设置为 100m，起飞前请确认是否在 DJI GO 中限制了飞行高度。设置参数如图 2-61 所示。一般要求航向重叠度为 85%，最少不得少于 75%；旁向重叠度为 70%，最少不得少于 35%，当地形起伏较大时，还需要增加因地形影响的重叠百分数，建议按照项目的实际需要设置。

4）新建任务

根据成果不同，航拍任务分为：正射模式、自动 360 全景和倾斜影像三种。

图 2-61　飞行参数示意图

（1）正射模式

点击"新建任务"，在视图范围生成一个矩形的任务范围，如图 2-62 所示，拉动任务范围的边缘绿点，可以进行任务范围大小调整；拖拽范围中心的圆形平移示意标，可移动任务范围位置；拖拽范围内的其他空白区域，可旋转任务范围。

图 2-62　正射模式下的新建任务

（2）自动 360 全景

点击"新建任务"后，进入新建全景任务状态，如图 2-63 所示，轻触地图上目标位置以添加全景位置点，按住全景位置点可移动该点位置，飞行器会在全景位置点上进行拍摄。

软件将自动根据剩余电量计算返航时长，预计本次飞行的范围。本次可以飞行完成的区域，航线标识为绿色；本次无法完成的飞行航线标识为红色。

图 2-63　自动 360 全景下的新建任务

（3）倾斜影像

点击"新建任务"，在视图范围生成一个矩形的任务范围，如图 2-64 所示，拉动任务范围边缘的绿点，可以进行任务范围大小调整；拖拽范围中心的平移十字标，可移动任务范围位置；拖拽范围内的其他空白区域，可旋转任务范围。

图 2-64　倾斜模式下的新建任务

点击页面底部的视角按钮可以增加拍摄的倾斜视角，再次点击可以取消当前视角，支持多选视角。

软件会自动根据剩余电量计算返航时长。本次可以飞行完成的区域，航线标识为绿色；本次无法完成的飞行航线标识为红色。

设定完成后点击"准备飞行"，安全检查通过后，即可开始任务。

5）导入任务

除了"新建任务",还可通过"任务列表"进行"导入任务""导入范围"等操作添加飞行任务。

导入任务:在"任务列表"中选择目标任务,点击"导入任务"将打开该任务,若已经飞行完成的任务,可重新飞行;若未完成的任务,可从上次返航的点开始继续自动任务飞行。

导入范围:在"任务列表"中选择目标任务,点击"导入范围",将该任务中选定任务的范围导入作为一个新的任务,可依据该范围进行编辑。

6)准备飞行

任务规划好后,点击"准备飞行",进入"飞行安全检查",如图 2-65 所示。检查通过的检查项以✔表示,没有通过的检查项以✘表示,有风险的检查项以⚠表示,空中飞行情况复杂,建议全部检查项通过后再进行飞行,以免发生危险。

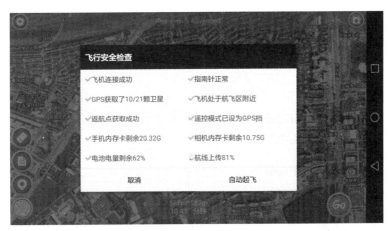

图 2-65　飞行安全检查示意图

7)执行任务

飞行安全检查完成后,点击列表下方的"自动起飞",飞机进入飞行界面。

飞行器上升到设置的拍摄高度进行作业,作业途中可以点击遥控器上的返航按钮或者 RTechGo 基础版界面上的"一键返航"按钮弹出返航提示窗口,如图 2-66 所示。点击"取消",飞行器回到飞行界面;点击"确定",飞行器将结束任务,自动返航降落。

8)断点续飞

如一次飞行无法完成任务,可以在"任务列表"中进行任务的断点续飞,操作步骤如下:

点击"任务列表",找到需要断点续飞的任务,点击任务下方的"导入任务",把选定的任务导入当前的主界面,然后点击"准备飞行"进入"飞行安全检查"窗口。

检查完成后,点击"自动飞行",无人机上升到与中断点等高的位置后,直线飞向中断点继续执行任务。RTechGo 基础版的断点续飞,都是飞行器率先上升到中断点等高的位置后,直线飞向中断点继续执行任务。在此过程中,飞行器的高度会根据中断点位置的不

图 2-66　一键返航确认示意图

同而有所差别，请务必确认飞行器高度以及飞行器与周围建筑物相对位置的安全性，以免发生碰撞风险。

9）飞行器回收

作业完成后，飞行器会自动返航，降落点附近务必排除杂物，如果飞行器的降落位置不准确，则需手动调节，以免发生降落故障。

2.2.4　无人机飞控软件 Pix4Dcapture

Pix4Dcapture 是瑞士 Pix4D 公司基于中国的大疆、法国的 parrot 等消费级飞行器研发的一款航测数据智能采集控制软件。Pix4Dcapture 需要先安装 Ctrl+DJI 软件。Ctrl+DJI 是用于驱动 Pix4Dcapture App 的软件，其界面如图 2-67 所示。在打开 Pix4Dcapture App 之前应先打开 Ctrl+DJI，通过 Ctrl+DJI 打开 Pix4Dcapture App。

1. 启动 Pix4Dcapture

软件支持 4 种飞行模式，分别是 GRID MISSION（按航带飞行，常用于生产正射影像）、DOUBLE GRID MISSON（交叉飞行，常用于生产三维模型）、CIRCULAR MISSION（热点环绕飞行，常用于特定目标建模）、FREE FLIGHT MISSION（全自由飞行），如图 2-68所示。

2. 设置模式

1）GRID MISSION 模式

GRID MISSON 模式就是指定航带飞行，也是测绘生产的标准模式，通过指定飞行区域，由软件自动规划出目前区域最理想的飞行航带，自动采集具有一定重叠度的影像，如图 2-69 所示。

按航带飞行飞行模式中，首先是在操作界面中直接拖动目标区域矩形上的圆按钮，将

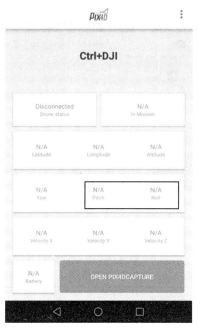

图 2-67 Ctrl+DJI 界面

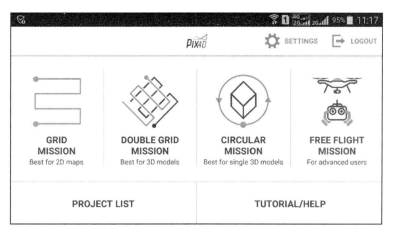

图 2-68 Pix4Dcapture App 启动界面

区域设计正确，然后再设置参数，包括相机拍摄角度、重叠度、飞行速度等，如图 2-70 所示。

2）DOUBLE GRID MISSION 模式

DOUBLE GRID MISSION 模式也就是交叉飞行模式，飞机执行路线相互垂直的两次飞行，对目标进行重复拍摄，可实现多角度的影像获取。目标区域设置与 GRID MISSON 模式一致，拍摄角度、重叠度可根据实际需求设定，其设置界面如图 2-71 所示。

图 2-69　GRID MISSION 模式及说明

1 地图视图	5 保存飞行工程	9 摄区范围居中
2 相机视图	6 开始飞行任务	10 飞行器 GPS 位置居中
3 飞行参数设置	7 摄区面积及飞行时间	11 飞行高度设置
4 恢复格网在屏幕中心	8 地图/影像模式	12 摄区规划网格

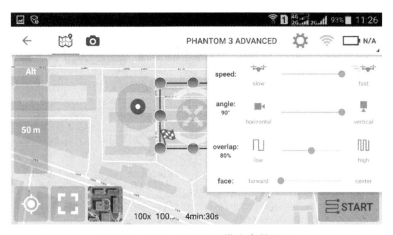

图 2-70　GRID MISSION 模式参数设置

3）CIRCLE MISSION 模式

CIRCLE MISSION 模式，控制飞行器绕中心点做环绕飞行，并按照角度间隔拍摄照片，参数设置包含飞行器速度、曝光角度，设置界面如图 2-72 所示。

4）FREE FLIGHT MISSION 模式

FREE FLIGHT MISSION 模式，控制飞行器按照事先设定好的平移距离或高度变化自动拍照，常用参数设置包括水平和竖直平移间距，操作界面如图 2-73 所示。

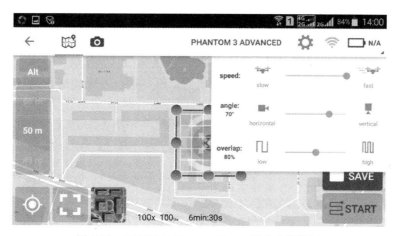

图 2-71 DOUBLE GRID MISSION 模式参数设置

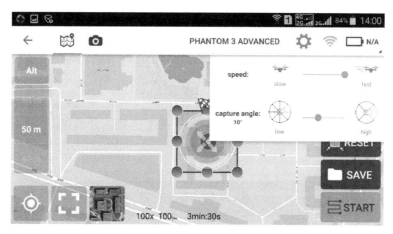

图 2-72 CIRCLE MISSION 模式参数设置

图 2-73 FREE FLIGHT MISSION 模式参数设置

3. 智能飞行

设置好飞行模式及相关参数，并确认和检查相关参数后，就可以准备，点击"START"按钮，程序自动弹出如图 2-74 所示对话框，进行安全提醒。

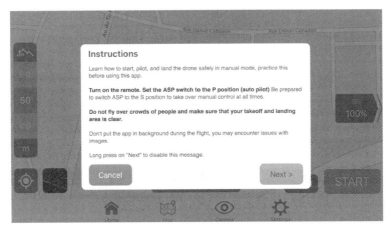

图 2-74　安全提醒

选择"Next"按钮后，飞控软件与飞机进行再次连接，并提醒作业区域、飞机高度等，如图 2-75 所示。

图 2-75　作业范围提醒

再次选"Next"进入安全检查界面，如图 2-76 所示。如果这些需要检查的因素中存在不正常状态，请仔细检查对应项，并认真调试和确认。特别注意的是正常安全起飞需要考虑的因素包括但不仅限于这些因素。

飞行安全检查完成后，选择"Press for takeoff"，飞机就接收起飞指令，开始启动升

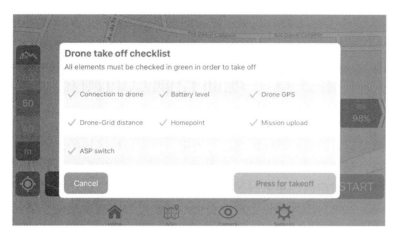

图 2-76 飞行安全检查

空，执行设定好的航飞任务，飞行过程中的界面如图 2-77 所示。

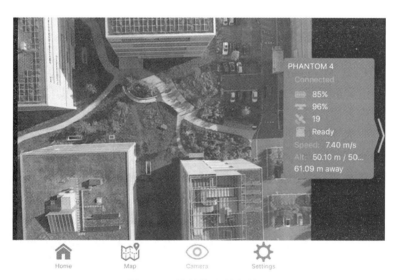

图 2-77 执行航飞任务界面

　　飞机执行完所指定的任务后会自动降落回起飞地点，中途任何时间想终止飞行，可以通过按大疆飞机遥控器上的"一键返回"按钮，将飞机召回。

第3章 地面控制点的测量

航空摄影测量的目的是对目标区域进行测量, 获取目标区域的地理信息, 通常情况下需要地面控制点 (又称为外业控制点、野外控制点等) 对拍摄的影像进行位置和姿态标定, 这个过程称为绝对定向。很多时候, 飞机上安装有 GPS、IMU 等定位、定姿设备对拍摄位置进行记录, 如果对成果的位置精度要求不高, 可以不需要地面控制点, 但专业的测绘生产都需要地面控制点进行定向。地面控制点有两个重要的用途, 其一是作为定向点使用, 用于求解像片成像时的位置和姿态; 其二是作为检查点使用, 用于检查生产成果的精度, 检查方式是在成果数据中找到检查点的影像位置 (需要立体像对中的位置), 测量其坐标然后与控制点坐标进行比对。本章将对地面控制点的含义、获取方式等进行叙述。

3.1 地面控制点概念

地面控制点 GCP (Ground Control Point) 是表达地理空间位置的信息数据, 归结为空间位置坐标、点位局部影像、点位特征描述及说明 (点之记)、辅助信息, 在航空摄影测量中控制点也被称为像控点。控制点按照应用及精度等级分为国家基础测量控制点、像片控制点 (像控点) 及工程建设定位控制点。基础测量控制点是国家或省级建立的高等级的平面、高程大地控制网点, 分为一、二、三、四等级, 类型包括三角点、水准点、卫星定位等级点和独立天文点等, 是开展所有测量工作的基础, 属于机密资料, 由国家实行统一管理。

控制点是在国家基础控制点框架下通过一定的测量技术方法在野外实测完成的, 是进行摄影测量、遥感卫星影像与雷达影像纠正及工程建设定位的依据。不同成图比例尺、不同用途的控制点其精度是不同的, 控制点获取的时间、行政区域、坐标参考基准、点位影像类型、影像的分辨率等相关信息对控制点的再利用是非常必需和重要的, 比如低精度的控制点不能用于高精度的测绘项目中, 否则不能达到精度要求。

地面控制点是表达地理空间位置的信息数据, 控制点相关信息数据归纳起来包括控制点空间位置坐标、控制点局部影像、控制点辅助信息。

①控制点空间位置坐标。地球表面上空间位置的描述通常用在一定参考系的坐标来表示, 通用坐标系包含大地坐标系 (B, L, H)、地心坐标系、空间直角坐标系 (X, Y, Z)、站心坐标系及高斯直角坐标等。测绘工程通常用空间直角坐标系, 国内常用的坐标参考系有 WGS84 国际标准坐标系、1954 年北京坐标系、1980 西安坐标系、CGCS 2000 国家大地坐标系及地方坐标系等, 投影参数还涉及 3° 和 6° 带, 涵盖国家基本比例尺系列图的精度等级。

②控制点局部影像。控制点影像数据是以栅格形式存储的以灰度或彩色模式显示的控制点局部图像。控制点影像类型主要与影像获取的传感器有关，数据库建设中控制点影像可涵盖目前测绘生产中的主流影像，包括航空胶片扫描影像、数码航空影像、航天遥感卫星影像及雷达影像（机载、星载）。控制点影像的数据格式有 jpg，gif，bmp，dib，tiff 等，对于点之记中附带有点位局部影像及坐标信息的 Word 文档形式如图 3-1 所示。

像片控制点点位信息表

鹤岗摄区	2000 国家大地坐标系		
点　号	纬度（° ′ ″）	经度（° ′ ″）	大地高（m）
PHF026	47 20 57.70438	130 16 16.47176	206.913
点位略图			
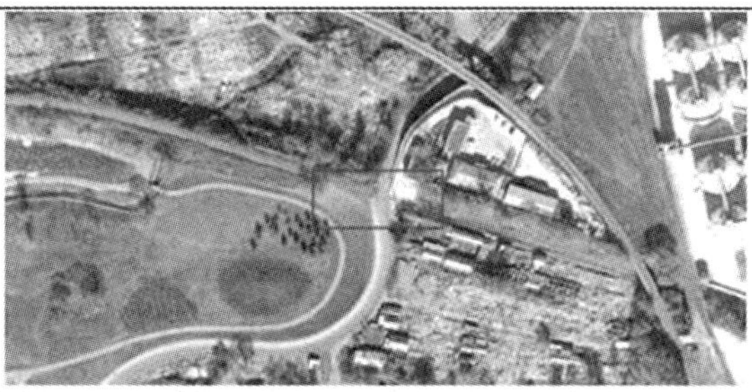			
实地照片		点位详图	
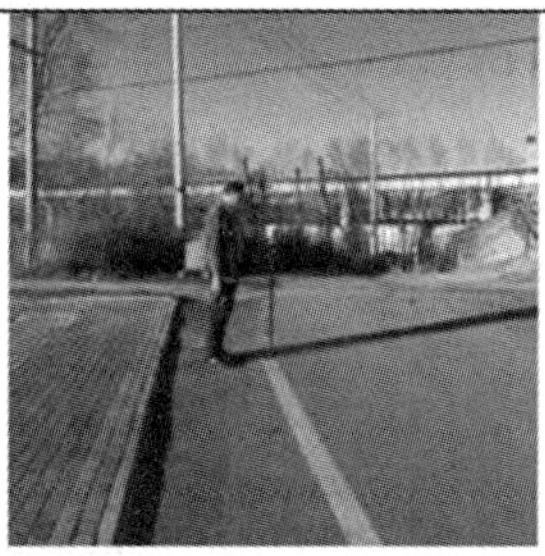		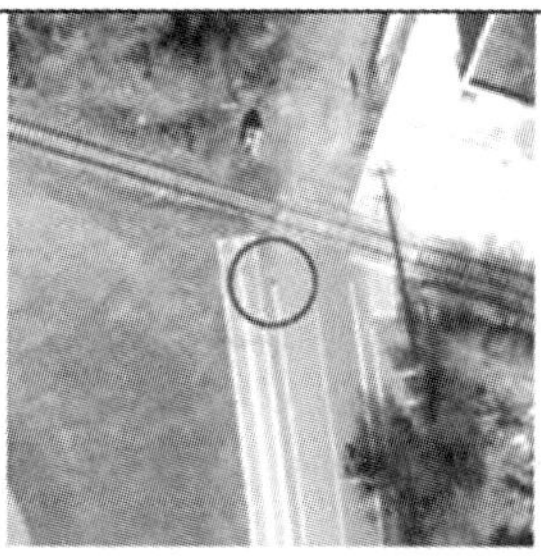	
像片控制点位置说明： 点位刺在路边白色实线北侧中心处，高程测至地面。			
选 点 者	王 XX	测量日期	2017-10-25
检 查 者	刘 XX	检查日期	2017-10-25
测量单位	XX 省 XX 测绘地理信息工程院	测量方式	RTK

图 3-1　规范的控制点数据记录

③控制点辅助信息。控制点辅助信息是对控制点的详细描述。首先是描述控制点空间地理坐标辅助信息，包括采用的坐标系、投影方式、精度、成图比例尺、行政区域、获取时间、3°带或 6°带等。其次是描述控制点影像的辅助信息。航空数字影像辅助信息包括分辨率、摄区名称、摄区代码、航摄仪型号、摄影比例尺、航摄仪焦距等。卫片遥感影像辅助信息包括传感器的类型、景号、轨道号、波段等。

3.1.1　控制点获取途径

控制点获取途径如下：

①控制点像片扫描控制点由外业测绘者在野外实测获得，目前国内通常的控制点资料提供形式为电子文档格式的 GCP 坐标数据及相应纸质控制点影像像片（控制片），控制片正面有刺孔，用黑色或红色圆圈标记，旁边注有点号和高程，背面有点位位置说明及略图。为了得到电子的点位局部影像和点位说明，必须对控制片进行数字化扫描预处理，得到栅格形式的 GCP 点位影像及点位图形与说明。

②利用空三加密成果。目前国内主流空三软件均有输出像点局部影像（GCP 小影像）的功能，一般空三加密技术也要求输出控制点局部影像，大小为 200 像素×300 像素。

③利用纠正后的卫星影像成果上交控制点影像库，这些控制点影像库中的影像可直接使用，影像中心点为控制点位置，坐标也可直接导出。

④外业直接提供，有些外业提供的控制点点之记中附带有位置影像信息。

3.1.2　像控点布设要求

像片控制点分三种：像片平面控制点（简称平面点），只需联测平面坐标；像片高程控制点（简称高程点），只需联测高程；像片平高控制点（简称平高点），要求平面坐标和高程都应联测。由于 GPS 技术的进步，使得 RTK 的精度逐渐提高，从测量结果来看，RTK 技术不仅可以满足像控点的精度要求，而且可以大量节省测量时间，与传统像控点测量方法相比显示了较大的优越性，实际作业时用 RTK 采集的点全部是平高点。

1. 像控点布点原则

像控点布点原则如下：

①像控点一般按航线全区统一布点，可不受图幅单位的限制。

②布在同一位置的平面点和高程点，应尽量联测成平高点。

③相邻像对和相邻航线之间的像控点应尽量公用。当航线间像片排列交错面不能公用时，必须分别布点。

④位于自由图边或非连续作业的待测图边的像控点，一律布在图廓线外，确保成图满幅。

⑤像控点尽可能在摄影前布设地面标志，以提高刺点精度，增强外业控制点的可取性。

⑥点位必须选择在像片上的明显目标点，以便于正确地相互转刺和立体观察时辨认点位。

2. 像控点布点位置要求

像控点在像片和航线上的位置，除各种布点方案的特殊要求外，应满足下列基本要求：

①像控点一般应在航向三片重叠和旁向重叠中线附近，布点困难时可布在航向重叠范围内。在像片上应布在标准位置上，也就是布在通过像主点垂直于方位线的直线附近。

②像控点距像片边缘的距离不得小于 1cm，因为边缘部分影像质量较差，且像点受畸

变差和大气折光差等所引起的移位较大；再则倾斜误差和投影误差使边缘部分影像变形大，增加了判读和刺点的困难。

③点位必须离开像片上的压平线和各类标志（框标、片号等），以利于明确辨认。为了不影响立体观察时的立体照准精度，规定离开距离不得小于 1mm。

④旁向重叠小于 15% 或由于其他原因，控制点在相邻两航线上不能公用而需分别布点时，两控制点之间裂开的垂直距离不得大于像片上 2cm。

⑤点位应尽量选在旁向重叠中线附近，离开方位线大于 3cm 时，应分别布点。

3.1.3 像片控制点的施测

①刺点目标的选择要求：刺点目标应根据地形、地物条件和像片控制点的性质进行选择，以满足规范与合同要求。无论是平面点、高程点或平高点均要选择在影像清晰、目标明显、能准确刺点的目标点上，明显目标点是指野外的实地位置和像片的影像位置都可以明确辨认的点。一般理想的明显目标应选择在近于直角而且又近于水平的线状地物的交点和地物拐角上，特别是固定的田角和道路交叉处经常作为优先选点的理想目标。

②像控点平面坐标和高程的施测无论平面控制点，还是高程控制点，其测量工作必须遵循"从整体到局部，先控制后碎部"的原则，即先进行整个测区的控制测量，再进行碎部测量。目前 GPS 已广泛应用，利用 GPS 可极大提高像控点外业测量的工作效率。

③使用 GPS＼RTK 对像控点布设的几点建议。

像控点应优先选择在影像清晰、可以准确刺点的目标上布设。多选择在线状地物交点和地物拐角上布设。弧形地物和阴影一般不能选做刺点目标。像控点测量时，可按近景显示像控点位置，远景显示像控点方向与周边环境，多个方向拍摄像控点照片，以便于内业绘图人员判读像控点。在测区范围内有等级道路时，尽量选择道路路面上的交通指示。如地面上前进方向标示的箭头、限速数字尖点与拐点、拐弯箭头、过街斑马线拐角等。测区内有房屋，在选择像控点时，建议优先选择平顶房房角或围墙角，并且最好选航摄像片上没有阴影的房角，或是房屋北边的房角（原因是受摄影时光照的影响，在立体模型上北边的房角易立体切准）。在选择房屋角时，尽可能选平屋，且四个房屋角清晰，并避免选高楼房角。测量此房顶角像控点时，将此房角屋顶与地面的比高记录在像控点反面整饰中。

在测区范围内，可有针对性地选择地坪拐角、铁丝网支桩、在建房屋基角等目标点。但要考虑时间间隔，若摄影时间与选点时间间隔太长，目标地物现状可能发生变化，则不建议选择此类地物目标。当测区范围内可识别的地物稀少时，建议优先选择水渠的分水口、桥、闸、涵等水工建筑物拐角或中点。测区范围内，还可选择通信线电杆地面中心作为像控点。此类像控点，可分别测电杆左、右两侧作为参考点，然后取两参考点的平面位置的算术平均值作为此电杆像控点平面位置，并将电杆长度记录在像控点反面整饰中。在测区范围内，可识别地物在摄影阴影内时，可将像片无阴影线状地物沿其方向用红笔画出参考辅助线（延长线、垂直线等），再标记出交点，以交点作为刺点目标，此刺点目标即为像控点。在测区范围内，像片显示区域内，人工地物稀少，可识别地物只有弧形地物时，也可将弧形地物的特殊点作为刺点目标即像控点。如弧形水渠的分水口拐点，弧形水池边缘的排水管中点等。在测区范围内，也可以将坟头作为像控点刺点目标。但是，要考虑摄影时间与选点时间是否间隔清明节，清明节前后坟头点位高程及形状可能发生变化。若是坟墓前的祭祀平台，则首先考虑祭祀平台的拐角，从而保证摄影测量前后的高程一致性。建议野外像控点测量小组，最好以两名有多年工作经验的人组成，可相互验证对目标地物与像片影像的判读，从而保证像控点的正确性与唯一性。

一般情况下在完成基础控制网（点）测量工作后才能施测像片控制点，利用 GPS 静态测量技术解决像片控制点的平面坐标和地面高程（单点定位技术）。利用 GPS/RTK 的测量技术在丘陵地、山地、高山地解决像片控制点的平面坐标，再利用全站仪测量垂直角获取像片控制点的地面高程。用 GPS/RTK 的方法测量像片控制点。在采用 GPS/RTK 测定像片控制点时，只限于平坦地区，在像片控制点附近 12 千米以内找一个 GPS 基础控制点作为参考站（基准站），在此范围内可以直接测量多个像片控制点的平面坐标和高程。为了避免偶然误差，都应在测前和测后进行像片控制点检查，检查结果满足规范和专业技术设计书要求时，所测像片控制点成果可采用。GPS/RTK 测量像片控制点的优点是方便、快捷，可以直接得出像片控制点的平面坐标和高程，不需要进行后处理。缺点是至少需要四人以上操作，基准站与流动站的距离一般不超过 12 千米。

3.2　大地测量基础

大地测量是为建立和维持测绘基准与测绘系统而进行的确定位置、地球形状、重力场及其随时间和空间变化的测绘活动。大地测量确定地面点位、地球形状大小和地球重力场的精密测量，内容包括三角测量、精密导线测量、水准测量、天文测量、卫星大地测量、重力测量和大地测量计算等。测量时，通常应顾及地球形状、大小和重力场因素。它是建立国家和区域大地控制网的基本手段，也是地形测量和其他各种工程测量的基础工作，并为研究和测定地球形状和大小、空间目标坐标和方位，以及地壳变形等提供资料。其平面控制网，一般用三角测量、三边测量、边角测量、精密导线测量和空间大地测量建立，并配合天文测量和重力测量，通常将观测结果归算到地球椭球面上，计算各点的大地坐标，最后通过地图投影换算为平面直角坐标，作为平面基本控制；其高程控制网，一般用水准测量建立，以测定各点的正常高，作为高程的基本控制。

3.2.1　坐标系统

一个空间点的位置是用坐标来表示的，同一个点在不同坐标系中有不同的表示方式和数据，与 GPS 相关的是地球坐标系和天球坐标系。GPS 卫星受地球引力的作用而与地球自转无关地运动在地球以外的空间轨道上，所以描述 GPS 卫星的位置是采用天球坐标系；而 GPS 卫星观测者位于地球表面，其坐标位置随地球自转，那么与之相联系的是地球坐标系。全球建有世界大地坐标系，各国（地区）也都建立了自己国家的大地坐标系统，如我国建立了以陕西泾阳县永乐镇为原点的大地坐标系，更精确的全球坐标系统正在建设中。不同坐标系之间是通过坐标转换而满足不同用途的。目前在 GPS 导航定位中，与卫星轨道和观测者坐标的观测、星历发播等相联系的是天球坐标系和地球坐标系，而测量结果及与用户对接的是统一采用的 WGS-84 世界大地坐标系。

1. 坐标系的分类

所谓坐标系指的是描述空间位置的表达形式，即采用什么方法来表示空间位置。如直角坐标系、极坐标系等。在测量中，常用的坐标系有以下几种：

1）空间直角坐标系

空间直角坐标系的坐标系，如图 3-2 所示，原点位于参考椭球的中心 O，Z 轴指向参考椭球的北极，X 轴指向起始子午面与赤道的交点，Y 轴位于赤道面上，且按右手系与 X 轴呈 90°夹角。

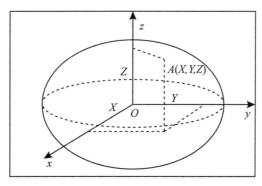

图 3-2　空间直角坐标系

2）空间大地坐标系

空间大地坐标系如图 3-3 所示，是采用大地经、纬度和大地高来描述空间位置的。纬度是空间中的点与参考椭球面的法线与赤道面的夹角，经度是空间中的点与参考椭球的自转轴所在的面与参考椭球的起始子午面的夹角，大地高是空间点沿参考椭球的法线方向到参考椭球面的距离。

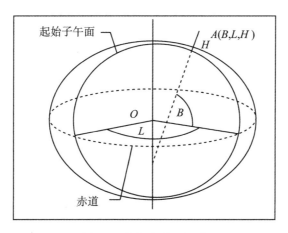

图 3-3　空间大地坐标系

3）平面直角坐标系

平面直角坐标系是利用投影变换，将空间坐标（空间直角坐标或空间大地坐标）通过某种数学变换映射到平面上，这种变换又称为投影变换。投影变换的方法有很多，如UTM 投影、Lambuda 投影等，在我国采用的是高斯-克吕格投影，也称为高斯投影。

2. GPS 测量中常用的坐标系

1）WGS-84 坐标系

WGS-84 坐标系是美国根据卫星大地测量数据建立的大地测量基准，是目前 GPS 所采用的坐标系。GPS 卫星发布的星历就是基于此坐标系的，用 GPS 所测的地面点位，如不经过坐标系的转换，也是此坐标系中的坐标。WGS-84 坐标系定义如表 3-1 所示。

表 3-1　　　　　　　　　　　　　　**WGS-84 坐标系定义**

坐标系类型	WGS-84 坐标系属地心坐标系
原点	地球质量中心
z 轴	指向国际时间局定义的 BIH1984.0 的协议地球北极
x 轴	指向 BIH1984.0 的起始子午线与赤道的交点
参考椭球	椭球参数采用 1979 年第 17 届国际大地测量与地球物理联合会推荐值
椭球长半径	$a = 6378137\mathrm{m}$
椭球短半径	$b = 6356752.314\mathrm{m}$
椭球扁率	由相关参数计算的扁率：$\alpha = 1/298.257223563$

通常情况下，WGS-84 采用 UTM 投影，形成直角坐标值 XYZ。投影带采用 6 度分带，X 轴加常数为 0，Y 轴加常数为 500000m。

2）1954 年北京坐标系

1954 年北京坐标系是我国目前广泛采用的大地测量坐标系，源自苏联采用过的 1942 年普尔科夫坐标系，该坐标系采用的参考椭球是克拉索夫斯基椭球，属参心坐标系，参考椭球在苏联境内与大地水准面最为吻合，在我国境内大地水准面与参考椭球面相差最大为 67m。1954 年北京坐标系定义如表 3-2 所示。

表 3-2　　　　　　　　　　　　　　**1954 年北京坐标系定义**

坐标系类型	1954 年北京坐标系属参心坐标系
原点	位于苏联的普尔科沃
z 轴	没有明确定义
x 轴	没有明确定义
参考椭球	椭球参数采用 1940 年克拉索夫斯基椭球参数

续表

坐标系类型	1954 年北京坐标系属参心坐标系
椭球长半径	$a = 6378245\text{m}$
椭球短半径	$b = 6356863.0187730473\text{m}$
椭球扁率	由相关参数计算的扁率：$\alpha = 1/298.3$

通常情况下，1954 年北京坐标系采用高斯投影，形成直角坐标值 XYZ。投影带采用 3 度分带，X 轴加常数为 0，Y 轴加常数为 500000m，高程系统以 56 年黄海平均海水面为高程起算基准。

1954 年北京坐标系存在以下问题：

①椭球参数与现代精确参数相差很大，且无物理参数；

②该坐标系中的大地点坐标是经过局部分区平差得到的，在区与区的接合部，同一点在不同区的坐标值相差 1~2m；

③不同区的尺度差异很大；

④坐标是从我国东北传递到西北和西南，后一区是以前一区的最弱部作为坐标起算点，因此有明显的坐标积累误差。

3）1980 年西安大地坐标系

该坐标系又称 1980 年国家大地测量坐标系，是根据 20 世纪 50~70 年代观测的国家大地网进行整体平差建立的大地测量基准。椭球定位在我国境内与大地水准面最佳吻合。1980 年国家大地测量坐标系定义如表 3-3 所示。

表 3-3　　　　　　　　　　　　　　　　**1980 年国家大地测量坐标系定义**

坐标系类型	1980 年国家大地测量坐标系属参心坐标系
原点	位于我国中部——陕西省泾阳县永乐镇
z 轴	平行于地球质心指向我国定义的 1968.0 地极原点（JYD）方向
x 轴	起始子午面平行于格林尼治平均天文子午面
参考椭球	椭球参数采用 1975 年第 16 届国际大地测量与地球物理联合会的推荐值
椭球长半径	$a = 6378140\text{m}$
椭球短半径	$b = 6356755.2881575287\text{m}$
椭球扁率	由相关参数计算的扁率：$\alpha = 1/298.257$

通常情况下，1980 年国家大地测量坐标系采用高斯投影，形成直角坐标值 XYZ。投影带采用 3 度分带，X 轴加常数为 0，Y 轴加常数为 500000m，高程系统以 56 年黄海平均海水面为高程起算基准。

相对于 1954 年北京坐标系而言，1980 年国家大地测量坐标系的内符合性要好得多。1954 年北京坐标系和 1980 年国家大地测量坐标系中大地点的高程起算面是似大地水准面，是二维平面与高程分离的系统。而 WGS-84 坐标系中大地点的高程是以 84 椭球作为高程起算面的，所以是完全意义上的三维坐标系。

4）CGCS2000 大地坐标系

2000 中国大地坐标系（China Geodetic Coordinate System 2000，CGCS2000），国人又称之为 2000 国家大地坐标系，是我国新一代大地坐标系，现已在全国正式实施。2000 中国大地坐标系符合 ITRS（国际地球参考系统）的如下定义：

①原点在包括海洋和大气的整个地球的质量中心；

②长度单位为米（m）。这一尺度同地心局部框架的 TCG（地心坐标时）时间坐标一致；

③定向在 1984.0 时与 BIH（国际时间局）的定向一致；

④定向随时间的演变由整个地球的水平构造运动无净旋转条件保证。

CGCS2000 的参考椭球为一等位旋转椭球。等位椭球（或水准椭球）定义为其椭球面是一等位面的椭球。CGCS2000 的参考椭球的几何中心与坐标系的原点重合，旋转轴与坐标系的 z 轴一致。参考椭球既是几何应用的参考面，又是地球表面上及空间正常重力场的参考面。2000 中国大地坐标系定义如表 3-4 所示。

表 3-4　　　　　　　　　　　　　2000 中国大地坐标系定义

坐标系类型	质心坐标系
原点	地球的质量中心
z 轴	指向 IERS 参考极方向
x 轴	IERS 参考子午面与通过原点且同 Z 轴正交的赤道面的交线
参考椭球	IERS
椭球长半径	6378137m
椭球短半径	6356752.31414 m
椭球扁率	$f = 1/298.257222101$

通常情况下，2000 中国大地坐标系采用高斯投影，形成直角坐标值 XYZ。投影带采用 3 度分带，X 轴加常数为 0，Y 轴加常数为 500000m，高程系统以 56 年黄海平均海水面为高程起算基准。

CGCS2000 与 WGS-84 对比，CGCS2000 的定义与 WGS-84 实质一样。采用的参考椭球非常接近。扁率差异引起椭球面上的纬度和高度变化最大达 0.1mm。当前测量精度范围内，可以忽略这点差异。可以说两者相容至 cm 级水平，但若一点的坐标精度达不到 cm 水平，则不认为 CGCS2000 和 WGS-84 的坐标是相容的。

CGCS2000 与 1954 年北京坐标系（简称 1954 坐标系）、1980 年国家大地测量坐标系（简称 1980 坐标系）对比，CGCS2000 和 1954 或 1980 坐标系，在定义和实现上有根本区别。局部坐标和地心坐标之间的变换是不可避免的。坐标变换通过联合平差来实现，而一般是通过一定变换模型来实现的。当采用模型变换时，变换模型的选择应依据精度要求而定。对于高精度（大于 0.5m）要求，可采用最小曲率法或其他方法的格网模型；对于中等精度（0.5~5m）要求，可采用七参数模型；对于低精度（5~10m）要求，可采用四参数或者三参数模型。

3.2.2 常用大地测量仪器

1. 精密测角仪器——经纬仪

经纬仪是一种根据测角原理设计的测量水平角和竖直角的测量仪器。英国人西森（Sisson）约于 1730 年首先研制，成型后，用于英国大地测量。1904 年，德国开始生产玻璃度盘经纬仪。1920 年，瑞士的 H. 威特（H. Wild）等人制成世界上第一台 Th1 型光学经纬仪。随着电子技术的发展，20 世纪 60 年代出现电子扫描度盘，在读数窗能自动显示水平度盘和垂直度盘读数的数字电子经纬仪。经纬仪的主要部件有望远镜、度盘、水准器、读数设备和基座等。

1）经纬仪水平角的测量原理

水平角是指过空间两条相交方向线所作的铅垂面间所夹的二面角，角值范围为 0°~360°。空间两直线 OA 和 OB 相交于点 O，将点 A，O，B 沿铅垂方向投影到水平面上，得到相应的投影点 A'，O'，B'，水平线 $O'A'$ 和 $O'B'$ 的夹角 β 就是过两方向线所作的铅垂面间的夹角，即水平角。水平角的大小与地面点的高程无关。测量角度的仪器在测量水平角时必须具备两个基本条件：

①能给出一个水平放置的，且其中心能方便地与方向线交点置于同一铅垂线上的刻度圆盘——水平度盘；

②要有一个能瞄准远方目标的望远镜，且要能在水平面和竖直面内做全圆旋转，以便通过望远镜瞄准高低不同的目标 A 和 B。

2）经纬仪垂直角的测量原理

垂直角是指在同一铅垂面内，某目标方向的视线与水平线间的夹角 α，也称竖直角或高度角；垂直角的角值为 0°~±90°。

视线与铅垂线的夹角称为天顶距，天顶距 z 的角值范围为 0°~180°。

当视线在水平线以上时垂直角称为仰角，角值为正；视线在水平线以下时为俯角，角值为负。

由此可知测角仪器经纬仪还必须装有一个能铅垂放置的度盘——垂直度盘，或称竖盘。

按物理特性划分，经纬仪经历了机械型、光学机械型和集光、机、电及微电子技术于一体的智能型三个发展阶段，各阶段的标志性产品分别为游标经纬仪、光学经纬仪和电子经纬仪，目前主要使用的是光学经纬仪和电子经纬仪。光学经纬仪利用集合光学的放大、反射、折射等原理进行度盘读数；电子经纬仪利用物理光学、电子学和光电转换等原理显示度盘读数，电子经纬仪是现代高科技高度集成的产品。

经纬仪是一种常规的测量仪器，广泛应用于军事、建设等诸多行业。电子经纬仪是集光、机、电、计算为一体的自动化、高精度的光学仪器，是在光学经纬仪的电子化智能化基础上，采用了电子细分、控制处理技术和滤波技术，实现测量读数的智能化。电子经纬仪既可单独作为测角仪器完成导线测量等测量工作，又可与激光测距仪、电子手簿等组合成全站仪，与陀螺仪、卫星定位仪、激光测距机等组合成炮兵测地系统，实现边角连测、定位、定向等各种测量。在采用点阵式双面双排液晶显示和标准的（RS232、RS485、USB2.0 和最近发展起来的蓝牙技术等）通信接口后，既可直接读数，同时又可实现数据通信。电子经纬仪能够实现数据的液晶显示、误差补偿，尤其是对仪器本身工艺上所产生的误差进行补偿和校正，使电子经纬仪测量时，能够以较少的测量前期工作达到较高的精度，大大减轻了测量作业量。电子经纬仪对误差的修正和测量是通过按键设定和操作来实现的。

光学经纬仪和电子经纬仪在测量的原理和结构上有所不同，如图 3-4 所示。光学经纬仪由望远镜、照准部、度盘、测微器系统、轴系、水准器、基座及脚螺旋、光学对点器几大部分组成；电子经纬仪由望远镜、照准部、光栅盘或光学码盘、测微器系统、轴系、水准器、基座及脚螺旋、光学对点器、读数面板几大部分组成。

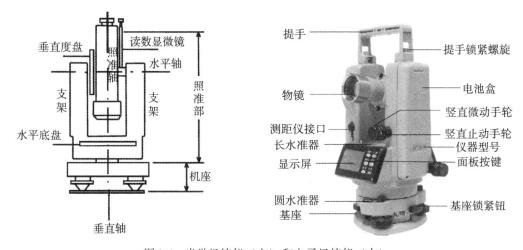

图 3-4　光学经纬仪（左）和电子经纬仪（右）

测量时，将经纬仪安置在三脚架上，用垂球或光学对点器将仪器中心对准地面测站点，用水准器将仪器定平，用望远镜瞄准测量目标，用水平度盘和竖直度盘测定水平角和竖直角。按精度可分为精密经纬仪和普通经纬仪；按读数设备可分为光学经纬仪和游标经纬仪；按轴系构造分为复测经纬仪和方向经纬仪。此外，有可自动按编码穿孔记录度盘读数的编码度盘经纬仪；可连续自动瞄准空中目标的自动跟踪经纬仪；利用陀螺定向原理迅速独立测定地面点方位的陀螺经纬仪和激光经纬仪；具有经纬仪、子午仪和天顶仪三种作用的供天文观测的全能经纬仪；将摄影机与经纬仪结合在一起供地面摄影测量用的摄影经纬仪等。

应用举例（已知 A、B 两点的坐标，求取 C 点坐标）：是在已知坐标的 A、B 两点中的一点架设仪器（以仪器架设在 A 点为例），完成安置对中的基础操作以后对准另一个已知点（B 点），根据自己的需要配置一个读数 1 并记录，然后照准 C 点（未知点）再次读取读数 2。读数 2 与读数 1 的差值即为角 BAC 的角度值，再精确量取 AC、BC 的距离，就可以用数学方法计算出 C 点的精确坐标。

2. 精密水准测量的仪器——水准仪

水准仪（Level）是建立水平视线测定地面两点间高差的仪器。原理为根据水准测量原理测量地面点间高差。主要部件有望远镜、管水准器（或补偿器）、垂直轴、基座、脚螺旋。按结构分为微倾水准仪、自动安平水准仪、激光水准仪和数字水准仪（又称电子水准仪），按精度分为精密水准仪和普通水准仪。

水准仪是在 17~18 世纪发明了望远镜和水准器后出现的。20 世纪初，在制出内调焦望远镜和符合水准器的基础上生产出微倾水准仪。20 世纪 50 年代初出现了自动安平水准仪；60 年代研制出激光水准仪；90 年代出现了电子水准仪或数字水准仪。

微倾水准仪原理是借助于微倾螺旋获得水平视线的一种常用水准仪。作业时先用圆水准器将仪器粗略整平，每次读数前再借助微倾螺旋，使符合水准器在竖直面内俯仰，直到符合水准气泡精确居中，使视线水平。微倾的精密水准仪同普通水准仪比较，前者管水准器的分划值小、灵敏度高，望远镜的放大倍率大，明亮度强，仪器结构坚固，特别是望远镜与管水准器之间的连接牢固，装有光学测微器，并配有精密水准标尺，以提高读数精度。中国生产的微倾式精密水准仪，其望远镜放大倍数为 40 倍，管水准器分划值为 $10''/2$ 毫米，光学测微器最小读数为 0.05 毫米，望远镜照准部分、管水准器和光学测微器都共同安装在防热罩内。

自动安平水准仪是借助于自动安平补偿器获得水平视线的一种水准仪。它的特点主要是当望远镜视线有微量倾斜时，补偿器在重力作用下对望远镜做相对移动，从而能自动而迅速地获得视线水平时的标尺读数。补偿的基本原理是：当望远镜视线水平时，与物镜主点同高的水准标尺上物点 P 构成的像点 Z_0 应落在十字丝交点 Z 上。当望远镜对水平线倾斜一小角 α 后，十字丝交点 Z 向上移动，但像点 Z_0 仍在原处，这样即产生一读数差 Z_0Z。当读数差很小时可以认为 Z_0Z 的间距为 $\alpha \times f'$（f' 为物镜焦距），这时可在光路中 K 点装一补偿器，使光线产生屈折角 β，在满足 $\alpha \times f' = \beta \times S_0$（$S_0$ 为补偿器至十字丝中心的距离，即 KZ）的条件下，像 Z_0 就落在 Z 点上；或使十字丝自动对仪器作反方向摆动，十字丝交点 Z 落在 Z_0 点上。如光路中不采用光线屈折而采用平移时，只要平移量等于 Z_0Z，则十字丝交点 Z 落在像点 Z_0 上，也同样能达到 Z_0 和 Z 重合的目的。自动安平补偿器按结构可分为活动物镜、活动十字丝和悬挂棱镜等多种。补偿装置都有一个"摆"，当望远镜视线略有倾斜时，补偿元件将产生摆动，为使"摆"的摆动能尽快地得到稳定，必须装一空气阻尼器或磁力阻尼器。这种仪器较微倾水准仪工效高、精度稳定，尤其在多风和气温变化大的地区作业更为显著。

激光水准仪是利用激光束代替人工读数的一种水准仪。将激光器发出的激光束导入望远镜筒内，使其沿视准轴方向射出水平激光束。利用激光的单色性和相干性，可在望远镜物镜前装配一块具有一定遮光图案的玻璃片或金属片，即波带板，使之所生衍射干涉。经过望远镜调焦，在波带板的调焦范围内，获得一明亮而精细的十字形或圆形的激光光斑，从而更精确地照准目标。如在前、后水准标尺上配备能自动跟踪的光电接收靶，即可进行水准测量。在施工测量和大型构件装配中，常用激光水准仪建立水平面或水平线。

电子水准仪又称数字水准仪，是目前最先进的水准仪，配合专门的条码水准尺，通过仪器中内置的数字成像系统，自动获取水准尺的条码读数，不再需要人工读数。这种仪器可大大降低测绘作业劳动强度，避免人为的主观读数误差，提高测量精度和效率。电子水准仪是在自动安平水准仪的基础上发展起来的，它采用条码标尺，各厂家标尺编码的条码图案不相同，不能互换使用。2013 年前照准标尺和调焦仍需目视进行。人工完成照准和调焦之后，标尺条码一方面被成像在望远镜分化板上，供目视观测，另一方面通过望远镜的分光镜，标尺条码又被成像在光电传感器（又称探测器）上，即线阵 CCD 器件上，供电子读数。因此，如果使用传统水准标尺，电子水准仪又可以像普通自动安平水准仪一样使用。不过这时的测量精度低于电子测量的精度。特别是精密电子水准仪，由于没有光学测微器，当成普通自动安平水准仪使用时，其精度更低。

水准仪的使用包括水准仪的安置、粗平、瞄准、精平、读数五个步骤。

①安置。安置是将仪器安装在可以伸缩的三脚架上并置于两观测点之间。首先打开三脚架并使仪器高度适中，用目估法使架头大致水平并检查脚架是否牢固，然后打开仪器箱，用连接螺旋将水准仪器连接在三脚架上。

②粗平。粗平是使仪器的视线粗略水平，利用脚螺旋置圆水准气泡居于圆指标圈之中。具体方法：用仪器练习。在整平过程中，气泡移动的方向与大拇指运动的方向一致。

③瞄准。瞄准是用望远镜准确地瞄准目标。首先是把望远镜对向远处明亮的背景，转动目镜调焦螺旋，使十字丝最清晰；再松开固定螺旋，旋转望远镜，使照门和准星的连接对准水准尺，拧紧固定螺旋；最后转动物镜对光螺旋，使水准尺的像清晰地落在十字丝平面上，再转动微动螺旋，使水准尺的像靠于十字竖丝的一侧。

④精平。精平是使望远镜的视线精确水平。微倾水准仪，在水准管上部装有一组棱镜，可将水准管气泡两端折射到镜管旁的符合水准观察窗内，若气泡居中时，气泡两端的像将符合成一抛物线形，说明视线水平。若气泡两端的像不相符合，说明视线不水平。这时可用右手转动微倾螺旋使气泡两端的像完全符合，仪器便可提供一条水平视线，以满足水准测量基本原理的要求。注意：气泡左半部分的移动方向，总与右手大拇指的方向不一致。

⑤读数。用十字丝截读水准尺上的读数。水准仪多是倒像望远镜，读数时应由上而下进行。先估读毫米级读数，后报出全部读数。注意，水准仪使用步骤一定要按上面的顺序进行，不能颠倒，特别是读数前的符合水泡调整，一定要在读数前进行。

3. 电磁波测距仪

电磁波测距仪（Electromagnetic Distance Measuring Instrument）是采用电磁波为载波的测量距离的仪器。电磁波测距利用电磁波作为载波，经调制后由测线一端发射出去，由另一端反射或转送回来，测定发射波与回波相隔的时间，以测量距离，电磁波测距有两种方法：脉冲测距法和相位测距法。

脉冲测距法：由测线一端的仪器发射的光脉冲的一部分直接由仪器内部进入接收光电器件，作为参考脉冲；其余发射出去的光脉冲经过测线另一端的反射镜反射回来之后，也进入接收光电器件。测量参考脉冲与反射脉冲相隔的时间 t，即可由 $D = 1/2ct$，求出距离 D，式中 c 为光速。卫星大地测量中用于测量月球和人造卫星的激光测距仪，都采用脉冲测距法。

相位测距法：用高频电流调制后的光波或微波从测线一端发射出去，由另一端返回后，通过测量调制波在待测距离上往返传播所产生的相位变化，间接地确定传播时间 t，进而求得待测距离 D。若调制频率为 f，角频率 $\omega = 2\pi f$，周期为 T，波长 $\lambda = cT = c/f$，设调制波在距离 D 往返一次产生的相位变化为 φ，调制信号一个周期相位变化为 2π，则调制波的传播时间 $t = \varphi/\omega = \varphi/(2\pi f)$，从而求得距离 $D = c\varphi/(4\pi f)$。设调制信号为正弦信号，包含 2π 的整倍数 $n2\pi$ 和不足 2π 的尾数部分 φ。为了确定整尺数 n，通常采用可变频率法和多级固定频率法。前者是使测距仪的调制频率在一定范围内连续变化，这就相当于连续改变测尺长度，使它恰好能量尽待测距离。测距时，逐次调变频率，使不足整尺的尾数等于零。根据出现零的次数和相应的频率值，就可以确定整测尺数 n。当采用多级固定频率法时，相当于采用几根不同长度的测尺丈量同一距离。根据用不同频率所测得的相位差，就可以解出整周数 n，从而求得距离 D。相位差除了用鉴相器测量之外，还可采用可变光路法，即用仪器内部的光学系统改变接收信号的光程，使该信号延迟一段时间。电子仪表指示发射信号与接收信号相位相同时，直接在刻划尺上读出尾数。此外，还可以用延迟电路来改变接收信号的相位，由该电路调整控制器上的分划，读出尾数。

4. 全站仪

全站仪，即全站型电子测距仪（Electronic Total Station），是一种集光、机、电为一体的高技术测量仪器，是集水平角、垂直角、距离（斜距、平距）、高差测量功能于一体的测绘仪器系统。全站仪具有角度测量、距离（斜距、平距、高差）测量、三维坐标测量、导线测量、交会定点测量和放样测量等多种用途。内置专用软件后，功能还可进一步拓展。

全站仪的基本操作与使用方法：

1）水平角测量

①按角度测量键，使全站仪处于角度测量模式，照准第一个目标 A。

②设置 A 方向的水平度盘读数为 $0°00'00''$。

③照准第二个目标 B，此时显示的水平度盘读数即为两方向间的水平夹角。

量取仪器高、棱镜高并输入全站仪中。2）距离测量

（1）设置棱镜常数

测距前须将棱镜常数输入仪器中，仪器会自动对所测距离进行改正。

（2）设置大气改正值或气温、气压值

光在大气中的传播速度会随大气的温度和气压而变化，15℃和 760mmHg 是仪器设置的一个标准值，此时的大气改正值为 0ppm。实测时，可输入温度和气压值，全站仪会自动计算大气改正值（也可直接输入大气改正值），并对测距结果进行改正。

（3）量仪器高、棱镜高并输入全站仪

量取仪器高、棱镜高并输入全站仪中。

（4）距离测量

照准目标棱镜中心，按测距键，距离测量开始，测距完成时显示斜距、平距、高差。全站仪的测距模式有精测模式、跟踪模式、粗测模式三种。精测模式是最常用的测距模式，测量时间约 2.5s，最小显示单位 1mm；跟踪模式，常用于跟踪移动目标或放样时连续测距，最小显示单位一般为 1cm，每次测距时间约 0.3s；粗测模式，测量时间约 0.7s，最小显示单位为 1cm 或 1mm。在距离测量或坐标测量时，可按测距模式（MODE）键选择不同的测距模式。应注意，有些型号的全站仪在距离测量时不能设定仪器高和棱镜高，显示的高差值是全站仪横轴中心与棱镜中心的高差。

3）坐标测量

①设定测站点的三维坐标。

②设定后视点的坐标或设定后视方向的水平度盘读数为其方位角。当设定后视点的坐标时，全站仪会自动计算后视方向的方位角，并设定后视方向的水平度盘读数为其方位角。

③设置棱镜常数。

④设置大气改正值或气温、气压值。

⑤量仪器高、棱镜高并输入全站仪。

⑥照准目标棱镜，按坐标测量键，全站仪开始测距并计算显示测点的三维坐标。

5. GPS 接收机

GPS 接收机是接收全球定位系统卫星信号并确定地面空间位置的仪器。GPS 卫星发送的导航定位信号，是一种可供无数用户共享的信息资源。对于陆地、海洋和空间的广大用户，需要拥有能够接收、跟踪、变换和测量 GPS 信号的接收设备，即 GPS 信号接收机。GPS 接收机用 GPS 信号进行导航定位测量，根据使用目的的不同，用户要求的 GPS 信号接收机也各有差异。现世界上已有几十家工厂生产 GPS 接收机，产品也有几百种。

按接收机的用途分类，可分为导航型接收机和测地型接收机。导航型接收机主要用于运动载体的导航，它可以实时给出载体的位置和速度。这类接收机一般采用 C/A 码伪距测量，单点实时定位精度较低，一般为 ±25m，有 SA 影响时为 ±100m。这类接收机价格便宜，应用广泛。根据应用领域的不同，此类接收机还可以进一步分为：①车载型——用于车辆导航定位。②航海型——用于船舶导航定位。③航空型——用于飞机导航定位。由于飞机运行速度快，因此，在航空上用的接收机要求能适应高速运动。④星载型——用于卫星导航定位。由于卫星的速度高达 7km/s 以上，因此对接收机的要求更高。测地型接收机主要用于精密大地测量和精密工程测量。定位精度高，仪器结构复杂，价格较贵。授时型接收机主要利用 GPS 卫星提供的高精度时间标准进行授时，常用于天文台及无线电通信中时间同步。

载波频率可分为单频接收机、双频接收机。单频接收机只能接收 L1 载波信号，测定载波相位观测值进行定位。由于不能有效消除电离层延迟影响，单频接收机只适用于短基线（<15km）的精密定位。双频接收机可以同时接收 L1，L2 载波信号。利用双频对电离层延迟的不一样，可以消除电离层对电磁波信号延迟的影响，因此双频接收机可用于长达

几千千米的精密定位。

按通道数分类，GPS 接收机能同时接收多颗 GPS 卫星的信号，为了分离接收到的不同卫星的信号，以实现对卫星信号的跟踪、处理和量测，具有这样功能的器件称为天线信号通道。根据接收机所具有的通道种类可分为：多通道接收机、序贯通道接收机、多路多用通道接收机。

接收机按工作原理可分为：码相关型接收机、平方型接收机、混合型接收机和干涉型接收机。码相关型接收机是利用码相关技术得到伪距观测值。平方型接收机是利用载波信号的平方技术去掉调制信号，来恢复完整的载波信号，通过相位计测定接收机内产生的载波信号与接收到的载波信号之间的相位差，测定伪距观测值。混合型接收机，这种仪器是综合上述两种接收机的优点，既可以得到码相位伪距，也可以得到载波相位观测值。干涉型接收机，这种接收机是将 GPS 卫星作为射电源，采用干涉测量方法，测定两个测站间距离。

3.2.3 GPS 测量原理及 RTK

1. GPS 简介

GPS 是英文 Navigation Satellite Timing and Ranging/Global Positioning System 的字头缩写词 NAVSTAR/GPS 的简称，它的含义是利用导航卫星进行测时和测距，以构成全球定位系统。它是美军 20 世纪 70 年代初在"子午卫星导航定位系统——NNSS 系统"的技术上发展而起的具有全球性、全能性（陆地、海洋、航空与航天）、全天候性优势的导航定位、定时、测速系统。利用该系统，用户可以在全球范围内实现全天候、连续、实时的三维导航定位和测速；另外，利用该系统，用户还能够进行高精度的时间传递和高精度的精密定位。

2. GPS 的组成

1973 年 12 月，美国国防部正式批准陆海空三军共同研制导航全球定位系统-全球定位系统（GPS）。1994 年该系统进入完全运行状态；整套 GPS 定位系统由三个部分组成，即 GPS 卫星组成的空中部分、若干地面站组成的地面监控系统、以接收机为主体的用户设备。三者有各自独立的功能和作用，但又是有机配合而缺一不可的整体系统。

1）空间卫星部分

GPS 的空间部分由 24 颗 GPS 工作卫星所组成，这些 GPS 工作卫星共同组成了 GPS 卫星星座，其中 21 颗为用于导航的卫星，3 颗为活动备用卫星。这 24 颗卫星分布在 6 个倾角为 55°，高度约为 20200 千米的高空轨道上绕地球运行。卫星的运行周期约为 12 恒星时。完整的工作卫星星座保证在全球各地可以随时观测到 4~8 颗高度角为 15°以上的卫星，若高度角在 5°则可达到 12 颗卫星。每颗 GPS 工作卫星都发出用于导航定位的信号，GPS 用户正是利用这些信号来进行工作的。

2）地面监控部分

GPS 的控制部分由分布在全球的若干个跟踪站所组成的监控系统构成，根据其作用不同，这些跟踪站又被分为主控站、监控站和注入站。

（1）主控站的作用

主控站拥有大型电子计算机，作为主体的数据采集、计算、传输、诊断、编辑等工作，它完成下列功能：

①采集数据：主控站采集各监控站所测得的伪距和积分多普勒观测值、气象要素、卫星时钟和工作状态的数据、监测站自身的状态数据等。

②编辑导航电文（卫星星历、时钟改正数、状态数据及大气改正数）并送入注入站。

③诊断地面支撑系统的协调工作、诊断卫星健康状况并向用户指示。

④调整卫星误差。

（2）监控站的作用

监控站为主控站编算导航电文提供各类观测数据和信息。各监控站对可见到的每一颗 GPS 卫星每 6 秒进行一次伪距测量和积分多普勒观测，采集定轨、气象要素、卫星时钟和工作状态等数据，监控 GPS 卫星的运行状态及精确位置，并将这些信息传给主控站。

（3）注入站的作用

主控站将编辑的卫星电文传送到位于三大洋的三个注入站，定时将这些信息注入各个卫星，然后由 GPS 卫星发送给广大用户。

3. GPS 定位原理

所有在轨运行的 GPS 卫星既是作为一系列的动态已知点，又是作为无线电信号发射台存在于空间，它们发播的星历信号为用户提供卫星的空间坐标、轨道参数、时间、各种改正等一系列信息。接收机接收这些星历信号，测量观测者距所选卫星的距离，然后根据所测得距离求出观测者的坐标参数，这就是 GPS 定位。GPS 定位是在 GPS 卫星的实时位置已知的前提下采用距离交会原理来实现位置的准确确定的。

GPS 定位基本原理如图 3-5 所示，知道未知点到已知点的距离，未知点就必然位于以已知点为球心、两点间距离为半径的球面上；如果已知 A、B、C 三个卫星的在轨坐标，又测出了观测站距 3 颗卫星的距离，然后利用三维坐标中的距离公式，利用 3 颗卫星，就可以组成 3 个方程式，解出观测点的位置 (X, Y, Z) 三个未知数。考虑到卫星时钟与接收机时钟之间的误差，实际上有 4 个未知数，X、Y、Z 和钟差，因此，需要引入第 4 颗卫星，形成 4 个方程式进行求解，从而可以确定某一观测点的空间位置，精确算出该点的经纬度和高程。

4. RTK 技术

RTK（Real-time kinematic，实时动态）是以载波相位观测量为根据的实时差分 GPS 测量，它能够实时地提供测站点在指定坐标系中的厘米级精度的三维定位结果。RTK 测量系统通常由三部分组成，即 GPS 信号接收部分（GPS 接收机及天线）、实时数据传输部分（数据链，俗称电台）和实时数据处理部分（GPS 控制器及其随机实时数据处理软件）。

RTK 工作原理如图 3-6 所示，根据 GPS 的相对定位理论，将一台接收机设置在已知点上（基准站），另一台或几台接收机放在待测点上（移动站），同步采集相同卫星的信号。基准站在接收 GPS 信号并进行载波相位测量的同时，通过数据链将其观测值、卫星

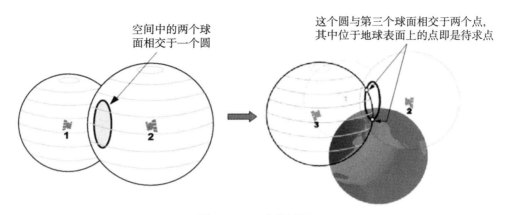

图 3-5 GPS 定位原理

跟踪状态和测站坐标信息一起传送给移动站；移动站通过数据链接收来自基准站的数据，然后利用 GPS 控制器内置的随机实时数据处理软件与本机采集的 GPS 观测数据组成差分观测值进行实时处理，实时给出待测点的坐标、高程及实测精度，并将实测精度与预设精度指标进行比较，一旦实测精度符合要求，手簿将提示测量人员记录该点的三维坐标及其精度。作业时，移动站可处于静止状态，也可处于运动状态；可在已知点上先进行初始化后再进入动态作业，也可在动态条件下直接开机，并在动态环境下完成整周模糊值的搜索求解。在整周模糊值固定后，即可进行每个历元的实时处理，只要能保持 4 颗以上卫星相位观测值的跟踪和必要的几何图形，移动站就可随时给出待测点的厘米级的三维坐标。

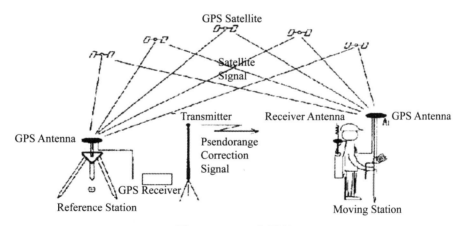

图 3-6 RTK 工作原理

　　RTK 的软件系统具有能够实时解算出流动站三维坐标的功能。RTK 测量技术除具有 GPS 测量的优点外，同时具有观测时间短，能实现坐标实时解算的优点，可以提高生产效率。目前我国自主研发的产品有南方系列、中海达、华测等，这些系列的仪器在一定程度上占领了国内测绘市场，正有逐渐取代国外老牌测量仪器的发展趋势。其手簿也逐渐向触摸式、蓝牙连接、人性化的界面发展，操作简单，所以国产 RTK 越来越被我国测绘工作者所青睐。

RTK 技术的优点：①自动化。一个测区只要输入一次七参数，图根控制点测量时只要设置好参数直接出结果，提高了作业效率，从根本上解决了人为计算产生误差因素的发生。利用全站仪做图根控制点时，需要布设导线，过程繁琐且需要计算数据，如果发现数据超限还要进行二次重测，这样大大增加了成本。②全天候。这个特性是其他仪器所不具备的。无论白天黑夜、刮风下雨，甚至是零下 30° 的天气都能作业。受条件限制较少，而全站仪受限条件较多，如：大雾天气、刮风下雨、光色较暗等情况下成像不清晰。③速度快。野外碎步点采集过程中无须等待，固定解状态下一秒中完成测量点的三维坐标。而全站仪要架站、对中、定向、瞄准目标测量并保存，有时候还要等待跑杆人员到达目的地才可进行测量。④方便快捷。数据采集时不用考虑通视情况，只需设置一次测区七参数，不用考虑定向等问题，采用电台模式可以在方圆 10 千米想怎么测就怎么测，如果采用 CORS 站那就更是如虎添翼了，RTK 在野外数据采集时可以省去繁琐的操作过程。⑤精度高：一个优良的工程重要的评判标准之一就是精度质量。特别是施工测绘更是把精度看得至关重要，有时候几厘米误差就有可能导致工程的衔接问题，RTK 在固定解情况下利用七参数能快速且高精度地测出任意点的三维坐标，每一个点的点位误差是相同的，误差不积累、不传递。⑥作业人员少，RTK 在野外数据采集时只需要一个人操作即可。

RTK 的不足之处：①卫星锁定受限。如峡谷底、森林、隧道中等 RTK 的使用就会受到限制。②易受干扰。大面积水域、大树、高楼、电磁厂、变电站等地方精度会受到很大的干扰。③雷电。打雷、闪电情况下不能使用。④电量问题。需要大容量的电池才能保证连续作业。

5. RTK 的应用

1）平面控制测量

城市控制网控制面积大、精度高、使用频繁，但城市Ⅰ、Ⅱ、Ⅲ级导线大多位于建成区地面，随着城市建设的进行，各个控制点常被破坏，严重影响了工程测量的进度。常规控制测量往往要求点对点间通视，测量时即费工又费时，使用 RTK 大大加快了工作效率。

2）像控点测量

像控点测量是外业测量的主要工作之一。传统的方法要布设大量的导线来测量平高点。采用 RTK 技术测量，只需在测区内或测区附近的高等级控制点架设基准站，流动站直接测量各像控点的平面坐标和高程，对不易设站的像控点，可采用手簿提供的交会法等间接的方法测量。

3）线路中线测定

在公路和铁路测量作业时，使用 RTK 进行市政道路中线或电力线中线放样，放样工作只需 1 名测量人员并配备 1 名打桩人员即可，作业效率大大提高，大大降低了人的劳动强度和成本。

4）建筑物放线建筑物规划放样时

放样精度要求较高，使用 RTK 进行建筑物放样时需要注意检查建筑物本身的几何关系。对于短边，其相对关系较难满足。在放样的同时，需要注意的是测量点位的收敛精度，在点位精度收敛高的情况下，用 RTK 进行规划放线一般能满足要求。

3.3 RTK 测量地面控制点

3.3.1 RTK 测量的步骤

1）架设基准站

在进行 RTK 图根测量中，首先进行基准站架设，基准站架设点须满足以下要求：①基准站周围要视野开阔，卫星截止高度角应超过 15°，周围无信号发射物（大面积的水域、大型建筑物等），以减少多路径效应干扰，并且要尽量避开交通要道、过往行人的干扰。②基准站应尽量架设于测区内相对制高点上，以方便传播差分改正信号。③基准站要远离微波塔、通信塔等大型电磁发射源 200m 外，要远离高压输电线、配电线、通信线 50m 外。④RTK 在作业期间，基准站不能移动或者关机重新启动，如果重新启动必须进行重新校正。

2）流动站设置

1 个流动站只需 1 名测量员通过手簿进行测量操作。连接好流动站接收机、天线、测杆后，先进行测量类型、电台的配置，使其与基站无线电连接，输入流动站的天线高，输入观测时间、次数，设置机内精度，机内精度指标预设为点位中误差 ±1.5cm，高程中误差 ±2.0cm。

3）校正测量

由于基准站设置于未知点上，因此必须对已知点进行校正测量，才能在手簿上求解出 WGS-84 坐标与当地坐标系之间的转换参数。校正点的数量视测区的大小而定，一般取 3~6 点为宜。在手簿中输入校正点的当地坐标，流动站置于校正点上测量出该点的 WGS-84 坐标，将所选的校正点逐一测量后，通过手簿上的点校正计算即可求解出转换参数。点校正测量结束后，先在已知点上测量，检查转换参数无误时才能进行新的测量。

4）图根点控制测量

图根点的布设应该以点组的形式出现，每组应由两个或者三个两两通视的图根点组成，以便于安置全站仪测量时定向和测站检核，图根点之间的距离应随点位而定，一般不超过 100m。图根点测量时只需在测站上输入点名，按提示测量存储，正常情况下，5s 即可结束一个点的观测。

3.3.2 RTK 测量像控点的建议

像控点布设应优先选择在影像清晰、可以准确刺点的目标上。多选择在线状地物交点和地物拐角上。弧形地物和阴影一般不能选做刺点目标。像控点测量时，可按近景显示像控点位置，远景显示像控点方向与周边环境，多个方向拍摄像控点照片，以便于内业绘图人员判读像控点。在测区范围内有等级道路时，尽量选择道路路面上的交通指示。如地面上前进方向标示的箭头、限速数字尖点与拐点、拐弯箭头、过街斑马线拐角等。测区内有房屋，在选择像控点时，建议优先选择平顶房房角或围墙角，并且最好选择航摄像片上没有阴影的房角，或是房屋北边的房角（原因是受摄影时光照的影响，在立体模型上北边的房角易立体切准）。在选择房屋角时，尽可能选平屋，且四个房屋角清晰，并避免选高楼房角。测量此房顶角像控点时，将此房角屋顶与地面的比高记录在像控点反面整饰中。

在测区范围内，可有针对性地选择地坪拐角、铁丝网支桩、在建房屋基角等目标点。但要考虑时间间隔，若摄影时间与选点时间间隔太长，目标地物现状可能发生变化，则不建议选择此类地物目标。当测区范围内可识别的地物稀少时，建议优先选择水渠的分水口、桥、闸、涵等水工建筑物拐角或中点。测区范围内，还可选择通信线电杆地面中心做像控点。此类像控点，可分别以电杆左、右两侧作为参考点，然后取两参考点的平面位置的算术平均值，作为此电杆像控点平面位置，并将电杆长度记录在像控点反面整饰中。在测区范围内，也可以坟头作为像控点刺点目标。但是，要考虑摄影时间与选点时间是否间隔清明节，清明节前后坟头点位高程及形状可能发生变化。若选择坟墓前的祭祀平台，则首先考虑祭祀平台的拐角，从而保证摄影测量前后的高程一致性。

建议野外像控点测量小组最好以两名有多年工作经验的人员组成，可相互验证对目标地物与像片影像的判读，从而保证像控点的正确性与唯一性。

3.3.3　南方 RTK 仪器操作

GPS/RTK 测量技术作为先进的测绘技术在众多测量生产中发挥着日益广泛和重要的作用。南方测绘公司一直致力于把国际先进的 GPS 测绘勘测技术与产品普及到国内测量用户手中。南方 RTK 主机集成了天线、主板、电台、接收天线、蓝牙模块、电池等组件，移动站完全一体化，只需手簿操作即可工作，全套 RTK 测量仪器如图 3-7 所示。

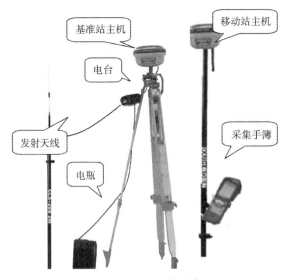

图 3-7　RTK 全套设备

1. 主机与功能

南方 RTK 主机呈扁圆柱形，主机前侧为按键和指示灯面板，仪器底部内嵌有电台模块和电池仓部分，如图 3-8 所示。移动站在这部分装有内置接收电台和 GPRS/CDMA 模块；基准站为外接发射电台和 GPRS/CDMA 模块。

图 3-8　RTK 主机外形

　　RTK 主机电台接口用来连接主机外置发射电台，为五针接口。RTK 主机的数据接口，用来连接电脑传输数据，或者用手簿连接主机时使用（为七针接口）。

　　主机有操作按键（电源键）和功能键（F 键），其操作如下：

　　开机：当主机为关机状态（没有指示灯亮），轻按电源键，主机会进入初始化状态。

　　关机：当主机为开机状态（电源灯亮），按住电源键，听到蜂鸣器鸣叫三声之后，松开电源键。

　　电池安放在仪器底部，安装/取出电池的时候翻转仪器，找到电池仓，将电池仓按键按紧即可将电池盖拨开，就可以将电池安装和取出，如图 3-9 所示。

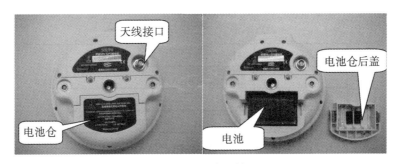

图 3-9　RTK 主机接口

　　指示灯在面板的上方，从左向右依次是"状态/数据指示灯""卫星/蓝牙指示灯""内置电池/外接电源指示灯"，如图 3-10 所示。

　　各灯以及按键代表的含义：

　　BAT 表示内置电池：长亮表示供电正常；闪烁表示电量不足。

　　PWR 表示外接电源：长亮表示供电正常；闪烁表示电量不足。

　　BT 表示蓝牙连接；

　　SAT 表示卫星数量；

　　STA 在静态模式下表示记录灯，动态模式下表示数据链模块是否正常运作；

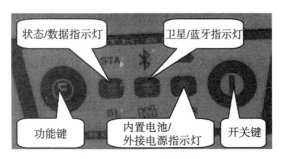

图 3-10　RTK 操作面板

DL 在静态模式下长亮，动态模式下表示数据链模块是否正常运作；

F 功能键，负责工作模式的切换以及电台、GPRS 模式的切换；

P 开关键，开关机以及确认。

长按 P 键 3~10 秒关机（三声关机），10 秒后进入自检（长响，新机要求自检一次），在不同工作模式下，GPS 主机功能的设置是不一样的，下面分类介绍不同工作模式的设置。

1）基准站电台发射

长按" P+F"键，等六个灯都同时闪烁；a：按 F 键选择本机的工作模式，当 BT 灯亮按 P 键确认，如图 3-11 所示，选择基准站电台模式；b：等数秒钟电源灯正常后长按 F 键，等 STA 和 DL 灯闪烁放开 F 键（听到第二声响后放手即可），按 F 键，SAT 和 PWR 循环闪烁，当 PWR 亮，按 P 键确认，选择电台传输方式，如图 3-12 所示。

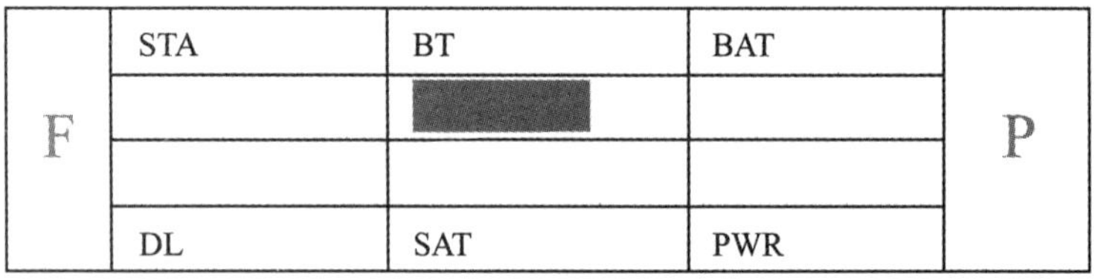

F	STA	BT	BAT	P
		██████		
	DL	SAT	PWR	

图 3-11　基准站电台模式

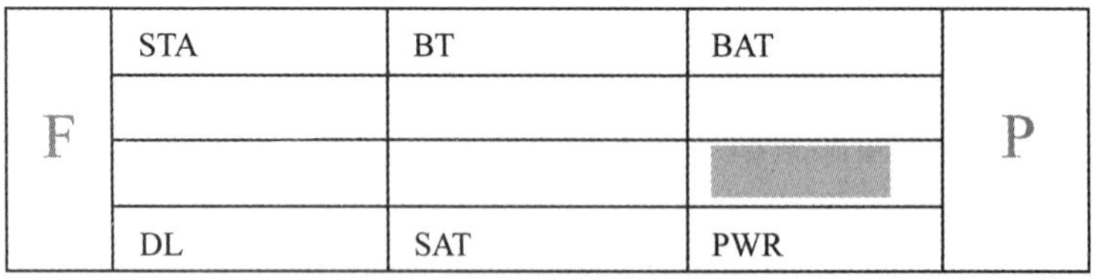

F	STA	BT	BAT	P
			██████	
	DL	SAT	PWR	

图 3-12　电台传输方式

基准站正常发射后灯的状况如图 3-13 所示。

2）基准站 GPRS 工作模式

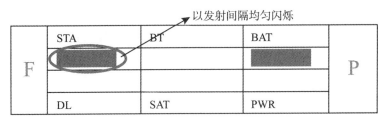

图 3-13　基准站电台正常状态

长按"P+F"键，等六个灯都同时闪烁；a：按 F 键选择本机的工作模式，当 BT 灯亮按 P 键确认，如图 3-14 所示，选择基准站 GPRS 工作模式；b：等数秒钟电源灯正常后，长按 F 键，等 STA 和 DL 灯闪烁放开 F 键（听到第二声响后放手即可），按 F 键，SAT 和 PWR 循环闪烁，当 SAT 亮，按 P 键确认，如图 3-15 所示，选择 GPRS 传输方式（此时是双发模式，双发模式的意思是网络和外接电台同时发射）。

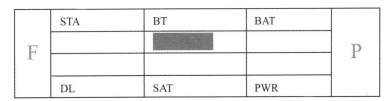

图 3-14　基准站 GPRS 工作模式

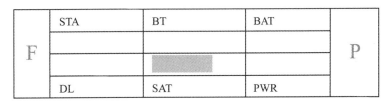

图 3-15　GPRS 传输方式

基准站正常发射后灯的状况如图 3-16 所示。

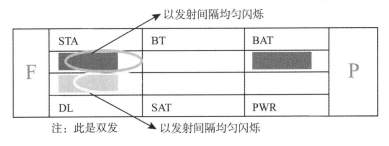

图 3-16　基准站 GPRS 正常状态

3）移动站电台模式

长按 "P+F" 键，等六个灯都同时闪烁；a：按 F 键选择本机的工作模式，当 STA 灯亮按 P 键确认，如图 3-17 所示，选择移动站电台模式；b：等数秒钟电源灯正常后，长按 F 键，等 STA 和 DL 灯闪烁放开 F 键（听到第二声响后放手即可），按 F 键，DL、SAT、PWR 循环闪烁，当 DL 亮，按 P 键确认，如图 3-18 所示，选择移动站传输方式。

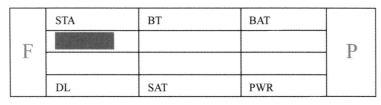

图 3-17　移动站电台模式

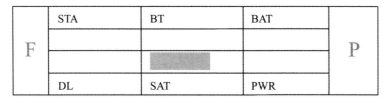

图 3-18　移动站传输方式

工作过程中按一下 F 键，灯的状态如图 3-19 所示，表示目前是移动站电台模式（3 秒后自动转入工作状态）。

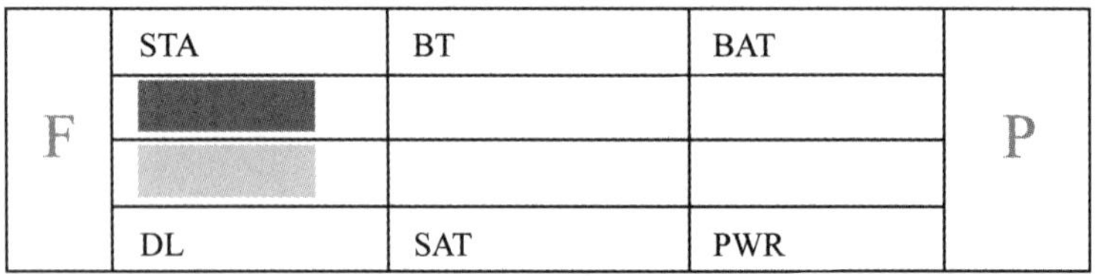

图 3-19　移动站电台模式

移动站电台模式正常状态灯的状况如图 3-20 所示。

4）移动站 GPRS 模式

长按 "P+F" 键，等六个灯都同时闪烁；a：按 F 键选择本机的工作模式，当 STA 灯亮按 P 键确认，如图 3-21 所示，表示目前是移动站 GPRS 模式；b：等数秒钟电源灯正常后，长按 F 键等 STA 和 DL 灯闪烁放开 F 键（听到第二声响后放手即可），按 F 键，DL、SAT、PWR 循环闪烁，当 SAT 亮按 P 键确认，如图 3-22 所示，选择移动站 GPRS 通信方式。

移动站正常工作后按一下 F 键，灯如图 3-23 所示，表示移动站 GPRS 正常状态（3 秒后自动转入工作状态）。

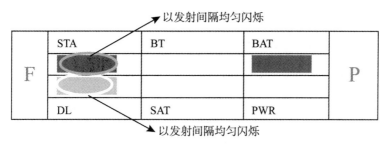

以发射间隔均匀闪烁
STA
BT
BAT
F
P
DL
SAT
PWR
以发射间隔均匀闪烁

图 3-20　移动站电台模式正常状态

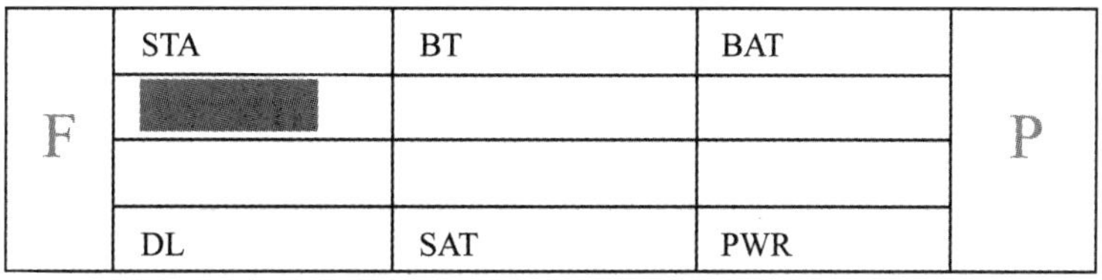

STA
BT
BAT
F
P
DL
SAT
PWR

图 3-21　移动站 GPRS 模式

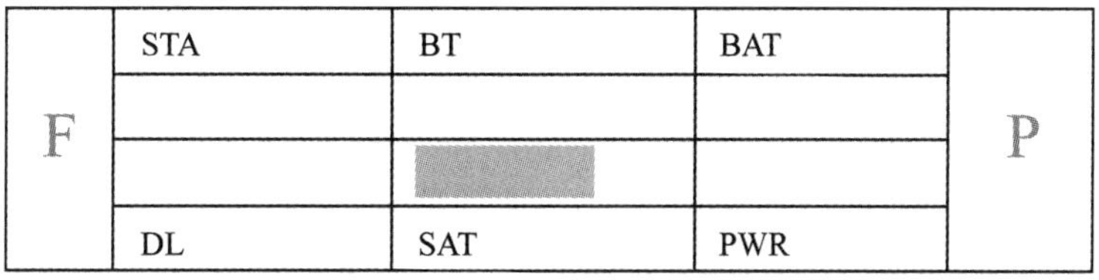

STA
BT
BAT
F
P
DL
SAT
PWR

图 3-22　移动站 GPRS 通信方式

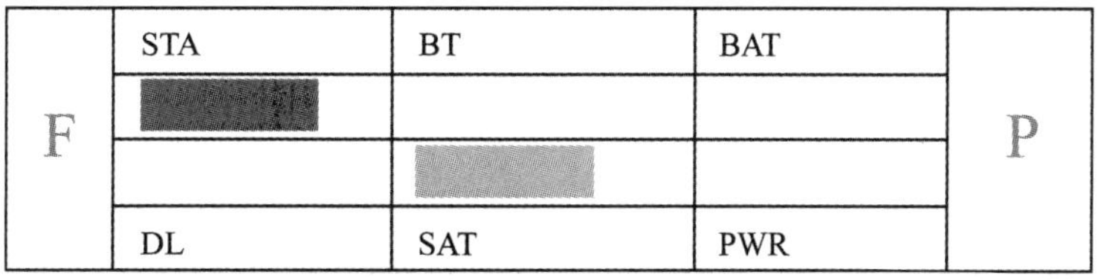

STA
BT
BAT
F
P
DL
SAT
PWR

图 3-23　移动站 GPRS 正常状态

2. 手簿与功能

打开主机，然后对手簿进行如下设置：

①“开始”→“设置”→“控制面板”，在控制面板窗口中双击“电源”，如图 3-24 所示。

②在电源属性窗口中选择“内建设备”，选择“启用蓝牙无线（B）”，如图 3-25 所示，然后点击“OK”关闭窗口。

③“开始”→“设置”→“控制面板”，在控制面板窗口中双击“Bluetooth 设备属

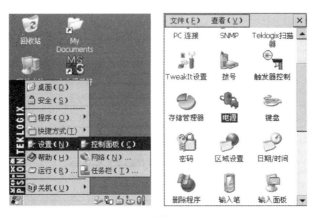

图 3-24　手簿电源设置

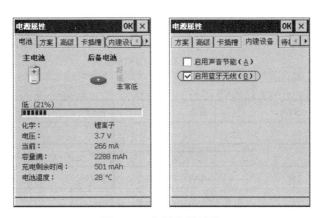

图 3-25　启用蓝牙无线

性"，弹出"蓝牙管理器"对话框，如图 3-26 所示。

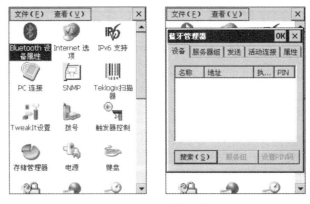

图 3-26　蓝牙管理器

④点击"搜索"，弹出"搜索…"窗口。如果在附近（小于 12m 的范围内）有上述主机，在"蓝牙管理器"对话框将显示搜索结果，如图 3-27 所示，整个搜索过程可能持续 10 秒钟左右，请耐心等待。

图 3-27　搜索主机

⑤选择"T068…"数据项，点击"服务组"按钮，弹出"服务组"对话框，对话框里显示"PRINTER"和"ASYNC"两个数据项，此时所有数据项的端口号皆为空，如图 3-28 所示。

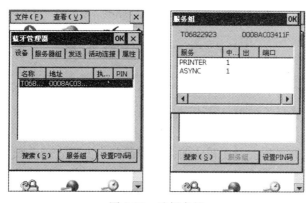

图 3-28　选择主机

⑥双击"ASYNC"数据项，弹出四个选项：活动，发送，认证和加密。选择"活动"（A），此时"ASYNC"数据项中的端口变为"COM7:"，点击"OK"关闭所有窗口。端口号服从正态分布，其可能取值：1，2，3，…，6，7，8，…，但"COM7"出现的概率（接近 1）要远大于其他端口号，如图 3-29 所示。

3. 手簿连接主机

连接有两种方式，一种要先设置 COM 口，另一种是蓝牙管理器连接。

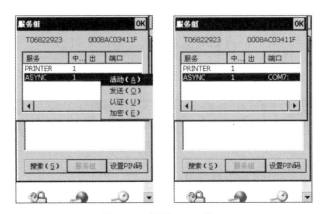

图 3-29　设置 COM 端口

设置 COM 口方式，点击左下角"开始"→"设置"→"控制面板"→"Bluetooth 设置"，系统弹出如图 3-30 所示界面。

图 3-30　设置 COM 口

点击"扫描设备"，将会在空白处显示已经开机的主机编号，点击编号前的"+"号，再双击串口服务，会出现两种情况。

第一种没有连接任何 COM 口，如图 3-31 所示，选择串口号，记住哪台仪器对应哪个串口。然后依次点击"确定""OK"。

第二种如图 3-32 所示，已经连接有 COM，将会进入串口管理界面中，查看哪台主机对应哪个串口，如果没有用户所要连接的主机编号，则选中后点击删除，再回到蓝牙设备中选择串口，方法参照第一种情况。

蓝牙管理器连接，进入工程之星，点击"配置"→"蓝牙管理器"→"扫描设备"（如果已经有将要连接的主机编号，不用再搜索）→"仪器编号"→"连接"，即连接上蓝牙管理器。

图 3-31 未连接任何 COM

图 3-32 已连接了 COM

4. 电台与功能

GPS-RTK 由两部分组成：基准站部分和移动站部分，基准站与移动站通过无线电台进行连接，因此需要设置无线电台。其操作步骤是先启动基准站，后进行移动站操作，详细操作步骤如下：

①架好脚架于未知点上，则大致整平即可。

②接好电源线和发射天线电缆。注意电源的正负极正确（红正黑负、先负后正）。注意多用途电源电缆的两个接头（5 芯），粗的接电台，细的接接收机，而且红点对红点才能插进去。在收基站需要拔出来的时候，按住金属圈再往外拔。一定要注意，保证天线和电源线接好后再开机，如果没有装大天线就开机，可能会导致电台射频发射不出去而损坏电台。

③先开电台再打开主机，这时主机开始自动初始化和搜索卫星，当卫星数和卫星质量达到要求后，主机上的 STA 指示灯开始快闪，同时电台上的 TX 指示灯开始每秒钟闪 1 次。这表明基准站差分信号开始发射，整个基准站部分开始正常工作。（基准站主机收到 5 颗以上卫星，达到 3D 状态且几何精度因子 PDOP 比较小的时候，自动启动，主机正常工作时，DL 灯每 5 秒连闪 2 次，STA 灯每 1 秒闪 1 次，电台 TX 灯每 1 秒闪 1 次。）

④电台上面 channel 按键可以切换电台通道，1 到 8 个通道可选（0 和 9 通道不用），要记住此时段要用的通道。高低频开关 H/L，向下 H 方向为高频 25W，向上 L 方向为低频 15W。一般只有近距离才使用低频。19200 是指电台的传输速率：每秒 19200 比特，此指示灯是灭的，如果亮表示电台可能不正常。

5. 测量操作

1）新建工程

进入工程之星，点击"工程"→"新建工程"，如图 3-33 所示。

图 3-33　新建工程

储存介质按实际需要选择，flash 是手簿自带内存，再输入工程名称，点击"确定"，会弹出"工程设置"界面（如果没有弹出，则点击"配置"→"工程设置"），如图 3-34 所示。

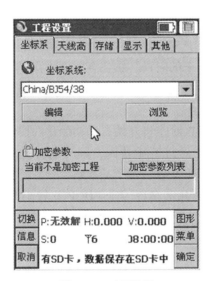

图 3-34　工程设置

2）坐标系统及天线高

在工程设置界面中点击"编辑"，进入图 3-35 所示界面。

图中所示坐标系统一般为默认的坐标系统。如果要修改，点击"编辑"即可，如果想新建一个自己的坐标系统，则点击"增加"，进入图 3-36 所示界面。

图 3-35 坐标系设计

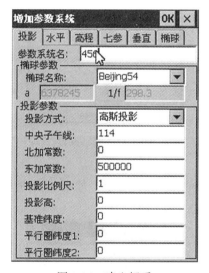

图 3-36 建坐标系

　　输入坐标系统名，一般按照项目名称或者日期再根据实际需要填写。椭球名称和中央子午线根据实际需求进行填写，点击"OK"退回到主界面。

　　天线高设置，输入本次测量使用的天线高度，通常标杆上有刻度，直接读出并输入。

　　3）主机设置

　　用蓝牙连接主机（要设置哪台主机就必须连接哪台主机）。

　　工作模式设置：点击"配置"→"仪器设置"→"主机模式设置"→"主机工作模式设置"→选择"基准站"或"移动站"→"确定"。此方法是修改主机工作模式的，工作模式包括基准站、移动站、静态。

　　数据链设置：点击"配置"→"仪器设置"→"主机模式设置"→"主机数据链"→选择"电台"或"网络"或"外置"→"确定"。此方法是修改主机数据链的，数据链包括内置电台、外置电台和网络。

　　电台或网络设置：如果选择"电台"就把数据链设置为电台或外置电台，如果选择"网络"就把数据链设置为网络。

　　电台设置：数据链设置为内置电台后，在主界面点击"配置"→"电台设置"。当前通道号显示现在所用的电台通道，切换通道是选择好通道后，点击切换就会切换到用户选择的通道。外置电台的通道在外置电台上按 C 按钮选择。

　　网络设置（必须要有流量的手机卡插入主机中）：数据链设置为网络后，点击"配置"→"网络设置"。进入后空白处会显示默认的网络配置，如图 3-37 所示。

图 3-37　网络设置

　　点击"增加"，将会进入网络参数设置里，如图 3-38 所示。

图 3-38　网络参数设置

名称可以自己随便输入，方式有两种，一种是 NTRIP-VRS，另一种是 EAGLE。第一种是利用 CORS 网连接，基站是 CORS 站的，不用设置，APN、地址、端口、用户、密码全部由 CORS 站给出，输入后点击"获取接入点"，获取后选择其中一个接入点，然后点击"确定"，等待参数写入网络模块。第二种是网络 1+1 模式，基站与移动站设置一样，方式选择 EAGLE，连接、APN 不用修改，地址、端口输入南方测绘仪器公司的服务器地址，用户名、密码随便输入，接入点输入基准站主机编号，点击"确定"，等待参数写入网络模块。两种方式只能选择其中一种，不管哪种方式，在参数写入模块后点击"连接"即可。

基准站设置：点击"配置"→"仪器设置"→"基准站设置"（若没有，则先取消再进入）。进入后差分格式选择"cmrx"，点击"测片"右边的按钮，再点击"启动基站"（如果启动失败，则说明基站没有接收卫星）。启动成功后自动退到主界面。

移动站设置：将主机设置为移动站后，如果数据链使用电台模式，将电台通道号设置为基准站的通道号即可，方法参考电台设置。如果数据链使用网络模式，方法参考网络设置。

以上设置一次即可，之后如果不改变主机工作模式或者数据链就不用再设置了，开机后等待固定即可。

主机模式的对应关系，基准站数据链为电台或外置电台时，移动站数据链为电台，基准站数据链为网络时，移动站数据链为网络。使用 CORS 时，主机将作为移动站，使用网络模式。

4）求转换参数

（1）求转换参数

根据以上步骤设置完后，移动站将会固定，如图 3-39 所示。

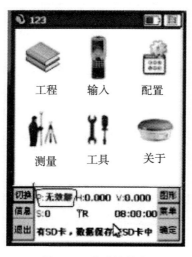

图 3-39 移动站状态

图 3-39 中标记区域内将显示固定解，在此说明一下数据显示的意思。

P：解状态，有无效解、差分解、浮动解、单点解、固定解等，只有显示固定解时能测量，其他解状态不能测量，误差太大。

H：水平残差。

V：高程残差。

S：卫星，一般显示"? +? +?"，表示仪器为三颗星仪器，数值加起来为锁定的卫星颗数。

小天线：数据链状态，显示数字表示内置电台通道号，显示 R 为网络模式，显示 E 为外挂电台模式，其后有信号强度条。

求转换参数需要用到两组点坐标，一组为 WGS-84 坐标（仪器为求转换参数前采集的坐标），一组为当地施工要求的坐标（甲方会给的已知点），两组坐标都要知道坐标数据和坐标位置。图 3-40 为求坐标转换参数界面，空白处将会显示转换的坐标。

图 3-40　求坐标转换参数界面

第一步：点击"增加"，出现对话框，输入需要的坐标数据后选"确定"，如图 3-41 所示。

第二步：这时有 3 个选项，第三个一般不用。第一个选项是，在转换之前去采集已知点，采集好以后点击第一个选项，选择第一步输入的已知点相对应采集出来的点，依次点击"确定"退回到求左边转换参数界面。第二个选项是，在求转换参数时采集对应的点，建议用第二个选项。

第三步：根据上述方法输入第二组点、第三组点、第四组点等。最少需要两组点。

第四步：所有点输入完成后依次点击"保存""应用"（保存时需要输入文件名，如果提示超限说明坐标不能用）。

以上是在每个工程项目第一次使用仪器时必须操作的步骤，如果在一个工程项目第二次测量时，要使用校正向导功能进行校正。

（2）校正向导

在主界面点击"输入"→"校正向导"→选择"基准站架设在未知点"→"下一

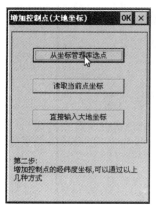

图 3-41 新增点坐标

步"，如图 3-42 所示。

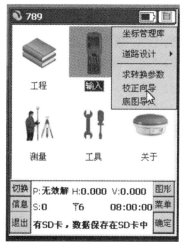
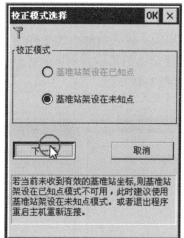

图 3-42 设置基准站

输入校正点坐标→输入"天线高"→选择"杆高"→"校正"→把移动站放在校正点上对中整平→"确认"，如图 3-43 所示。

之后会提示校正成功，这时即可继续测量。

5）开始测量

（1）点测量

在主界面点击"测量"→"点测量"，进入后点击"A"或者"Enter"键都可以保存移动站所在位置的点的坐标，进入界面后要注意修改点名及杆高，所有信息确认无误后点击"确定"就能保存。

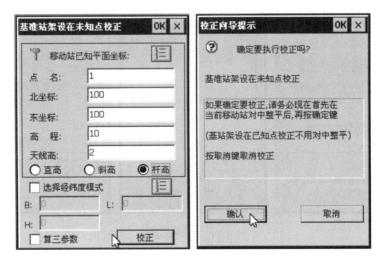

图 3-43　基准站坐标校正

（2）点放样

在主界面点击"测量"→"点放样"，进入后先看最下面有没有文字，如果有，点击"目标"→"增加"→输入放样点的坐标→"确定"，选中刚才输入的点，再点右上角的确定，之后跟随手簿上的指示找到该放样点，如果最下面没有文字就点一下向上的小箭头（选项右侧），如图 3-44 所示。

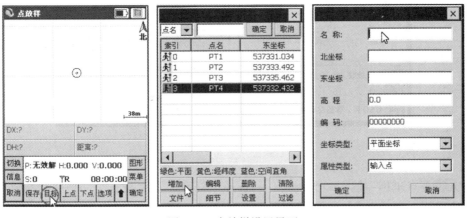

图 3-44　点放样设置界面

6）成果导出

在主界面点击"工程"→"文件导入导出"→"文件导出"，如图 3-45 所示。

"导出文件类型"即导出之后的文件用什么打开，有南方 CASS，CAD，TXT 等格式，可以自己选择适当的文件类型。测量文件是选择这次项目所测的数据，成果文件不用填，记住文件路径即可，点击"导出"，再用手簿连接电脑后复制到电脑上即可，如图 3-45 所示。

  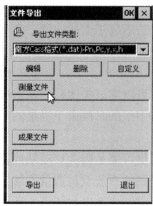

图 3-45 导出成果

6. 常见问题及解决方法

（1）GPS 主机电源红绿灯交替闪烁并有报警声

这种情况是注册码过期，将手簿与要注册的 GPS 连接起来，打开工程之星，在菜单栏中点击"关于"→"主机注册"，在弹出的对话框中输入注册码并点击"注册"，软件会提示注册成功和注册日期，重启 GPS 即可。

（2）移动站始终显示单点解，一般有以下几种原因：

①出现这种情况，首先看基准站是否正常发射。主要是通过移动站的 DL 灯和电台的 TX 灯亮得是否正常来判断。当基准站正常工作的时候电台的 TX 灯应该是每秒闪一次；只有基准站正常工作时，移动站才能接收差分信号。

②移动站的电台通道与基准站的电台通道不一致，在移动站处表现为 DL 灯不亮（86系列的机子 RX 灯不亮）。解决办法：在菜单栏中点击"设置"→"电台设置"，选择与基准站发射电台相同的电台通道即可。

③移动站的接收差分格式与基准站的发射差分格式不一致，在移动站处表现为 DL 灯不闪烁正常（86 系列的机子 RX 灯闪烁正常）。在菜单栏中点击"设置"→"移动站设置"，选择与基准站相同的差分格式。82-2008 一般使用的是 RTCM3，82-T 一般使用的是 CMR 和 RTCM3。

④基准站或者移动站的电源不足。这种情况可以看 GPS 的电源指示灯，如果第三个灯在闪烁，则说明电源不足，需要更换电池（86 系列的机子可以直接在显示屏上看到电源使用情况）。

⑤移动站或基准站所处的位置不好。有些地方电磁干扰过大或者接收机能观测到的有效卫星数量不够，需换个地方或者换种测量方法。

⑥移动站的数据链不对（移动站的数据链模式为内置电台）。检查：查看手簿屏幕左上角是否有数字（通道），如果是字母，则说明当前数据链模式为网络或者外挂电台，需

重新设置。操作方法：点击"工程之星（或电力之星）设置"→"仪器设置"→设置"数据链"，在弹出的界面中选择"电台"，并点击"确定"即可。

⑦若不属于上述问题，尝试重启移动站。

（3）移动站收到基准站的差分信号，其解的状态为浮点解或者差分解，长时间难以固定

①可以尝试关闭移动站重启的方法。

②中午的时候由于卫星的空间分布不好，出现这种情况为正常，建议测量避开此时间段。

③也可能是因为移动站或基准站所处的位置不好。有些地方电磁干扰过大或者接收机能观测到的有效卫星数量不够，需换个地方。

④尝试更换电台频道，还可以尝试改变移动站的差分格式。

（4）手簿死机

原因：①在使用手簿的时候不要过快地操作，尤其是在连接蓝牙和调数据文件的时候；②手簿内存中的数据要经常清空；③手簿系统需升级。

解决办法：同时按住蓝色的 Fn 键和 Enter 键数秒后，手簿将会重启。如果按住蓝色的 Fn 键、Enter 键和白色的大圆弧键，进入 DOS 操作界面以后需在出现 command 时输入数字 1，可冷启动。若需手簿升级，请先备份手簿里的数据，然后将升级文件直接拷贝到 SD 卡的根目录下，同时按住蓝色的 Fn 键、Enter 键和白色的大圆弧键直到手簿有反应为止，进入 DOS 操作界面以后需在出现 command 时输入数字 1。

手簿数据不变化或者在操作手簿时提示 GPS 主机类型不匹配。原因：蓝牙断开，重新连接即可。

（5）手簿弹出提示框，提示"端口打开失败，请重新连接"

这是因为蓝牙连接失败，点击菜单栏"设置"→"连接仪器"，在弹出的界面中选择蓝牙并输入相应的端口（一般为 7），点击界面下面的"连接"即可。新版本的手簿可以指定端口。

（6）移动站开不了机

原因有以下几种：①电池触点位置没有对好；②电池没电（换台机器装上这块电池测试电池是否有电）；③开关键的按钮接触不好，需要更换。

（7）基站开不了机

如果是在没装电池的情况下开不了机，可能是电瓶没电，也可能是电源的电缆线坏了；接线时一定要注意针孔芯数，红点对红点插入；在结束测量工作时注意，一定要先把电源都关了，再拔正负极线。

（8）几十米或几百米内有固定解，超出去就没有差分信号，或者很难固定

出现这种情况的原因有以下几种：①没装电台小天线；②基站的位置太差；③基站位置差且使用低频；④多用途电缆线没接触好；⑤大天线破损或没接好；⑥移动站电池电量很低；⑦基站的电瓶老化，功率降低；⑧机内程序需要升级；⑨部分仪器主板老化，解算能力下降，很难固定；⑩移动站如果 DL 灯闪烁不正常，那有可能是电台模块的问题，需

要维修。

（9）基站的 TX 灯始终不会闪，但是基站 STA 灯在发射

电瓶电量很低，基站也可能装了电池（基站是不需要装电池的）；大部分情况下是由于多用途电缆线内部有断裂的地方。

第4章　无人机影像空中三角测量

对测绘工作而言，航空摄影测量可分为外业工作与内业工作两大部分。外业工作包括航空摄影、控制点测量、地物信息调绘、地物信息补绘等；内业工作包括影像定向、DEM 生成、正射影像生成、测图等流程。影像定向就是要获取影像的位置和姿态，影像的位置和姿态称为外方位元素，通常用 3 个坐标值 X、Y、Z 和三个角度 Omg、Phi、Kap来表示。影像本质是空间的一个平面，影像定向就是要求解出这个平面的位置。我们知道3 个空间点可以确定一个空间平面，因此每张影像的定向至少需要 3 个控制点。如果一次飞行了 1 万张影像，按照每张影像需要 3 个点就要做 3 万个控制点，这样会给外业工作带来巨大的工作量，摄影测量的意义将会大打折扣，那有没有办法减少外业控制呢？这个好比在墙上安装很多小块木板的工作，单独作业则每个小木板需要 3 个钉子钉到墙上。但我们也可以先在地上将木板拼合在一起，形成一个大木板，然后再用 3 个钉子将拼合好的大木板钉到墙上。空中三角测量就是用这个原理来减少控制点的。在进行空中三角测量作业时，先将所有影像进行相对定向，形成自由网，然后再用一些地面控制点进行绝对定向，最终求解出每张影像的位置和姿态即外方位元素。

在空中三角测量过程中需要加入一些连接点，连接点的作用是将影像相互连接到一起，当空中三角测量完成后，这些连接点的地面坐标被求解了出来，变为了已知影像位置和坐标的点，因此在后续的生产中可以当作控制点用。这些通过空中三角测量处理生成的控制点称为加密点，可见通过空中三角测量作业可以节省大量的外业控制工作，对摄影测量作业有非常重要的意义。

4.1　空中三角测量基础

尽量减少野外测量（如测量控制点）工作，是摄影测量的一个永恒的主题。通过摄影测量原理可知，摄影测量可以通过摄影获得的影像，在室内模型上测点，代替野外测量。但是摄影测量不能离开野外实地的测量工作。例如一张影像需要 4 个控制点进行空间后方交会，恢复一张影像的外方位元素；一个立体像对（两张影像）通过相对定向与绝对定向，也需要 4 个控制点恢复两张影像的外方位元素。能否整个区域（几十张甚至几百张影像）也只需要少量的外业实测控制点，确定全部影像的外方位元素？这就是空中三角测量与区域网平差的基本出发点——利用少量外业实测的控制点确定全部影像的外方位元素，加密测图所需的控制点。

空中三角测量是用摄影测量解析法确定区域内所有影像的外方位元素及待定点的地面坐标。它利用少量控制点的像方和物方坐标，解求出未知点的坐标，使得区域网中每个模型的已知点都增加到 4 个以上，然后利用这些已知点解求所有影像的外方位元素。这个过程包含已知点由少到多的过程，所以空中三角测量又称为空三加密。

根据平差中采用的数学模型，空中三角测量可以分为航带法、独立模型法和光束法。航带法是通过像对的相对定向和模型连接建立自由航带，通过非线性多项式消除航带变形，并使自由网纳入地面坐标系。独立模型法是通过相对定向建立单元模型，利用空间相似变换使单元模型整体纳入地面坐标系。光束法直接以每幅影像的光线束为单元，使同名光线以在物方最佳交会为条件，使其纳入地面坐标系，从而加密出待求点的物方坐标和影像的方位元素。

最基本的空中三角测量方法是航带法，该方法主要由相对定向、模型连接、航带自由网的绝对定向与误差改正等部分组成。由连续相对定向原理可知，若左边的影像不动，通过连续相对定向可以确定右影像相对于左影像的相对位置。人们可以利用连续相对定向一直进行下去，将整个航带中的影像都进行连续相对定向，但是由于相对定向只考虑地面模型的建立，并不考虑模型的大小（比例尺），相邻模型之间的比例尺并不一致，如图 4-1 所示，模型 2 的比例尺小于模型 1，模型 3 的比例尺大于模型 2，如何统一模型比例尺，这就是模型连接，如图 4-2 所示。

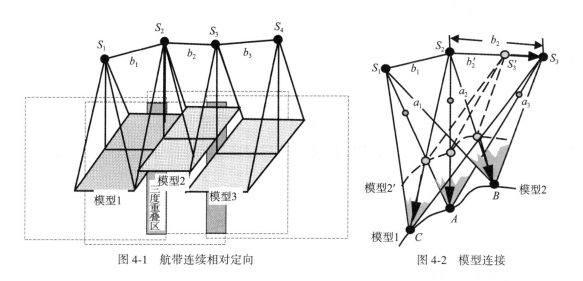

图 4-1　航带连续相对定向　　　　　　　　　图 4-2　模型连接

一般航空摄影沿航向的重叠为 60%，从而确保连续 3 张影像具有 20% 的三度重叠区（图 4-1），即在该范围内的地面点可同时出现在 3 张影像上，其目的就是为了将由相邻两张影像所构成的立体模型连接成航带模型。

利用空中三角测量进行加密控制点，一般不是按一条航带进行，而是按若干条航带构成的区域进行，其解算过程称为区域网平差，它的基本过程为：①构成航带的自由网；②利用航带之间的公共点，将多条航带拼接成区域自由网；③区域网平差。常用的区域网平差方法有 3 种：①航带法区域网平差；②独立模型法区域网平差；③光束法区域网平差。

1. 航带法区域网平差

航带法区域网平差（图 4-3）是以航带为单位，利用航带之间旁向重叠区内的公共点（其物方空间坐标应该相等）与外业控制点，进行整体求解每条航带的非线性改正参数。

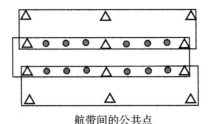

航带间的公共点

图 4-3　航带法区域网平差

2. 独立模型法区域网平差

独立模型法区域网平差（图 4-4）是以模型为单位，利用每个模型与所有相邻模型重叠区内（航向、旁向）的公共点、外业控制点，进行整体求解每个模型的 7 个绝对方位元素。

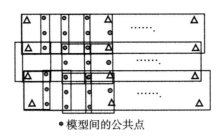

● 模型间的公共点

图 4-4　独立模型法区域网平差

3. 光束法区域网平差

光束法区域网平差是以影像为单位，利用每个影像与所有相邻影像重叠区内（航向、旁向）的公共点、外业控制点，进行整体求解每张影像的 6 个外方位元素。每个摄影中心与影像上观测的像点的连线就像一束光线（图 4-5），光束法平差由此而得名。

光束法平差，其理论最为严密，而且很容易引入各种辅助数据（特别是由 GPS 获得的摄影中心坐标数据等）、引入各种约束条件进行严密平差。随着计算机存储空间迅速扩大、运算速度的提高，光束法平差已成为最广泛应用的区域网平差方法。光束法区域网空中三角测量图如图 4-6 所示，其基本内容有：

①各影像外方位元素和地面点坐标近似值的确定。可以利用航带法区域网空中三角测

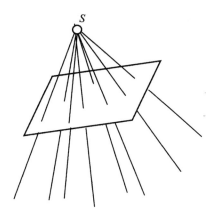

图 4-5　光束法区域网平差单元

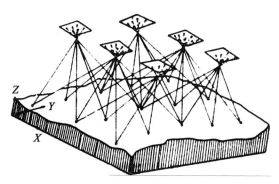

图 4-6　光束法区域网空中三角测量

量提供影像外方位元素和地面点坐标的近似值。

②从每幅影像上的控制点和待定点的像点坐标出发，按每条摄影光线的共线条件方程列出误差方程式。

③逐点化法建立改化法方程式，按循环分块的求解方法先求出其中的一类未知数，通常是每幅影像的外方位元素。

④空间前方交会法求得待定点的地面坐标，对于相邻影像公共交会点应取其均值作为最后的结果。

传统空中三角测量是基于航带进行的，但是无人机飞行时易受气流影响，发生航线漂移，导致影像旋转角及航线弯曲度大，影像航向、旁向重叠度不规则，无法按传统航空摄影测量分出航带。但是无人机飞行时都需要 GPS 信号指导飞行，因此无人机获取的影像一般都有 GPS 数据甚至是 POS 数据。在进行空中三角测量处理的时候，可以使用 GPS 信息进行全自动自由网作业。影像的 GPS 信息有两个作用，一是用于连接点匹配，匹配过程中使用 GPS 作为影像是否相邻的判定依据，若 GPS 位置很接近则认为影像是相邻的，需要进行连接点匹配，如果 GPS 位置相邻很远，则不进行连接点匹配。GPS 的另外一个作用是在平差解算时作为外方位元素的初值和约束条件（即解算结果必须与 GPS 接近）。

DPGrid 软件中的空中三角测量处理过程中采用了 POS（或 GPS）辅助的光束法区域网平差。可以处理无人机影像和传统的航空影像，它利用基于广义点的影像匹配技术，在影像上自动选点与转点，获得同名像点然后通过 POS（或 GPS）辅助区域网平差解算，确定加密点坐标和影像定向参数，具体流程如图 4-7 所示。

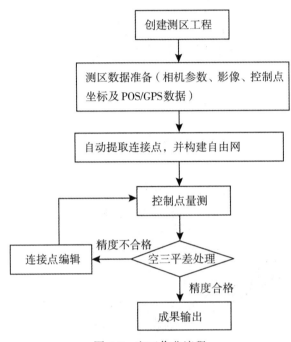

图 4-7　空三作业流程

①首先要构建测区，准备相机信息文件、地面控制点及 POS/GPS 等数据，如果航拍使用了非数码相机，则需要进行影像内定向，建立数字影像中的各像元行、列与其像平面坐标之间的对应关系。如果是数码影像，则无须进行内定向，近年来摄影都用数码相机，无须进行内定向。

②自动选取连接点并组成测区的整体自由网。对测区中的每一张影像，用特征点提取算子选取均匀分布的明显特征点，通过影像自动匹配得到测区中所有与其重叠影像上的同名点，形成空三连接点，之后使用光束法平差算法对连接点进行平差解算，将所有影像相互连接起来，形成测区整体自由网。

③控制点半自动量测，人工对地面控制点影像进行识别并定位，通过多影像匹配自动转点得到其在相邻影像上的同名点。

④将控制点和 POS 数据作为平差条件，进行严格的区域网平差解算，得到所有影像的外方位元素以及所有连接点地面坐标，通过平差报告对处理结果进行评估，如果发现结果达不到要求，则需要根据报告内容对连接点、控制点以及 POS 数据进行核查，同时还需要调整平差算法的参数，重新平差解算，直到结果达到要求，然后再输出平差结果作为本次作业的空三成果。

4.2 建立测区自由网

4.2.1 新建无人机工程

在桌面上选择 DPGrid 快捷方式，或者直接在 DPGrid 安装目录中，运行 DPGridEdu. exe，结果如图 4-8 所示界面。

图 4-8 文件菜单界面

选择文件菜单中的"新建"，系统弹出新建工程界面，如图 4-9 所示。

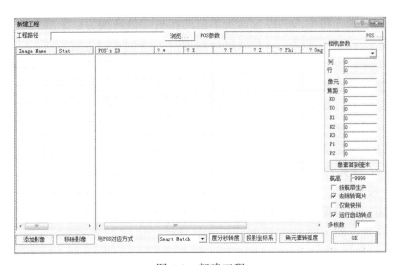

图 4-9 新建工程

在新建工程界面中，指定生产测区的工程文件存储路径，并添加原始影像及 GPS 数据，也可以直接在 Windows 资源管理器中将存放影像的目录拖入新建对话框内容，如图 4-10 所示。

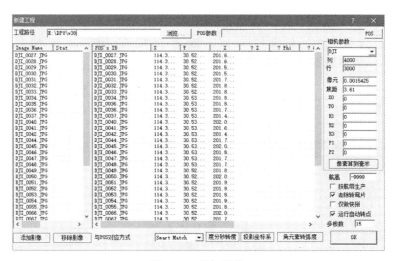

图 4-10　添加影像

新建工程对话框中各功能按钮说明如下：

①工程路径：处理数据工程的保存路径。

②POS 参数：影像 GPS 数据（或者 POS）存储路径。

③添加影像：添加影像数据。

④移除影像：移除影像数据（选择数据后按 Delete 键移除数据）。

⑤相机参数：相机参数栏中从上到下依次为相机名称、影像宽高、像素大小、焦距、像主点坐标（X_0，Y_0）、径向畸变参数（K_1，K_2）、切向畸变参数（P_1，P_2）。

⑥像素算到毫米：将填入的以像素为单位的相机参数转换为以毫米为单位的参数。

⑦按航带生产：用传统模式对数据进行处理。

⑧去除转弯片：按 GPS 对影像数据进行处理，并将转弯航片从工程中删除。

⑨仅做快拼：对影像数据只进行快拼处理，生成测区的一张拼接图。

⑩运行自动转点：新建工程后马上自动运行匹配连接程序。

⑪与 POS 对应方式：

Smart Match：按影像名称中数字和 POS 数据关联。

Index Order：按影像顺序和 POS 数据关联。

Equal ID：按影像名称和 POS 数据的名称完全相等。

Most Similar：按影像名称和 POS 数据的名称最大相似性关联。

⑫度分秒转度：将 GPS 中经纬度单位由度分秒（格式为××度××分××秒）转换为度。

⑬投影坐标系：将 GPS 数据坐标转换到指定的坐标系下，通常转换到控制点坐标系

中，选择此功能后，将弹出如图 4-11 所示界面。

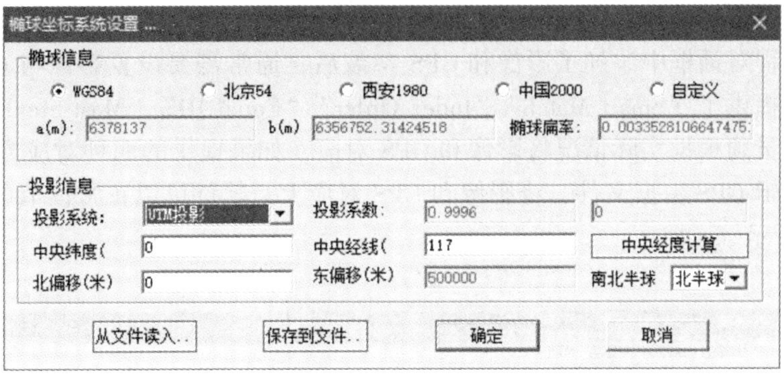

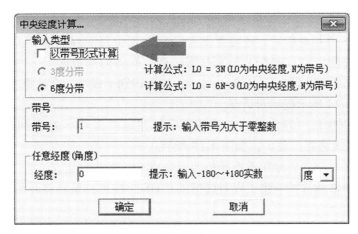

图 4-11 坐标系统设置

⑭角元素转弧度：POS 数据中，角度参数的单位由度转换到弧度。

通过坐标系统设置功能，可实现将不同坐标系统的 GPS 数据进行转换，例如飞机飞行工程中使用的是 WGS-84 坐标系，但作业成果却是中国 2000 坐标系，那就需要设置转换参数，各坐标系统定义可参考 3.2.1 节中坐标系统相关知识。最常见的设置参数包括椭球名称、投影系统和中央经线。通常 WGS-84 采用 UTM 投影，中央经线采用 6 度带划分法（即每 6 度为一个带，作业区落入哪个带就用那个带的中央经线），而在中国无论是 54、84 还是 2000 坐标系都采用高斯投影，分带方式通常采用 3 度分带。中国的城市作业单位通常采用城市坐标系，采用高斯投影，分带方式通常采用 1.5 度分带。选择了投影系统后，就必须正确设置中央经线，对中央经线的计算，软件也提供了辅助设置功能，选择中央经线计算按钮，系统弹出如图 4-12 所示对话框。

图 4-12 计算中央经线

在坐标设置对话框中，先选择按带号计算还是按角度计算（即是否勾选"以带号形式计算”按钮)，通常在 GPS 数据中可以看到经纬度值，因此可以先去掉“以带号形式计算”，然后在经度编辑框内输入当前 GPS 数据中的任意一个经度值，选择“确定”，软件就可以自动计算出当前作业区域的中央经线。

在新建工程对话框中添加了影像和 GPS 参数后，通常需要设置影像与 GPS 参数的对应关系，软件提供了“Smart Match”“Index Order”“Equal ID”“Most Similar”四种对应方式，作业人员须根据实际情况将影像和 GPS 对应，如果提供的四种对应方式都对不上，则需要人工编辑 GPS 数据文件，将影像和 GPS 对应上。软件可以正常读取的 GPS 数据格式如图 4-13 所示。

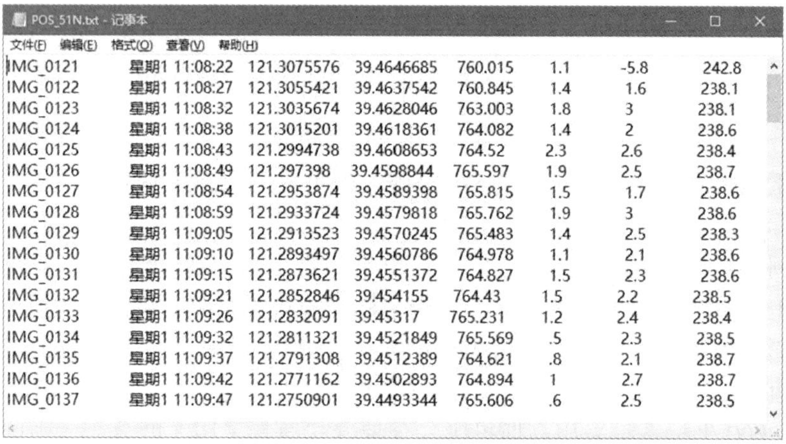
POS_51N.txt - 记事本
文件(F) 编辑(E) 格式(O) 查看(V) 帮助(H)

IMG_0121	星期1	11:08:22	121.3075576	39.4646685	760.015	1.1	-5.8	242.8
IMG_0122	星期1	11:08:27	121.3055421	39.4637542	760.845	1.4	1.6	238.1
IMG_0123	星期1	11:08:32	121.3035674	39.4628046	763.003	1.8	3	238.1
IMG_0124	星期1	11:08:38	121.3015201	39.4618361	764.082	1.4	2	238.6
IMG_0125	星期1	11:08:43	121.2994738	39.4608653	764.52	2.3	2.6	238.4
IMG_0126	星期1	11:08:49	121.297398	39.4598844	765.597	1.9	2.5	238.7
IMG_0127	星期1	11:08:54	121.2953874	39.4589398	765.815	1.5	1.7	238.6
IMG_0128	星期1	11:08:59	121.2933724	39.4579818	765.762	1.9	3	238.6
IMG_0129	星期1	11:09:05	121.2913523	39.4570245	765.483	1.4	2.5	238.3
IMG_0130	星期1	11:09:10	121.2893497	39.4560786	764.978	1.1	2.1	238.6
IMG_0131	星期1	11:09:15	121.2873621	39.4551372	764.827	1.5	2.3	238.6
IMG_0132	星期1	11:09:21	121.2852846	39.454155	764.43	1.5	2.2	238.5
IMG_0133	星期1	11:09:26	121.2832091	39.45317	765.231	1.2	2.4	238.4
IMG_0134	星期1	11:09:32	121.2811321	39.4521849	765.569	.5	2.3	238.5
IMG_0135	星期1	11:09:37	121.2791308	39.4512389	764.621	.8	2.1	238.7
IMG_0136	星期1	11:09:42	121.2771162	39.4502893	764.894	1	2.7	238.7
IMG_0137	星期1	11:09:47	121.2750901	39.4493344	765.606	.6	2.5	238.5

图 4-13　GPS 数据格式

GPS 数据格式采用 ASCII 文本格式，按行保存 GPS 数据，每一行的内容需要包含影像 ID 和 GPS 的三个坐标 X（经度）、Y（纬度）、Z（高程），而且要求影像 ID 必须位于第一项。

将影像与 GPS 数据对应后，还需要指定 GPS 数据中每一列的含义，也就是三个坐标 X（经度）、Y（纬度）、Z（高程）分别是哪一列。软件内部也做了一些自动识别，并将识别结果直接在 GPS 数据列表的表头上显示，如果识别不成功，在选择“确定”按钮时，软件会弹出如图 4-14 所示提示对话框。

指定 GPS 数据项每一列含义的方式是用鼠标左键点击 GPS 数据列的表头（有问号“?”的位置），系统将弹出菜单，如图 4-15 所示。

在菜单中选择对应的坐标或者旋转角即可完成 GPS 数据项定义。

指定完所有参数就选择新建工程对话框的“OK”按钮，系统将开始数据预处理，过程如图 4-16 所示。

此时系统将进行每张影像的预处理，包括建立每张影像的快视图、提取少量的 Sift 点等处理，如果这个过程没有成功，将无法进行下一步处理。

所有处理结束后，测区工程才算成功建立。工程建立成功后，将会在主窗口中显示本测区的航拍位置图、有效影像数目等信息，如图 4-17 所示。

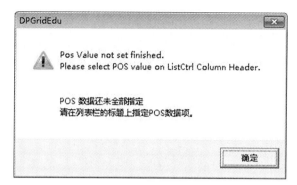

图 4-14　GPS 未指定

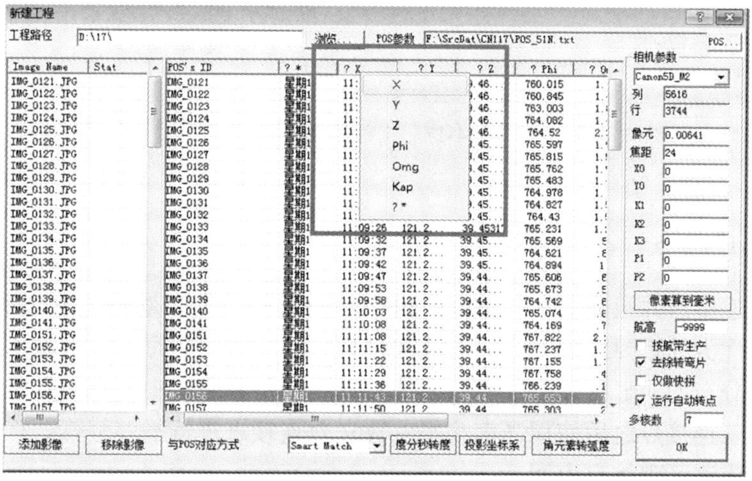

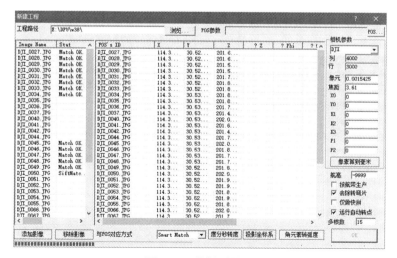

图 4-15　指定 GPS 坐标项

图 4-16　数据预处理

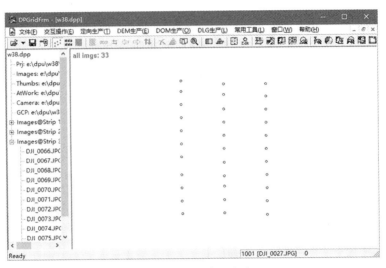

图 4-17 工程建立成功

4.2.2 匹配连接点

自动选取连接点并组成测区的整体自由网是无人机摄影测量生产中必不可少的过程，也是软件性能优劣的重要体现。其核心算法过程是对测区中的每一张影像用特征点提取算子，选取均匀分布的明显特征点，通过影像自动匹配得到测区中所有与其重叠影像上的同名点，形成空三连接点之后使用光束法平差算法对连接点进行平差解算，将所有影像相互连接起来，形成测区整体自由网。

DPGrid 软件中，匹配连接点功能的启动有两种，其一是在建立工程的时候选择"运行自动转点"，其二是在完成建立工程后，在菜单中选择"定向生产"→"空中三角测量"→"匹配连接点"，如图 4-18 所示。

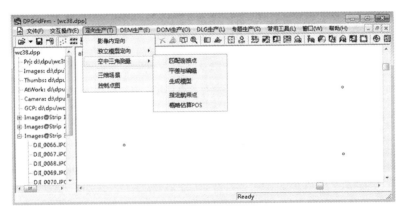

图 4-18 启动匹配连接点

选择"匹配连接点"后，如果本测区已经处理过"匹配连接点"，则软件将出现如图4-19所示提示框，第一次处理则不弹出。

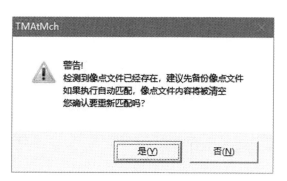

图 4-19　连接存在提示

作业人员应根据实际情况选择是否继续，这里选择"是"就会重新执行匹配，放弃原先的匹配结果，系统将弹出操作界面，如图4-20所示。

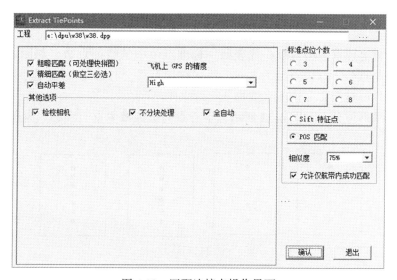

图 4-20　匹配连接点操作界面

匹配连接点功能设置说明如下：

①工程：显示当前测区的工程文件路径。

②标准点位个数：这个选项是多功能选项，通过选择标准点位个数可以实现传统空三作业模式和无人机POS作业模式。3到8都是针对传统框幅影像，在传统空三作业中，一般在影像三度重叠区的上中下三个标准点位上各量测1个连接点，这种分布方式只能保证最基本的加密作业，对于粗差检测和加密精度来说是远远不够的。因此推荐用户选用5×3布局方式（5个点位，每点位3个点），这种布局对于旁向重叠度大于30%时尤其有利。

选择了标准点位数后，还需要指定每个标准点位选择多少个点，其操作界面将变为如图
4-21 所示界面。

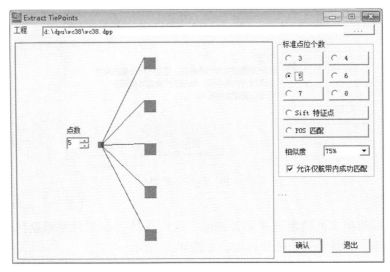

图 4-21　选择标准点位

在界面中将出现点数输入框，代表每一标准点位中的特征点数。如图 4-20 所示，当
该模块选择 5 个点位，点位点数为 5 时，每张航片上将会有大约 25 个点，系统缺省值即
为此布局，用户可根据实际情况来选择。

常见的标准点位分布如图 4-22 所示，空心点为影像像主点，实心点为连接点。

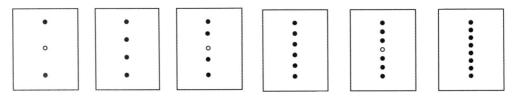

图 4-22　标准点位分布

Sift 特征点：这种匹配方式主要用于无人机影像的连接点匹配，提取每张影像中的
Sift 特征点与其他影像的 Sift 特征点进行匹配，将匹配成功的点作为连接点。

POS 匹配：这种匹配方式主要用于有 GPS 参数的无人机影像匹配连接点。处理过程
为先提取目标影像的 harris 特征点，根据 GPS 信息计算该影像上、下、左、右四个方向的
相邻影像，如图 4-23 所示，然后对四个方向上的影像逐个进行特征点匹配，将匹配成功
的点作为连接点。

相似度：在匹配过程中使用的相关系数阈值。

设置完成连接点布局，选择"确认"按钮即可进行连接点自动匹配。连接点自动匹
配是比较花费时间的一项处理，处理过程中在界面上会有正在处理的影像名称提示，所有

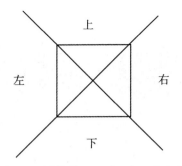

图 4-23 影像的上、下、左、右方位

影像都会以主影像身份向邻近影像进行匹配连接点，处理过程界面如图 4-24 所示。

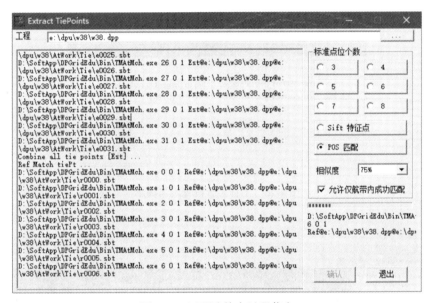

图 4-24 匹配连接点过程信息

匹配连接点组建自由网过程中，软件将会自动执行光束法平差，其处理界面如图 4-25 所示。

如果匹配连接点过程中从未弹出此界面，有可能是软件未安装完整，请核实软件是否安装完整，运行环境是否正确，平差解算必须是在 64 位系统中运行，并且需要 Windows 中已经安装有 Microsoft 的运行库。

平差完成后，如测区参数未设置或初始参数设置不合适，系统会提示工程参数需要重设对话框，如图 4-26 所示。

此提示框仅仅是提示，并不会修改工程的任何参数，因此选择"确定"即可。在此之后，DPGrid 系统会重新读入工程数据，此时系统将再次弹出工程参数设置对话框，如图 4-27 所示。

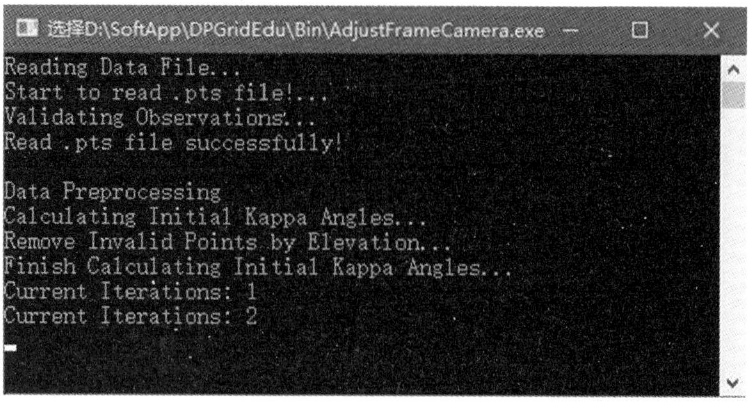

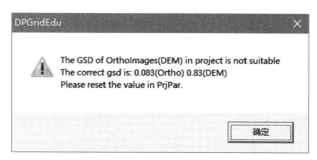

图 4-25　光束法平差处理界面

图 4-26　工程参数设置不当提示

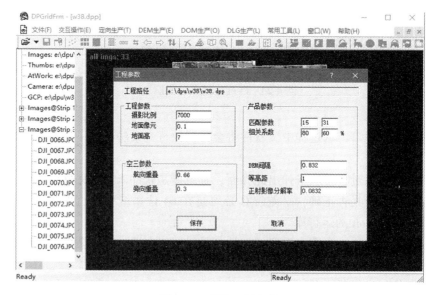

图 4-27　重设工程参数

此时的工程参数中，DEM 间隔和正射影像分解率将根据 GPS 辅助的自由网空中三角测量结果进行估值并自动填写到对话框中，作业人员应根据实际情况设置工程参数中的 DEM 间隔和正射影像分解率。

测区的自由网成功建立后，作业人员应该可以看到本次航空摄影测量任务的测区影像拼接情况，如图 4-28 所示。

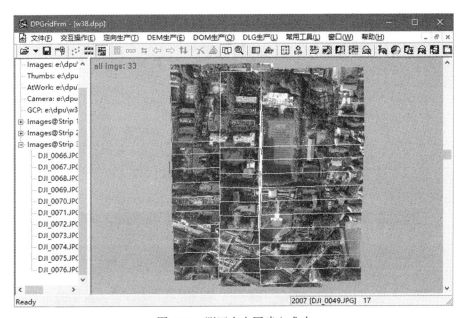

图 4-28　测区自由网建立成功

此时的成果是根据 GPS 数据辅助进行的，若 GPS 精度较好，则数据与实际应非常接近，甚至就是实际的测区情况。

4.3　交互编辑与平差

完成测区自由网后，就可以进行基于地面控制点的高精度空中三角测量生产，这个过程主要在交互编辑与平差中实现。交互编辑还需要对连接点进行检查和编辑以及对控制点进行点位调整，一般来说，交互编辑的作业步骤如图 4-29 所示。

4.3.1　处理功能

在 DPGrid 软件中，选择菜单"定向生产"→"空中三角测量"→"平差与编辑"，系统弹出如图 4-30 所示界面。

平差与编辑是交互处理的过程，没有预定的操作顺序，作业人员需根据实际情况选相应功能的菜单进行处理，各功能的菜单介绍如下。

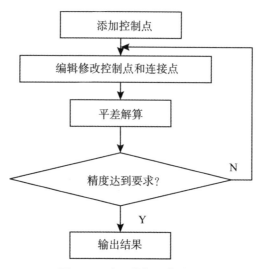

图 4-29 交互编辑工作流程

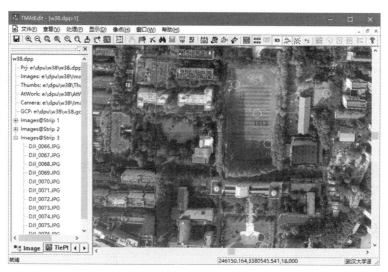

图 4-30 交互编辑界面

1. 文件菜单

文件菜单主要是对工程进行一些操作，包含打开、关闭、保存、退出以及设置控制点等功能，具体如图 4-31 所示。

2. 查看菜单

查看菜单包含工具栏、工程栏、缩放显示内容等功能，如图 4-32 所示。

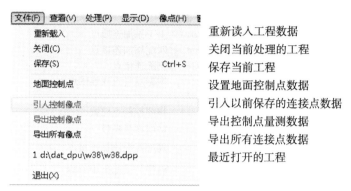

图 4-31 交互编辑文件菜单

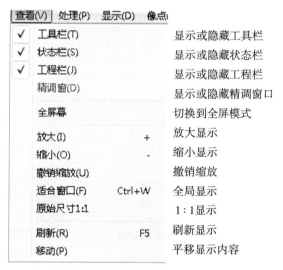

图 4-32 交互编辑查看菜单

3. 处理菜单

处理菜单包含所有常用操作的功能，如图 4-33 所示。
详细平差方式如图 4-34 所示。

4. 显示菜单

显示菜单包含是否显示点号、是否显示重叠度、是否显示影像等与显示设置相关的功能，如图 4-35 所示。

5. 像点菜单

像点菜单包括更改像点基础片、删除像点等功能，如图 4-36 所示。

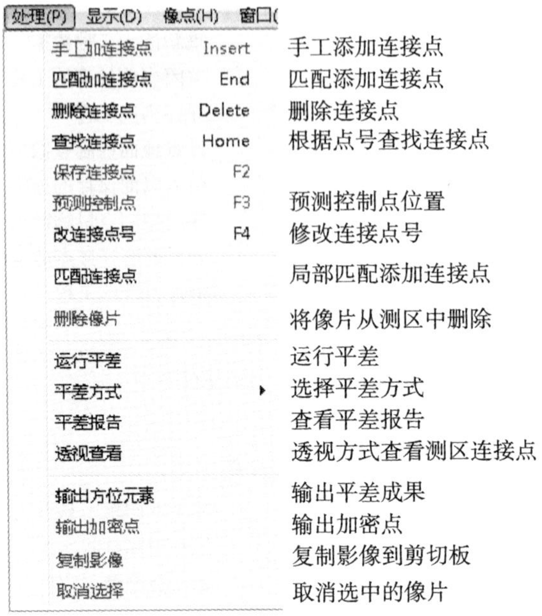

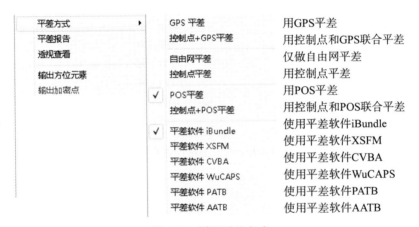

图 4-33　交互编辑处理菜单

图 4-34　详细平差方式

6. 窗口菜单

窗口菜单包括竖铺、平铺、层叠各子窗口的功能，如图 4-37 所示。

7. 工具栏

交互编辑与平差的工具栏如图 4-38 所示，工具栏列出了所有常用功能，方便作业人员用鼠标选择对应功能。

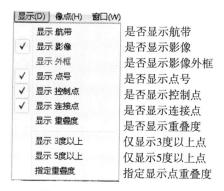

图 4-35 交互编辑显示菜单

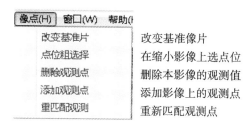

图 4-36 交互编辑像点菜单

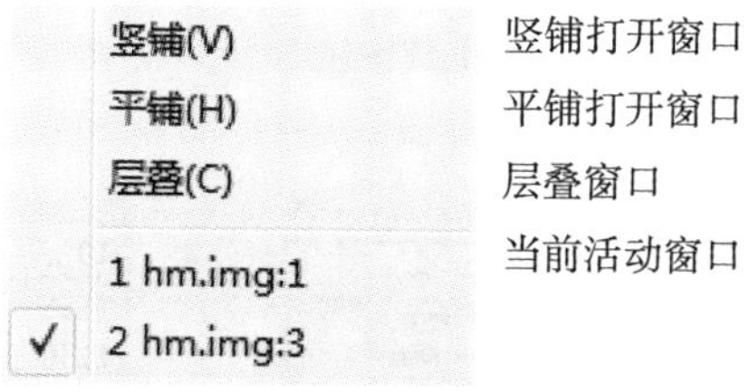

竖铺(V)	竖铺打开窗口
平铺(H)	平铺打开窗口
层叠(C)	层叠窗口
1 hm.img:1	当前活动窗口
✓ 2 hm.img:3	

图 4-37 交互编辑窗口菜单

图 4-38 交互编辑与平差工具栏

工具栏共包含 35 个工具，每个工具的详细功能如图 4-39 所示。

8. 工程栏

工程列表窗口包含 Image，TiePt，GCP 三个选项卡。

Image：显示当前测区工程及工程内各文件路径，如图 4-40 所示。

TiePt：显示平差后挑出的粗差点，如图 4-41 所示。

GCP：显示当前测区的控制点信息，如图 4-42 所示。

💾保存工程   🔳运行平差

🔍放大显示   📄平差报告

🔍缩小显示   🔆透视查看

🔍开窗放大   🔆输出成果

🔍全局显示   🔳按航带显示

🔍 1:1 显示   🔳显示影像

🔍撤销缩放   🔳显示影像边界

🖌刷新显示   ID 显示点号

✋移动   🔳显示控制点

🔲全屏显示   🔳显示所有连接点

🔳匹配连接点   ₊₃显示重叠度

🤚手工加连接点   🔳全图选位置

🤚匹配加连接点   🔆改变基准片

🔧删除连接点   ⊠删除观测点

🔍查找连接点   🔳添加观测点

🖼保存连接点   🔳自动匹配

📟预测控制点   ❓关于

🖳改连接点号

图 4-39　交互编辑工具按钮

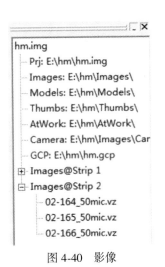

图 4-40　影像

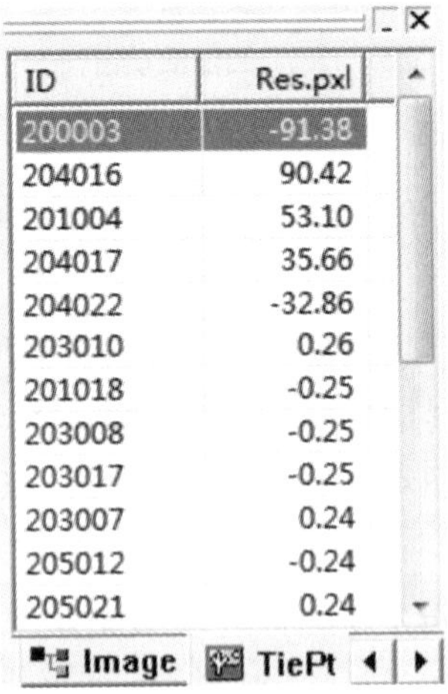

图 4-41　连接点

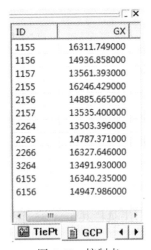

图 4-42　控制点

9. 状态栏

交互编辑状态栏如图 4-43 所示，其中最左一项是信息提示栏；第二栏是鼠标位置的地面坐标值，包含 X, Y, Z 三分量；最后一栏是软件版权信息。

就绪	246283.404,3380238.897,7.000	武汉大学遥感院DPG

图 4-43　交互编辑状态栏

4.3.2　常用操作

1. 设置控制点

在交互编辑与平差软件"文件"菜单下选择"地面控制点"软件，弹出如图 4-44 所示界面，此界面用于设定和修改地面控制点参数。

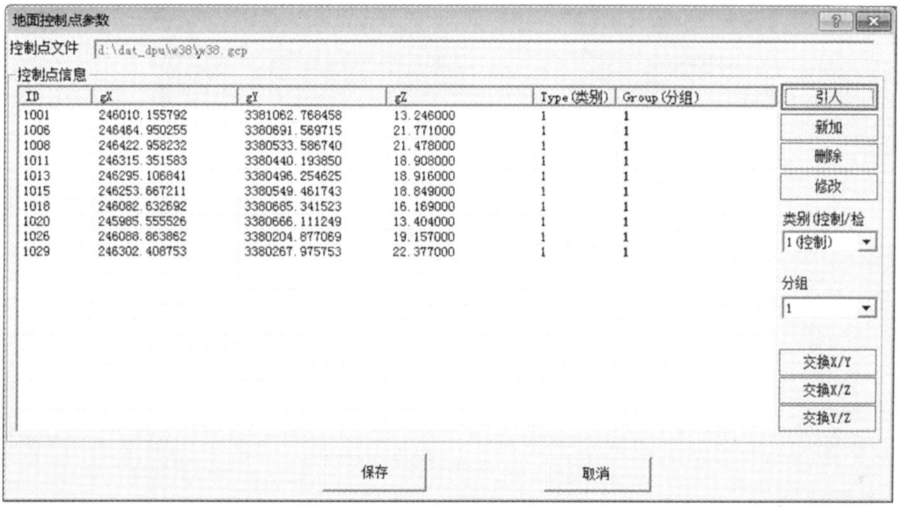

图 4-44　设置控制点

使用设置控制点界面的引入功能可以将控制点文件的内容引入对话框中，控制点文件必须为 ASCII 的文本格式，其内容如图 4-45 所示。

控制点文件内容的第一行为控制点总数，第二行开始记录控制点数据，每个控制点数据至少包含四项，分别为：点号、X 坐标、Y 坐标、Z 坐标。并且点号只能为纯数字，不能含有字母。

除了从文件引入外，作业员也可以逐个添加控制点，选择添加功能，系统弹出如图 4-46 所示对话框。

在对话框中输入 ID（点号）、X 坐标、Y 坐标、Z 坐标、点类别以及点分组。点类别包括三种，分别为：不用此点、控制点和检查点。

作业人员也可以在控制点设置界面中，修改控制点的坐标值、控制点类别和分组情况。特别是在做多次平差检查时，需要设计不同控制点和检查点方案进行平差，通过分析平差结果推断测区空中三角测量精度的可靠性。

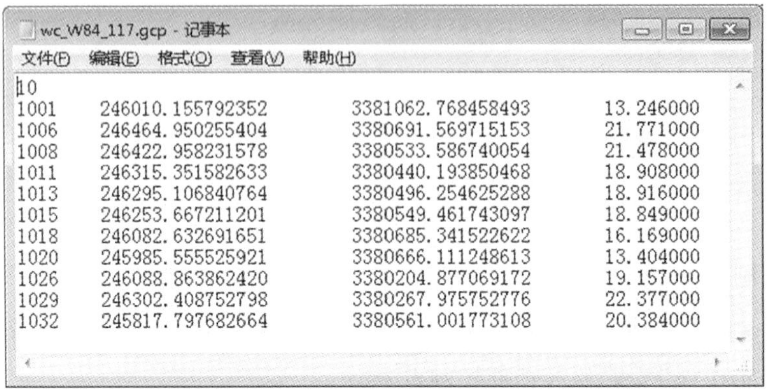

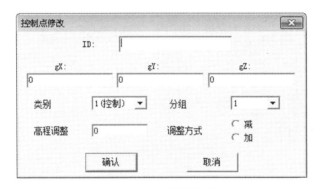

图 4-45　控制点文件格式

图 4-46　添加控制点

2. 添加控制点

在交互编辑中，如果测区中指定了控制点并且控制点与 GPS（或 POS）是在同一个坐标系下，则处理完"建立测区自由网"后，进入交互编辑时，软件将会把所有控制点显示在测区叠拼图中，如图 4-47 所示，其中圆圈就是控制点位置。

添加控制点像方观测位置的操作是直接在测区叠拼图的控制点附近双击鼠标左键，系统就认为作业人员打算在测区的鼠标所在位置加入此控制点，因此系统将根据鼠标位置自动计算哪些影像在此位置有成像关系，并将有成像关系的所有影像一起显示出来，进入像点精调界面，如图 4-48 所示。

作业员在选出的影像上根据控制点的实际位置逐个指定像点位置。指定像点时，应该先指定基准影像，也就是精细调整窗口中的左影像，如图 4-49 所示。

通常情况下，所显示影像的第一张为基准影像，作业员也可以通过修改基准影像将影像修改为其他影像。在所有小影像窗口中，用鼠标左键在基准影像上点击像点位置，精细调整窗口的左影像就会自动移动到以点击位置为中心。选好基准影像位置后，就可以继续调整其他参考影像。参考影像的像点位置选择过程为先用鼠标右键点击所有小影像窗口中

图 4-47　控制点位置

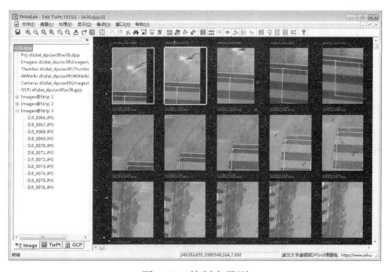

图 4-48　控制点量测

的任意一张影像，则点击的影像就成为当前参考影像，在当前参考影像上用鼠标左键点击影像上的像点位置则精细调整窗口的右影像就会自动移动到以点击位置为中心。将所有参考影像的像点位置都选择调整完后就可以保存此控制点的像点观测。

为方便作业人员选择像点，系统提供了自动匹配的辅助功能。自动匹配有两种触发方式，其一是仅在当前参考影像上进行匹配，此时只需在所有小影像窗口中的参考影像上双击鼠标右键，系统将进行自动匹配并自动移动到目标位置；其二是所有参考影像进行自动

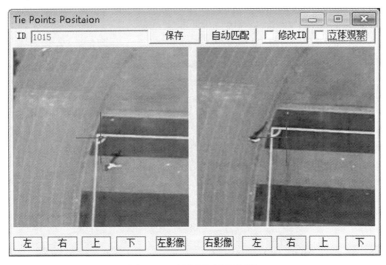

图 4-49　控制点精细调整

匹配，调用此功能的操作是在所有小影像窗口中的基准影像上双击鼠标右键，则所有参考影像的像点都进行自动匹配并自动移动到目标位置。特别注意，自动匹配只能在初始像点附近进行，如果初始像点位置离正确位置比较远，自动匹配将会失败。因此最快捷的操作应该是先选择好基准影像像点正确位置，然后逐一在参考影像的像点附近先点击鼠标右键激活，再点击左键选择点位，最后在基准影像上双击右键完成自动匹配，确认没有问题，然后在精细调整对话框中选择"保存"按钮，保存编辑结果。

除了在测区叠拼图中双击控制点位，也可以在如图 4-50 所示的工程栏的控制点标签页中双击控制点条目。

图 4-50　选择控制点条目

系统将根据控制点的坐标自动计算哪些影像在此位置有成像关系，并将有成像关系的所有影像一起显示出来，进入像点精调界面，之后的操作就与前面讲的一致。

如果控制点与 GPS 坐标差异很大，则无论是通过双击点位还是选择控制点条目都无法自动计算影像与控制位置的成像关系，此时只能通过逐个选择影像，然后在影像上选择像点点位方式完成添加控制点观测。具体操作为，先在显示菜单中将显示方式设置为航带，显示内容如图 4-51 所示。

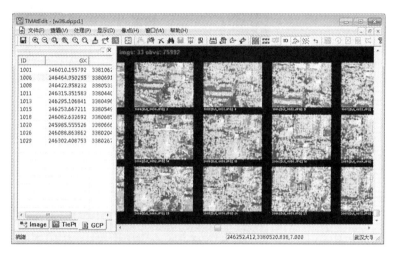

图 4-51　按航带显示测区

然后按下键盘 Ctrl 键，并逐个点击包含控制的影像（也可以拉框选择），然后再按鼠标右键弹出菜单，并选择"手工添加连接点"，系统将弹出所选影像的概略图，如图 4-52 所示。

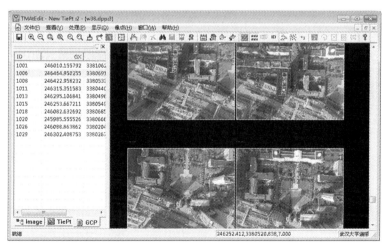

图 4-52　粗选控制点

　　然后在所选的概略图中逐个用鼠标左键点击控制点附近位置，之后按鼠标右键弹出菜单，并继续选择"手工添加连接点"，此时系统将会进入像点精调界面，如图 4-53 所示。

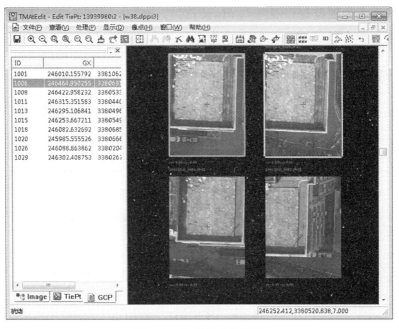

图 4-53　控制点点位调整

　　控制点添加成功后，在测区叠拼图或者航带图中控制点的显示变为三角符号，如图 4-54 所示。

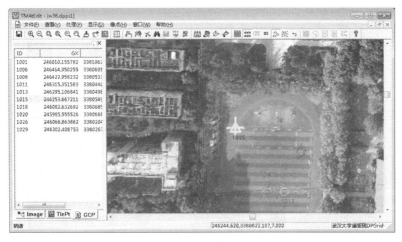

图 4-54　成功添加控制点

140

3. 编辑连接点

编辑连接点的操作包括添加新的连接点、删除连接点、查找连接点、修改点号和调整连接点像点位置。

添加新的连接点操作与添加控制点的操作是一致的，区别在于新加的点号不能用控制点号，通常系统会自动分配一个点号，点位的调整操作是完全一样的。那什么情况下需要添加连接点呢？通常情况下是不需要添加连接点的，但有时由于影像质量不好或者出现全重复纹理，导致匹配的连接点都是错误的，或者由于自由网平差方程出现异常导致大量连接点被当作粗差剔除了，此时影像上出现了大面积的无点区（如某个角或某个边没有点），则需要人工添加连接点。

删除连接点的方式有两种，一种是在工程栏的连接点标签页中选中连接点项目，点击鼠标右键弹出菜单，选择"删除连接点"，如图 4-55 所示，在这种模式下删除前，最好先用右键菜单中的"浏览点位置"核实一下删除点后是否会出现大面积无点区。

图 4-55 批量删除连接点

另外一种删除连接点是通过点号或者直接删除当前编辑的点。具体操作是在菜单栏或工具条上选择"删除连接点"，如果有点正在被编辑就删除编辑点，如果没有点被编辑，则系统弹出对话框要求输入要删除的点号。

查找连接点是指根据点号查找连接点并进入精细调整界面对连接点进行核查，具体操作是在菜单或工具栏上选择"查找连接"，系统弹出如图 4-56 所示对话框，输入点号后，系统进入精细调整界面。

更改连接点号，在菜单或工具栏上选择修改连接点号，系统弹出修改点号界面，如图 4-57 所示，在其中输入要编辑的连接点的点号和更改点号，点击"确认"即可。

图 4-56　输入点号查找连接点

图 4-57　更改点号

调整连接点像点位置，在执行平差解算后，系统按像点残差由大到小将连接点显示在工程栏的连接点标签页中，如图 4-58 所示。

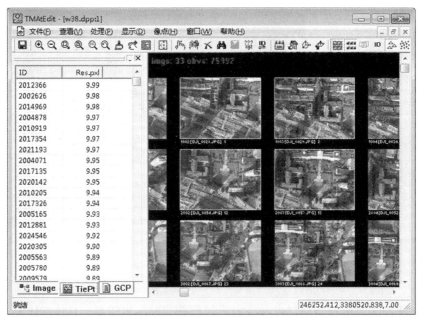

图 4-58　连接点残差显示

连接点标签页中的像点残差单位是像素，如果残差小于 1/5 像素，则不再列出连接点，如果像点很多，则每次只列出前 1000 个点。测区的空三的稳定性和可靠性与像点网有直接的关系，因此需要认真地检查像点网，特别是残差比较大的区域。核查像点时，在连接点标签页中直接用鼠标左键双击像点项，系统将进入像点精调界面，在精调界面中，每个像点的残差直接显示在小影像下方，如图 4-59 所示。

rx= 0.34 ry= 0.67　　　rx= 0.08 ry= -0.58　　　rx= 0.10 ry= -1.45

图 4-59　连接点像点残差

4. 平差解算

平差解算是空中三角测量作业中最难理解和掌握的技能，它不仅要求作业人员掌握摄影测量专业基础知识，还要求作业人员具有很强的作业经验。平差解算的原理是将所有观测像点的像坐标作为已知数，并将观测像点物方坐标、所有影像的外方位参数和内方位参数作为未知数，所有同名点观测点的光线交会为一点为条件列出方程，通过各种数学计算方法求解方程，得到观测像点物方坐标、影像内外方位参数和，同时指出有问题的同名点观测点（又称连接点），因此平差解算软件的优秀程度将直接影响作业效率。在传统摄影测量生产中，PatB 是全球公认的最优秀的平差软件之一，不仅解算结果稳定可靠，还可以准确指出有问题的同名点观测点，现在的无人机摄影测量平差软件很少可以做到与 PatB 一样优秀。在结果的可靠性和稳定性方面，现在的无人机摄影测量平差软件已经做得很好，但是在指出有问题的同名点方面还有很大改进空间，因此需要作业人员熟悉所用平差软件的特点，根据平差报告和作业经验判断哪些位置的点可能出问题。

在进行平差解算前一定要先获取大量连接点（也就是同名像点），获取方式可以是影像自动匹配，也可以是人工添加。如果有地面控制点，一般也要求先加好控制点，这样有利于平差方程快速稳定地收敛。像点和控制点准备好以后，在交互编辑软件菜单中先选择平差方式和平差软件名称，如图 4-60 所示。

平差方式与其功能描述如表 4-1 所示。

表 4-1　　　　　　　　　　各种平差方式功能说明

平差方式	功能描述
GPS 平差	平差解算过程中除连接点外，使用建立工程时输入的 GPS 数据。GPS 数据有两个用途，一是作为摄站（也就是外方位线元素 X、Y、Z）的初值，二是在解方程过程中，外方位线元素 X、Y、Z 的解必须与 GPS 一致，差异在给定的 GPS 精度范围内

143

续表

平差方式	功 能 描 述
控制点+GPS 平差	平差解算过程中除连接点外，同时使用建立工程时输入的 GPS 数据和地面控制点，如果 GPS 与控制点有矛盾，优先保证控制点精度。GPS 数据用途与 "GPS 平差" 一致
自由网平差	平差过程不用任何辅助参数，完全用连接点将所有影像连接成一体，解出的物方坐标是虚拟坐标，是相对第一张影像的相对值，自由网平差有时会产生区域的整体弯曲变形现象，如果没有其他参数，这个现象没法消除
控制点平差	平差解算过程中除连接点外，只使用地面控制点进行平差，传统摄影测量都采用这种方式进行作业，这种作业方式要求控制点要达到一定数量，具体数量与摄影比例尺和成图比例尺有关，具体可参考航空摄影测量内业国家规范
POS 平差	平差解算过程中除连接点外，使用建立工程时输入的 POS 数据，POS 数据有两个用途，一是作为影像外方位元素（X、Y、Z、Phi、Omg、Kap）的初值；二是在解方程过程中，外方位元素的解必须与 POS 一致，差异在给定的 POS 精度范围内，通常要求要有较为准确的 POS 数据

图 4-60　选择平差方式与平差软件名称

DPGrid 交互编辑内置的平差软件有 iBundle、XSFM、CVBA、WuCAPS、PatB 和 AATB，共 6 款软件，各软件及其特点如表 4-2 所示。

表 4-2	平差软件及其特点
平差软件	软 件 特 点
iBundle	经典平差软件，采用经典光束法平差，结果可靠，但对输入数据要求较严格，适合处理常规数据
XSFM	新平差软件，引入了计算机视觉解方程方法的光束法平差，对数据输入要求较宽松，适合处理非常规数据
CVBA	新平差软件，引入了计算机视觉解方程方法的光束法平差，主要用于处理仅有 GPS 信息的数据，对数据输入要求较宽松
WuCAPS	经典平差软件，采用经典光束法平差，结果可靠，但对输入数据要求非常严格，适合处理传统框幅影像
PatB	经典平差软件，采用经典光束法平差，结果可靠，调粗差能力最好，适合处理传统框幅影像、畸变不大的影像，不能进行无控制点的自由网平差
AATB	新平差软件，模仿 PatB 软件，可处理自由网平差

选择了平差方式和平差软件后，在交互编辑菜单中选择"运行"平差，就开始平差解算，不同的平差软件使用的界面有较大差异，如图 4-61 所示为 iBundle 的平差界面。

图 4-61　iBundle 平差软件

在各平差软件中设置相关平差参数后，就可以执行平差解算，待平差解算完成后就可以查看平差结果，各平差软件参数的具体设置将在下面章节中详细讲述。平差结果通常包含相片外方位元素（X、Y、Z、Phi、Omg、Kap）、相片内方位元素（焦距 F，主点偏移 X_0、Y_0，径向畸变 K_1、K_2、K_3，切向畸变 P_1、P_2）、连接点物方坐标、控制点残差、检查点残差、所有观测的残差和整体的平差报告。平差报告是对平差解算的综合描述，因此作业人员必须认真分析平差报告，根据报告评判本次作业的情况。iBundle 软件的平差报告如图 4-62 所示。

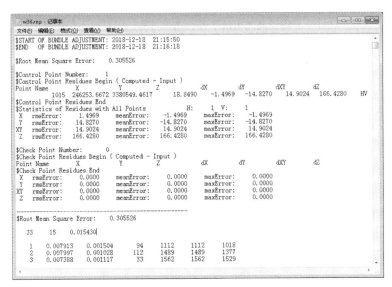

图 4-62　iBundle 软件的平差报告

平差报告中最常见的几个指标及其含义如表 4-3 所示。

表 4-3　　　　　　　　　　　　　　平差报告中各项指标的含义

指标名称	指标含义
整体中误差 RMS（sigma）	此数值反映了整个平差连接点的观测精度情况、连接强度信息，不一定是越小越好，而是多次平差后相对稳定比较好，当然也不能大，应该是小于 0.5 个像素的值
控制点残差 rx，ry，rz	控制点残差，越小越好，反映平差结果与控制点的吻合度，在残差小的情况下要保证整体中误差 RMS 稳定，控制残差小但整体中误差 RMS 比较大，说明区域网是不正确的，存在为了符合控制进行强制拟合现象，最终结果是不可靠的
检查点精度 dx，dy，dz	检查点精度，越小越好，反映区域网的可靠程度。检查点不能在控制点附近，应该离控制点一定距离
每张相片中误差 rx，ry	反映每张相片与邻近相片的稳定度，越小越好，但要求连接点一定要分布均匀，如果分布不均匀，中误差没有意义
每张相片包含连接点数	反映每张相片上的连接点数量，越多越好，但是一定要分布均匀，如果分布不均匀，点数多没有意义
连接点残差	反映连接点的可靠性，越小越好
连接点重叠度分布	反映连接点的连接影像能力，越多越好

每次平差解算运行完成后，交互编辑软件会自动将每个连接点的像方残差读回，并在工程栏左边的 TiePt 选项卡中列出，如图 4-63 所示。

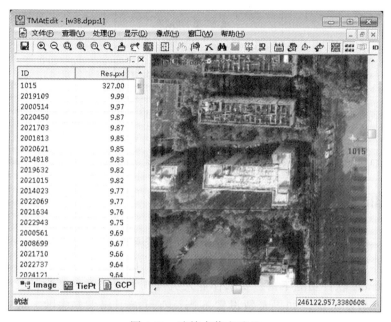

图 4-63　连接点像方残差

TiePt 选项卡中列出的像点残差以像素为单位，每个点取其最大的一个观测值残差列出，整个表从大到小排序，每次只列出前面 1000 个点，每次编辑修改后会自动添加未编辑的点到列表。通常情况下作业人员需根据像点残差对连接点进行查看和编辑，特别是控制点，绝不能出现残差超限的控制点。如果像点比较多，可以适当地删除一些残差较大的连接点。

平差解算与连接的编辑需要反复多次进行，编辑一些点后运行平差解算，每次平差后又需要编辑，直到像点和控制点的精度达到生产要求为止。

为了成果的可靠稳定，通常需要选择一些控制点作为检查点参与平差。检查点顾名思义就是用于检查，在平差中，检查点的地面坐标值不参与平差解算，平差解算完后直接比较检查点的地面坐标与平差得到坐标值，并在平差报告中列出。如果检查点精度未达到要求，此时的成果一般认为是不可靠的，还需要检查编辑连接点，继续交互作业，直到精度达到生产要求。

5. 输出成果

根据平差报告，作业人员判定所有结果均达到要求，就可以输出空中三角测量的成果，成果主要包含影像的内外方位元素，具体操作是在交互编辑界面的菜单中选择"输出方位元素"，系统弹出如图 4-64 所示界面，即可完成成果输出。

成果输出时，DPGrid 系统主要是将空三成果写入工程下 Images 目录中。其中相机内

图 4-64　输出空三成果

参数写入 camera. cam 文件，影像外方位元素写入影像名对应的<影像名>. dpi 文件中。

4.4　iBundle 平差软件

iBundle 是一款武汉大学全自主研发的光束法区域网平差软件，主要特点是功能齐全，可设置的参数非常丰富，根据不同参数设置相互组合可实现各种复杂情况的区域网平差。也正是由于 iBundle 软件功能丰富，要求作业人员认真学习了解各参数的含义，在生产中正确地给出各参数的数值，如果参数设置不当，有可能引起平差失败，或者精度大幅降低，软件主界面如图 4-65 所示。

图 4-65　光束法平差软件 iBundle

4.4.1　处理功能

iBundle 平差软件的主界面包括 "状态信息" "工程文件" 两个编辑框及 "打开" "保存" "设置" "结果分析" "平差" "退出" 六个按钮，各按钮的功能如表 4-4 所示。

表 4-4   **iBundle 平差软件的按钮功能**

按钮名称	功 能 描 述
打开	打开一个存在的平差工程，准备执行平差解算
保存	将现有平差工程的所有数据和参数保存到平差工程文件中
设置	设置平差解算的相关参数，相关参数比较多，在下一节详细讨论
结果分析	在平差解算执行结束后，对平差结果进行可视化的分析，选择此功能后系统将弹出分析界面，并显示相关信息
平差	执行平差解算
退出	退出软件

4.4.2 常用操作

平差解算过程中，最常用的功能就是设置参数，平差参数设置为多属性页的对话框，可以设置输入数据文件、平差参数、像点及控制点精度、GPS 及 IMU 参数、相机检校参数、输出文件等各种参数。

1. "数据文件" 属性页设置

平差"数据文件"属性页的设置界面如图 4-66 所示，包括内方位元素文件（ *
.cmr）、外方位元素文件（ * .pht）、像点数据文件（ * .pts）、控制点数据文件（ *
.gcp）、GPS/IMU 数据文件（ *.gps）及成果数据输出路径等设置。

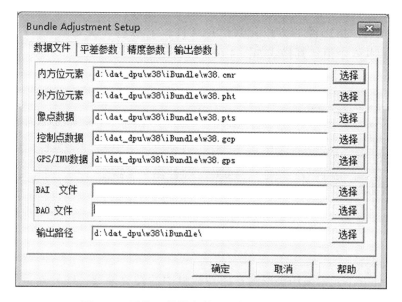

图 4-66 平差"数据文件"属性页的设置界面

所有编辑框内容可以从键盘键入，也可以通过右侧的相应"选择"按钮输入。当相应的文件名称不存在时（例如文件路径从键盘输入），按下主界面的"平差"按钮后会有相应的提示信息，并中止平差模块，用户可以重新设定文件路径。

①内方位元素：指平差解算工程中使用的相机参数数据，相机参数格式如图 4-67 所示。

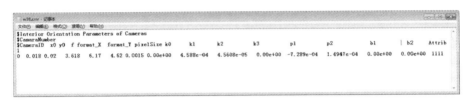

图 4-67　相机参数格式

相机参数数据主要包含本次平差数据使用的相机数目（最多支持 5 个相机参与平差），每个相机的 ID 和相机详细参数，特别注意相机 ID 必须与影像文件中保存的相机 ID 对应。相机详细参数包括主点偏移 x_0，y_0，相机主距 f，像素大小 pixelSize，径向畸变系数 K_1、K_2、K_3，切向畸变系数 P_1、P_2，其他畸变 b_1、b_2 以及相机扩展属性。iBundle 的相机畸变定义与《摄影测量原理》教材中一致，描述的是有畸变到无畸变的改正量。计算公式如式（4-1）所示。

$$\begin{cases}\Delta x = k_1 xr^2 + k_2 xr^4 + k_3 xr^6 + p_1\left(r^2 + 2x^2\right) + 2p_2 xy + b_1 x + b_2 y, \\ \Delta y = k_1 yr^2 + k_2 yr^4 + k_3 yr^6 + p_2\left(r^2 + 2y^2\right) + 2p_1 xy\end{cases} \tag{4-1}$$

也就是说 iBundle 表述的畸变参数在进行影像前方交互时直接用畸变模型改正畸变得到无畸变的相片坐标后进行前方交互。反过来，已知地面点坐标，通过投影求影像坐标时，需要用畸变参数进行迭代，反解出有畸变的影像坐标。

②外方位元素：指影像的方位元素信息文件，主要包含线元素 X、Y、Z 和角元素 Phi、Omg、Kap 共 6 个值，其格式如图 4-68 所示。

w38.pht - 记事本
文件(F)　编辑(E)　格式(O)　查看(V)　帮助(H)

$ImageNumber								
$ImageID	Xs	Ys	Zs	Phi	Omega	Kappa	StripID	Attrib　CameraID
bFlag								
33								
1	246108.35	3380195.78	199.81	0.00413	0.035561	0.01137	0	0　0　0
2	246108.46	3380239.92	199.95	0.00065	0.030669	0.00817	0	0　0　0
3	246108.58	3380285.62	201.08	-0.00334	0.026848	0.01077	0	0　0　0
4	246109.17	3380330.87	201.80	-0.00661	0.022601	0.01388	0	0　0　0
5	246109.53	3380376.84	202.53	-0.00854	0.017483	0.01659	0	0　0　0
6	246110.12	3380421.87	202.51	-0.01129	0.013045	0.02145	0	0　0　0
7	246110.46	3380467.06	202.45	-0.01296	0.009149	0.02439	0	0　0　0
8	246110.76	3380512.60	201.97	-0.01399	0.004717	0.02417	0	0　0　0|
9	246111.08	3380557.74	201.12	-0.01522	-0.000570	0.02227	0	0　0　0

图 4-68　外方位元素格式

iBundle 的外方位元素采用摄影测量原理教材中的经典模型，线元素采用符合右手直接坐标系的 X、Y、Z，角元素采用先绕 Y 坐标轴顺时针旋转 Phi 角，再绕 X 坐标轴逆时针旋转 Omg 角，最后绕 Z 坐标轴逆时针旋转 Kap 角。

③像点数据：指平差过程中使用的连接点信息文件，主要包含连接点 ID，连接点包含的像点观测数（连接点重叠度），每个观测像点所在影像编号，像点坐标值 X，Y（影像行列中心为 0 的毫米坐标值），其数据格式如图 4-69 所示。

```
w38.pts - 记事本
文件(F) 编辑(E) 格式(O) 查看(V) 帮助(H)
$Coordinates of Image and Space Points
$PointNumber  LineNumber
$PointName      X            Y            Z          Attrib
$ImagePointsNumber
$ImageID    x           y       GroupID
368 0
2000002         0.000000      0.000000      0.000000      0
2
          1      -0.595598     -1.390243      0
          2      -0.591895     -2.191369      0
2000003         0.000000      0.000000      0.000000      0
2
          1      -0.458271     -1.434990      0
          2      -0.455031     -2.238893      0
2000004         0.000000      0.000000      0.000000      0
2
          1      -0.388836     -1.485909      0
          2      -0.381121     -2.283949      0
2000008         0.000000      0.000000      0.000000      0
2
          1       0.399637     -1.464307      0
```

图 4-69　像点文件格式

④控制点数据：指平差过程中使用的地面控制点坐标信息文件，主要包含控制点 ID、X 坐标值、Y 坐标值、Z 坐标值以及控制点属性（控制点、检查点还是无效点），其数据格式如图 4-70 所示。

```
w38.gcp - 记事本
文件(F) 编辑(E) 格式(O) 查看(V) 帮助(H)
$Coordinates of Control and Check Points
$PointNumber
$PointName          X               Y               Z       Attrib  GroupID
10
     1001     246010.155792   3381062.768458    13.246000     1      1
     1006     246464.950255   3380691.569715    21.771000     1      1
     1008     246422.958232   3380533.586740    21.478000     1      1
     1011     246315.351583   3380440.193850    18.908000     1      1
     1013     246295.106841   3380496.254625    18.916000     1      1
     1015     246253.667211   3380549.461743    18.849000     1      1
     1018     246082.632692   3380685.341523    16.169000     1      1
     1020     245985.555526   3380666.111249    13.404000     1      1
     1026     246088.863862   3380204.877069    19.157000     1      1
```

图 4-70　控制点数据格式

控制点信息中最需要引起注意的是控制点的 ID 必须与像点文件中像点 ID 一致，而且 iBundle 软件只支持数字命名的控制点，如果控制点 ID 中包含字母，将导致平差中找不到控制点信息，从而无法用控制点进行平差。此外用于控制点的 ID 是独立指定的，DPGrid 软件在匹配连接点时也给所有连接点自动命名了连接点 ID，这样如果控制点命名不当会导致控制点 ID 与连接点 ID 重名，最终导致平差失败。因此建议作业人员将地面控制点 ID 命名为一个非常大的值，如 4 个 9 开头的数值 9999××××（或者非常小的值，如小于 2000 的值 1×××）。

⑤GPS/IMU 数据：指平差过程中使用的影像 POS 数据或影像 GPS 数据。POS 数据与

GPS 数据的差异是 POS 数据有角元素值，而 GPS 数据角元素值为 0，POS 数据格式与外方位元素数据类似，包含线元素 X、Y、Z 和角元素 Phi、Omg、Kap 共 6 个值，具体如图 4-71 所示。

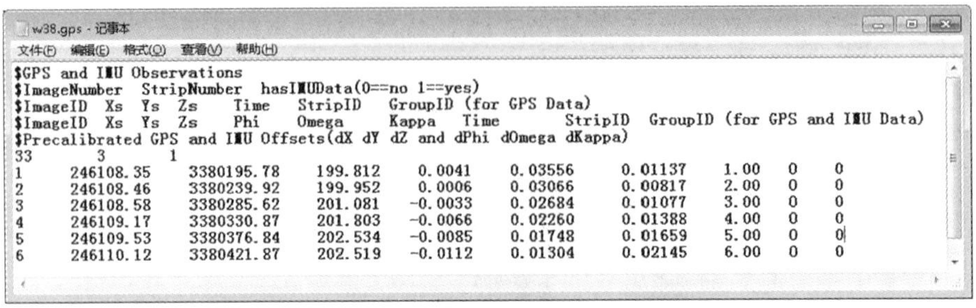

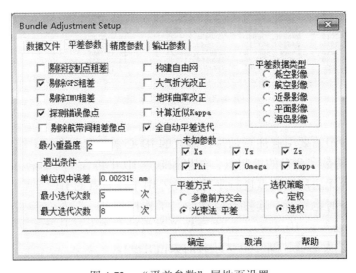

图 4-71　POS 数据格式

GPS/IMU 数据中需要注意的是时间信息是有用的，如果不清楚真实时间信息，可以直接提供影像的顺序号，软件中用时间来判断影像成像的先后关系。

⑥BAI 文件和 BAO 文件：指使用二进制文件来传递平差参数信息，目前此接口为内部使用，暂时不对外开放，如果用户的确有需要，可与武汉大学遥感信息工程学院联系，获取更多的帮助。

⑦输出路径：指平差解算结果的输出路径，此路径必须是存在的路径，平差软件不自动创建路径，若指定的路径不存在，软件将报错退出。

2. "平差参数" 属性页设置

"平差参数" 属性页的设置如图 4-72 所示，主要进行平差控制参数的设置。

图 4-72　"平差参数" 属性页设置

"剔除控制点粗差"表示是否剔除可能存在的控制点粗差，如果确认所有控制点地面坐标及对应的像点坐标均正确，则取消选择即可。

"剔除 GPS 粗差"表示是否探测并剔除 GPS 观测值中可能存在的粗差，建议在初步平差时不选此项。

"剔除 IMU 粗差"表示是否探测并剔除 IMU 观测值中可能存在的粗差，建议在初步平差时不选此项。

"探测错误像点"表示在构建自由网过程中是否自动探测并剔除可能的粗差像点，在确认像点没有粗差时可以不选此项。

"剔除航带间粗差像点"表示在构建自由网过程中是否特殊考虑可能存在的航带间粗差同名点，此时要求航带内同名点能够满足单航带自由网构建的要求，航带间同名点不参与单航带自由网构建。

"构建自由网"表示是否首先构建自由网而后再进行绝对定向和光束法平差过程，无论输入数据中是否具有方位元素及空间点坐标初值，若输入数据已经构建过自由网，则系统提示是否构建自由网时选择"否"即可，系统会自动进行绝对定向及光束法平差。如果未量测控制点时构建了自由网并进行过自由网平差，在平差结果收敛后加入地面控制点，此时必须勾选上"构建自由网"，且在系统提示是否构建自由网时选择"否"，则系统会首先进行绝对定向，然后再进行光束法平差。如果不选此项则缺少绝对定向过程，平差结果无法收敛。

"大气折光改正"及"地球曲率改正"在测区面积较大时适用，此选项慎用。

"最小重叠度"表示利用编辑框内输入的数字过滤像点数据，只选取指定重叠度及以上的同名像点观测值进行区域网平差。例如"3"表示至少在 3 幅影像上同时出现的空间点才参与整体区域网平差。

"物方坐标单位"表示物方控制点坐标的度量单位，可以是 m、mm 或 feet，此选项只在大气折光改正和地球曲率改正时有用。

"平差数据类型"包括"低空影像""航空影像""近景影像""平面影像"及"海岛影像"，其中"航空影像"表示胶片扫描数字化后的影像或大幅面航空数码相机影像；"低空影像"则表示由各类小型低空遥感平台获取的数码影像，适合于相邻影像间旋转角较大的情况；"近景影像"表示低空或地面拍摄的近景目标影像，其基本假设是相邻影像间的基线长度近似相等，故而基线初值均设为 100；"平面影像"表示拍摄目标为平面或近似平面的影像，主要用于构建自由网及同名点粗差探测；"海岛影像"表示海岛礁等存在较多落水问题的影像，该类型必须具有 POS 数据。

"未知参数"包括影像的 6 个方位元素分量，表示在整体平差时是否作为未知数进行平差，此选项在数据质量较差时可以通过减少未知参数来确定粗差点。在构建自由网时也可灵活选择其中若干元素进行相对定向，保证在数据质量较差的情况下能够获得相对较好的自由网构建结果，为下一步自由网平差及粗差剔除提供较好的初始值。

光束法平差"退出条件"包括"单位权中误差""最小迭代次数"和"最大迭代次数"，当达到用户指定的退出条件时，平差模块将退出；其中单位权中误差默认值"-99"表示由平差系统自动确定，一般为 1/3 像素；若"最大迭代次数"设置为零，则只进行自由网的绝对定向，不进行区域网平差。

　　"平差方式"包括"光束法平差"和"多像前方交会"，其中选中"光束法平差"后如果输入数据中没有外方位元素的初始值，将首先自动构建自由网，并采用控制点进行绝对定向。如果控制点数量不足，则自动寻求使用 GPS 数据进行绝对定向。如果两种数据均不足，则将只进行自由网平差。前方交会则只采用输入的影像方位元素（＊.pht 文件）进行多影像前方交会。

　　"选权策略"包括"选权"和"定权"，其中"选权"表示平差系统根据验后信息自动重新分配观测值权值，"定权"表示平差系统不进行权值的重新分配。注意无论是选权还是定权平差，系统都会进行较大观测值粗差的自动探测与剔除。

3. "精度参数"属性页设置

　　"精度参数"属性页的设置如图 4-73 所示，主要进行平差中相机检校参数、像点精度参数、控制点精度参数以及 GPS/IMU 精度与参数的设置。

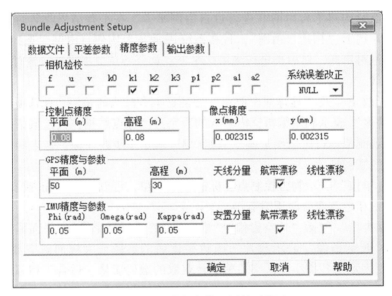

图 4-73　　"精度参数"属性页设置

　　"相机检校"主要进行相机镜头畸变参数及像点系统误差改正参数选取。镜头畸变参数改正包括焦距、主点、径向和切向畸变等，选中相应参数则表示将其作为未知数进行自检校整体平差。注意此项改正不要与像点"系统误差改正"同时进行，以免引起过度参数化。"系统误差改正"表示是否采用参数模型估计像点中存在的残余系统误差，该选项在提高整体平差精度方面有重要作用，但在初步平差时不要使用；该选项要求每幅影像的像点数至少在 25 个以上，且越多越好。

　　"控制点精度"主要进行 5 组控制点精度的设置。控制点组别与相机无关，按照控制点的实际精度给定即可，控制点分组标识在控制点文件（＊.gcp）中，精度单位与"平差参数"中设定的物方坐标单位一致。iBundle 平差中,控制点精度的含义就是控制点的权值,控制点精度越高数据就越小,控制点的权值就越大,但是不能给 0 精度,否则系统反而认为没有精度。控制点的精度也可以理解为平差过程中允许调整的控制点坐标值范围,这个范围越小,控制点的控制力度就越大,反之,允许调整范围越大,控制的力度就越小,实际生产中需要作业人员根据具体情况,动态修改控制点精度以达到整体最优的目标。

"GPS 精度与参数"主要进行 GPS 观测值精度及改正参数的设置。精度分平面和高程分别给定,改正参数有"天线分量""航带漂移""线性漂移"三种,每组均可独立控制。GPS 观测值分组标识在 GPS/IMU 数据文件(∗.gps)中,精度单位与"平差参数"中设定的物方坐标单位一致,精度的含义与控制点精度含义一致。

"IMU 精度与参数"主要进行五组 IMU 观测值精度及改正参数的设置。精度分 Phi,Omega 和 Kappa 分别给定,改正参数有"安置分量""航带漂移""线性漂移"三种,每组均可独立控制。IMU 观测值分组标识在 GPS/IMU 数据文件(∗.gps)中,精度均以 rad 为单位,精度的含义与控制点精度含义一致。

4. "输出参数"属性页设置

"输出参数"属性页的设置如图 4-74 所示,主要进行各种输出信息相关的设置,包括"控制点和检查点残差""内方位元素结果文件""外方位元素结果文件""空间点三维坐标文件""平差结果数据文件""系统误差参数文件""像点坐标残差文件""GPS 数据残差文件""IMU 数据残差文件""中间迭代结果文件""未知数中误差文件""空间点交会角文件""像点粗差剔除结果"等。

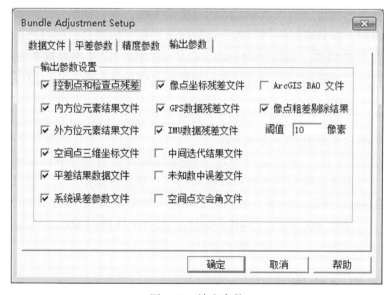

图 4-74 输出参数

"控制点和检查点残差"表示是否输出控制点和检查点的残差信息文件(ControlPoint

_Residues. txt)，此项为评价光束法平差精度的最重要数据，建议必选。

"内方位元素结果文件"表示是否输出内方位元素平差结果文件 (*_SBA.cmr)，其中 * 表示输入文件名称（不含后缀），下同。如果不做镜头畸变参数改正，则此结果文件与输入文件内容完全相同。

"外方位元素结果文件"表示是否输出外方位元素平差结果文件 (*_SBA. pht)。此文件包含平差后的精确影像方位元素，可以用于后续处理，建议必选。

"空间点三维坐标文件"表示是否输出空间点的平差后坐标文件 (*_SBA. pts)，建议必选。

"平差结果数据文件"表示是否输出平差后的结果数据文件 (*_SBA. pts)，其格式与像点数据文件完全相同。

"系统误差参数文件"表示是否输出系统误差改正参数系数及改正格网文件 (SystematicError. txt)。如果平差时选中"像点系统误差改正"，则建议此项必选。

"像点坐标残差文件"表示是否输出像点残差文件 (ImagePoint_Residues. txt)，给出每个像点的平差后残差大小，对于控制点的粗差判断与定位非常重要，建议必选。

"GPS 数据残差文件"表示是否输出 GPS 观测数据的平差后残差文件 (GPS_Residues. txt)，用以辅助进行可能的 GPS 观测值粗差判断，建议必选。

"IMU 数据残差文件"表示是否输出 IMU 观测数据的平差后残差文件 (IMU_Residues. txt)，用以辅助进行可能的 IMU 观测值粗差判断，建议必选。

"中间迭代结果文件"表示是否输出平差迭代过程的中间信息，包括外方位元素 (IntermediateCameraPara. txt)、空间点三维坐标 (IntermediateSpacePoint. txt)、绝对定向误差 (AOPResidues. txt)、航带间探测出的可能粗差点 (InterStripOutlier. txt) 等。系统构建自由网时，如果航带内相对定向点数不足或相对定向失败，则自动断开为两条航线，并分别构建单航带自由网，并寻求航带间同名点进行航带拼接。构建自由网时将给出每条航带的相对定向和模型连接结果 (RelativeOrientation_Result. txt) 以及单航线平差迭代结果。中间迭代结果文件可以辅助进行平差过程的实时监控及收敛性判断，不过数据量很大时将增加运算时间。

"未知数中误差文件"表示是否输出未知数的中误差文件 (Unknown_Precision. txt)，数据量很大时将增加平差时间，建议不选。

"空间点交会角文件"表示是否输出空间点的最大交会角 (IntersectionAngles. txt)，该文件在控制点和检查点残差较大时可以辅助用户判断是否是由于交会角过小引起的。

"像点粗差剔除结果"表示是否输出自动剔除可能的粗差观测值后的像点观测值文件 (*_SBR. pts，*_SBR. sbapts，*_SBR. tiepts)，三个文件同时输出，内容一致，但数据格式不同。

4.5　XSFM 平差软件

XSFM 是武汉大学全自主研发的另外一款光束法平差软件，主要特点是功能尽量与 PatB 软件相似，以便熟悉 PatB 软件的作业人员快速上手，其处理结果也与 PatB 接近，处理过程中引入了一些计算机视觉的解算方法，特别是影像坐标的记录和相机参数都采用了像素为单位进行描述，因此在检查平差结果时，要特别注意相机参数的单位与传统摄影测量不一致，但用计算机视觉方法平差，解算过程比较鲁棒，且对各平差参数的依赖性比较弱，比较适合对平差理论不熟悉的初学者，软件主界面如图 4-75 所示。

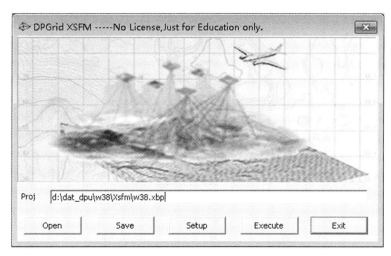

图 4-75　光束法平差软件 XSFM 主界面

4.5.1　处 理 功 能

XSFM 平差软件的主界面包括"Proj"编辑框及"Open""Save""Setup""Execute""Exit"五个按钮，各按钮功能如表 4-5 所示。

表 4-5　　　　　　　　　　　　　　**XSFM 平差软件按钮功能说明**

按钮名称	功 能 描 述
Open	打开一个存在的平差工程，准备执行平差解算
Save	将现有平差工程的所有数据和参数保存到平差工程文件中
Setup	设置平差解算的相关参数，相关参数比较多，在下一节详细讨论
Execute	执行平差解算
Exit	退出软件

4.5.2　常 用 操 作

平差解算过程中，最常用的功能就是设置参数，平差参数设置为多属性页的对话框，可以设置输入数据文件、平差参数、像点及控制点精度、GPS 及 IMU 参数、相机检校参数、输出文件等各种参数。

1. "Input" 属性页设置

"Input"属性页的设置如图 4-76 所示,包括像点信息文件 (*.im)、相机参数文件 (*.cam)、地面控制点文件 (*.con)、GPS/IMU 数据文件 (*.gps) 及外方位元素文件 (*.eo)。

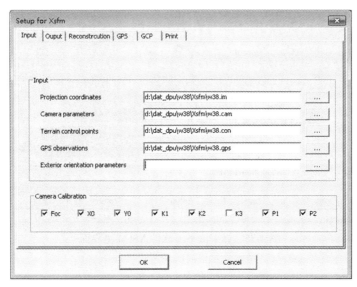

图 4-76　输入数据

Projection coordinates,像点信息文件,指平差过程中使用的连接点信息文件,主要包含连接点 ID,每个观测像点所在影像编号,像点坐标值 x、y(影像行列中心为 0 的毫米坐标值)等,其数据格式如图 4-77 所示。

```
      1101   153560.000  0
      9901     1003.708    44463.201  0
  20020801   -80018.163     2218.391   0
  20020401   -79738.504    50761.422   0
  20021202   -68731.572   -56816.140   0
  20020803   -69690.123     3502.425   0
      3206   -48042.980    -3436.976   0
       -99
      1102   153560.000  0
      9901    81171.729    45477.653   0
  20020801     1977.933     1810.725   0
  20020401     4061.096    50240.405   0
  21031313   -82679.468    54207.634   0
  21031315   -84506.794    56007.356   0
      3206    38723.786    -3189.232   0
       -99
```

图 4-77　像点格式

像点文件按每张影像一个数据块进行保存,数据块第一个参数为整数,代表影像的索引号码，第二个参数为实数，代表相机焦距（单位：μm），第三个参数为整数，代表影像自检校的组号，后面记录像点记录。像点记录的第一个参数为整数，代表像点的编号，接下来的两个参数为实数，代表像点的 x、y 坐标（单位：μm），最后一个参数为整数，代表该像点的组号，格式设定举例如图 4-78 所示。

```
123456789012345678901234567890123456
    16353        152840.000    1
    1635404      -83175.770        86061.179        0
    1635405      -92345.740       -38117.319        0
    1635402      -83150.793        -3736.857        0
    1635401      -92636.631       -78517.419        0
    1635406      -69808.586        46772.115        0
    1635403      -80632.477        90878.179        0
    1635408      -54540.098        83097.804        0
    -99
```

图 4-78　像点组号参数

上面的例子中：

图 4-78 第一行表明影像索引编号为 16353，焦距为 152.840mm，自检校分组为第一组。因为这一行参数的数量和类型与缺省的类型完全一致，故可以简单地设定其格式为（＊）即可，或（i10，f14.3，i2），第一个像点的点号为 1635404，坐标为（−83.175，86.061）mm，像点组号为 0，格式可以设定为（＊）或（i12，f14.3，f14.3，i2）。

注意：XSFM 支持对像点分组，这对于测区中包含不同地形的情况是非常重要的。例如，对于森林地区，由于两次摄影间隙，树顶可能会因为风的原因发生变化。高山地区，由于相邻两次摄影的角度变化较大，导致影像变形等。这些地区的像点的量测精度必然比平坦地区的像点的精度要差，因此正确的作业应该将它们分到不同的组。

Camera parameters，相机参数文件，指平差解算工程中使用的相机参数数据，相机参数格式如图 4-79 所示。

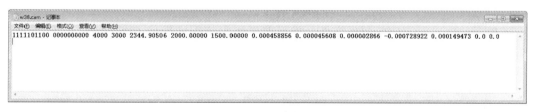

图 4-79　相机参数格式

相机参数数据主要包含本次平差数据使用相机，按行列出各相机参数，每行相机参数包含：指定检校标志位，使用检校标志位，影像列数，影像行数，像素为单位的相机主距，相机主点坐标 X_0、Y_0，径向畸变系数 K_1、K_2、K_3，切向畸变系数 P_1、P_2，其他畸变 b_1、b_2。特别注意，XSFM 默认使用像素为单位进行平差解算，所有参数需要换算到像素单位中。

Terrain control points，地面控制点文件，指平差过程中使用的地面控制点坐标信息文件，主要包含控制点 ID、*X* 坐标值、*Y* 坐标值、*Z* 坐标值以及控制点属性（控制点、检查点还是无效点），其控制点数据格式如图 4-80 所示。

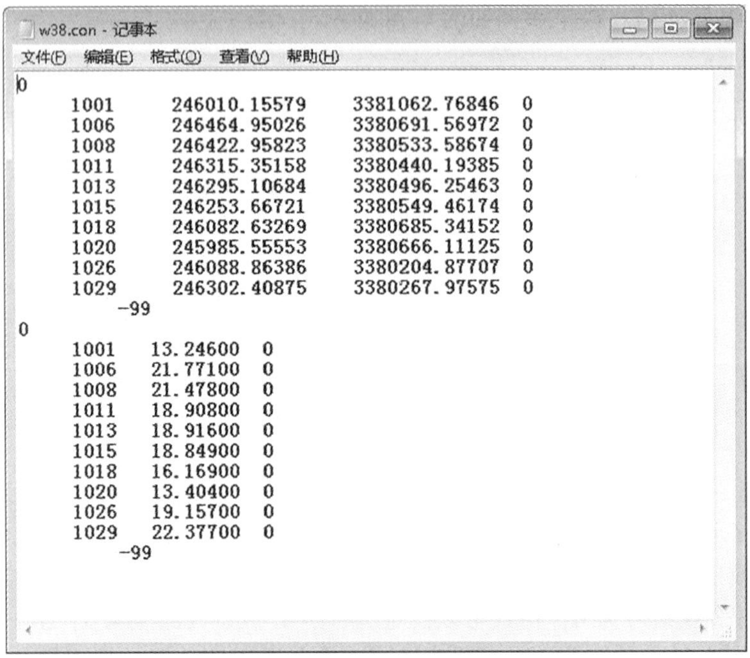


```
0
      1001      246010.15579      3381062.76846   0
      1006      246464.95026      3380691.56972   0
      1008      246422.95823      3380533.58674   0
      1011      246315.35158      3380440.19385   0
      1013      246295.10684      3380496.25463   0
      1015      246253.66721      3380549.46174   0
      1018      246082.63269      3380685.34152   0
      1020      245985.55553      3380666.11125   0
      1026      246088.86386      3380204.87707   0
      1029      246302.40875      3380267.97575   0
         -99
0
      1001    13.24600   0
      1006    21.77100   0
      1008    21.47800   0
      1011    18.90800   0
      1013    18.91600   0
      1015    18.84900   0
      1018    16.16900   0
      1020    13.40400   0
      1026    19.15700   0
      1029    22.37700   0
         -99
```

图 4-80　控制点数据格式

XSFM 将地面控制点分为平面控制点和高程控制点，平面控制点第一个参数为整型，代表控制点编号。接下来的两个参数（实型）代表控制点的平面坐标，最后一个整型参数代表这个控制点的平面控制组号。高程控制点第一个参数为整型，代表控制点编号。第二个参数（实型）代表控制点的高程坐标。最后一个参数（整型）代表控制点的高程控制组号。

GPS observations，GPS 数据文件，指平差过程中使用的影像 GPS 数据。GPS 数据主要包含影像 ID，线元素 *X*、*Y*、*Z* 和标志数据，具体格式如图 4-81 所示。

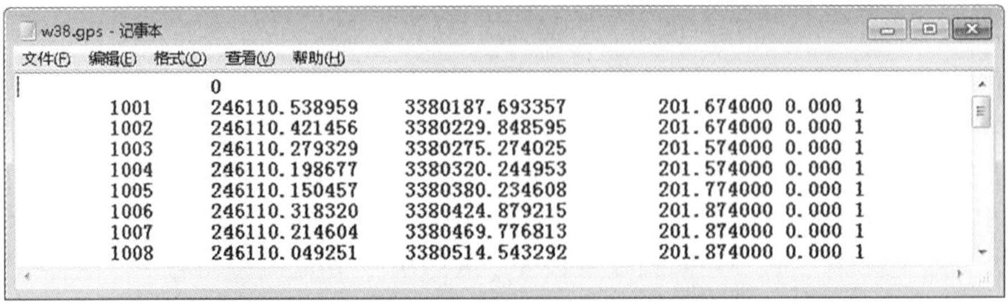


```
               0
      1001     246110.538959     3380187.693357        201.674000 0.000 1
      1002     246110.421456     3380229.848595        201.674000 0.000 1
      1003     246110.279329     3380275.274025        201.574000 0.000 1
      1004     246110.198677     3380320.244953        201.574000 0.000 1
      1005     246110.150457     3380380.234608        201.774000 0.000 1
      1006     246110.318320     3380424.879215        201.874000 0.000 1
      1007     246110.214604     3380469.776813        201.874000 0.000 1
      1008     246110.049251     3380514.543292        201.874000 0.000 1
```

图 4-81　GPS 数据格式

Exterior orientation parameters，外方位元素文件，指已知的外方位参数文件，平差开始前已经知道有外方位参数文件，在接下来的平差过程中可以输入这个文件，XSFM 将这个文件作为迭代计算的初值，可以减少平差运算时间。外方位元素通过线元素 X、Y、Z 和旋转矩阵（也即投影矩阵）来描述，其格式如图 4-82 所示。

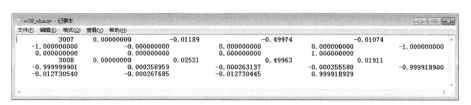

图 4-82　外方位元素文件格式

2. "Output" 属性页设置

"Output" 属性页的设置如图 4-83 所示，包括平差过程中处理情况记录文件和平差结果信息文件，所有平差结果都记录在平差结果信息文件中，包括影像外方位元素、相机检校参数、加密点坐标等。

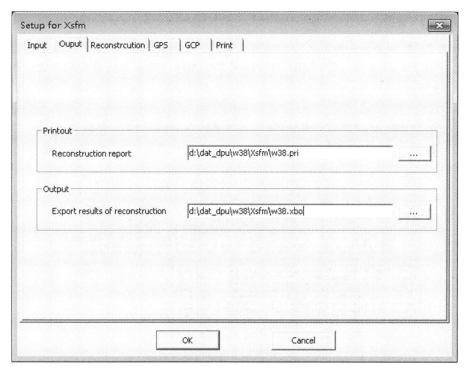

图 4-83　输出参数设置

Reconstruction report，平差过程信息文件，文件里记录了处理过程中所有输出信息，包括输入的数据、输入数据内容统计、处理步骤、每一步处理结果、像对处理情况、区域网组建过程等，其内容与格式如图 4-84 所示。

```
w38.pri - 记事本
文件(F) 编辑(E) 格式(O) 查看(V) 帮助(H)
>>>>>>
>input parameters:
>print out: e:\dp_uav\w38\Xsfm\w38.pri
>projections: e:\dp_uav\w38\Xsfm\w38.im
>cameras: e:\dp_uav\w38\Xsfm\w38.cam
>gps points: e:\dp_uav\w38\Xsfm\w38.gps
>export file: e:\dp_uav\w38\Xsfm\w38.xbo
>option of pcg solver: 0
>automatic small block mode reconstruction: 1
>minimum inlier of pose estimation: 15
>maximum accept error: 4.00
>minimum accept error: 0.00
>with automatic filtering: 1
>with automatic pre-eliminate blunders: 0
>separate consideration error of photography while filtering: 0
>ratio coefficient of filtering: 3.00
>minimum inlier of helmert transformation: 0
>with more testing while helmert transformation: 0
>combined adjustment with control data: 0
>gps-supported adjustment: 1
>antenna offset of gps: 0.000000 0.000000 0.000000
>priori accuracy of gps: 3.000000 3.000000
>>>>>>
>reconstruction configuration statistic:
>photos: 33
>camera: 1
>gps points: 33
>points: 8568
>projections: 26643
```

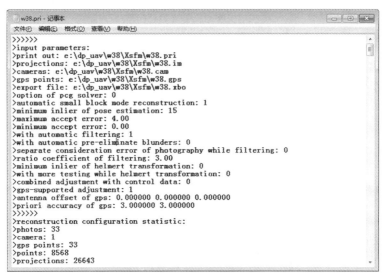

图 4-84　平差过程信息文件

Export results of reconstruction，平差结果文件，文件记录了所有平差结果信息，包括整体中误差、相片外方位元素、相机内方位元素、连接点地面坐标及观测数等，内容与格式如图 4-85 所示。

```
w38.xbo - 记事本
文件(F) 编辑(E) 格式(O) 查看(V) 帮助(H)
1
0.646452
11
1
7205
1001   246109.34029011 3380192.06342517 201.45775513  -0.0273188461 0.0159532721 0.0308521612  0
1005   246108.00539872 3380374.24880442 201.34758986  -0.0401858108 0.0246430037 0.0240679757  0
1006   246108.39037802 3380419.79273542 201.30601849  -0.0433332147 0.0273269219 0.0257618008  0
1007   246108.68130782 3380465.77220843 201.56626657  -0.0452876960 0.0300339816 0.0255935426  0
2005   246254.01410848 3380352.82640558 201.96812173  0.0062387325 0.0250779199 -0.0019185990  0
2006   246254.19498971 3380398.32967524 202.02985917  0.0052312502 0.0271091980 -0.0030191619  0
2007   246254.70379402 3380443.58605535 201.92027520  0.0047102753 0.0279332616 -0.0086357811  0
3008   246400.70135114 3380498.67137587 201.60767954  -0.0327884093 0.0117292086 0.0117168228  0
3009   246401.97524345 3380543.36048516 201.67606465  -0.0334896986 0.0138855594 0.0074114510  0
3010   246403.44959758 3380587.82792359 201.95677977  -0.0325056673 0.0150767733 0.0040439108  0
3011   246404.69004000 3380629.18808850 202.97157076  -0.0277623059 0.0196123494 0.0005209891  0
0  0  4000.000000 3000.000000  2335.875297  1959.102522 1593.134304  -0.0137923260 0.0198649293 0.00
2000002  246110.26736177 3380094.82933566 -1.23020081  3  1001 2002 2001
2000003  246115.30944218 3380096.32184991 -0.52242504  3  1001 2001 2002
2000004  246128.23930019 3380094.96469668 -0.69947626  3  1001 2002 2001
2000005  246107.77339750 3380115.23793350 -1.91693955  3  2002 2001 1001
2000006  246113.79080300 3380108.11834256 -0.75097946  3  1001 2001 2002
2000007  246130.93781969 3380106.10686006 -1.75946632  3  2001 2002 1001
2000008  246147.66963701 3380115.75983149 -2.09798920  2  2001 1001
2000009  246158.74175532 3380111.60617717 -2.08912319  3  2002 1001 2001
2000010  246111.12071613 3380125.49200087 -2.42988442  3  1001 2001 1002
2000011  246115.11492750 3380128.30129011 -2.67441036  4  2001 1002 2002 1001
2000012  246107.48028091 3380131.52241194 -2.47387086  3  1002 2002 1001
```

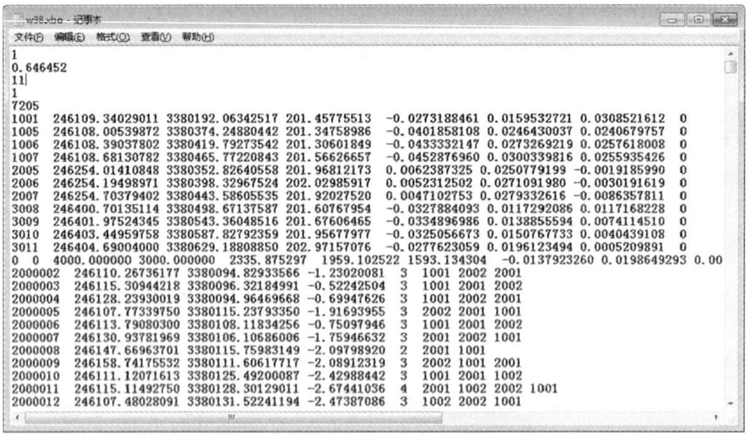

图 4-85　平差结果文件内容与格式

XSFM 的平差结果中，外方位元素采用摄影测量原理教材中的经典模型，线元素采用符合右手直接坐标系的 X、Y、Z，角元素采用先绕 Y 坐标轴顺时针旋转 Phi 角，再绕 X 坐标轴逆时针旋转 Omg 角，最后绕 Z 坐标轴逆时针旋转 Kap 角。相机内方位元素包括主点偏移 x_0、y_0，相机主距 f，像素大小 pixelSize，径向畸变系数 K_1、K_2、K_3，切向畸变系数 P_1、P_2，其他畸变 b_1、b_2 以及相机扩展属性。XSFM 的相机畸变定义与传统摄影测量教材相反，而与计算机视觉的定义一致，描述的是无畸变到有畸变的改正量。计算公式如式（4-2）所示。

$$
\begin{cases}
\Delta x = k_1 x r^2 + k_2 x r^4 + k_3 x r^6 + p_1\left(r^2 + 2x^2\right) + 2p_2 xy + b_1 x + b_2 y, \\
\Delta y = k_1 y r^2 + k_2 y r^4 + k_3 y r^6 + p_2\left(r^2 + 2y^2\right) + 2p_1 xy
\end{cases}
\tag{4-2}
$$

也就是说 XSFM 表述的畸变参数在进行影像前方交互时需要用畸变参数进行迭代，反解出无畸变的影像坐标后进行前方交互，反过来，已知地面点坐标，通过投影求影像坐标时直接用畸变模型改正畸变得到有畸变的影像坐标。此外 XSFM 采用影像像素为单位的坐标系，处理计算中都不需要用到毫米为单位的相片坐标值。

3. "Reconstruction" 属性页设置

"Reconstruction" 属性页参数设置如图 4-86 所示，包括平差过程中采用的各种参数以及构区域网模型等参数。

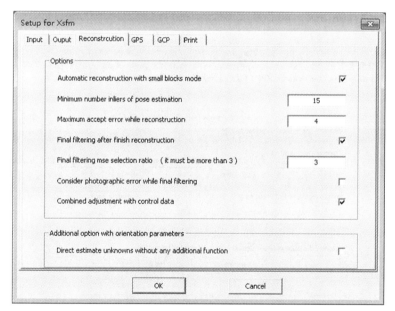

图 4-86　"Reconstruction" 属性页参数设置

Automatic reconstruction with small blocks mode：默认选中，测区超过 200 张影像时按分块方式构网，提高构网效率。

Minimum number inliers of pose estimation：默认值 15 个点，增量式构网过程中，估计新插入影像的初始外方位元素时有效的内点数。

Maximum accept error while reconstruction：默认值 4.0 像素，构网过程中有效点点位误

差阈值。

Final filtering after finish reconstruction：默认选中，构网完成后过滤可能存在的粗差点。

Final filtering mse selection ratio（it must be more than 3）：默认 3.0，即 3 倍中误差原则，仅在 Consider photographic error while final filtering 选中时才有效，最小值为 3.0。

Consider photographic error while final filtering：默认不选中，如果选中，代表滤波时考虑每张影像的残差，避免单张影像被过滤掉较多的点而影响参数求解的稳定性。

Combined adjustment with control data：默认不选中，GPS 与控制点联合平差，适用于测区存在控制点且高精度 GPS 时的联合整体平差。

Direct estimate unknows without any additional function：直接估算未知参数，默认不选择。

4. "GPS" 属性页设置

"GPS" 属性页参数设置如图 4-87 所示，包括平差过程中采用 GPS 参数的相关信息，包括天线分量、GPS 精度等。GPS 精度的含义就是 GPS 数据的权值，GPS 精度越高数据值就越小，GPS 数据的权值就越大，但是不能给 0 精度，否则系统反而认为没有精度。GPS 数据的精度也可以理解为平差过程中允许调整的 GPS 数据坐标值范围，这个范围越小，GPS 的控制力度就越大，反之，允许调整范围越大，控制的力度就越小，实际生产中需要作业人员根据具体情况，动态修改 GPS 精度以达到整体最优的目标。

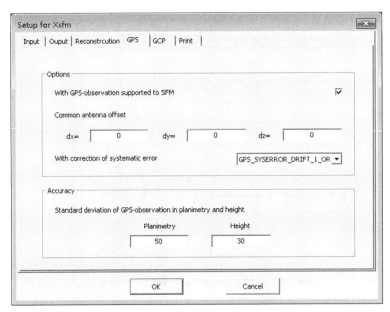

图 4-87　"GPS" 属性页参数设置

With GPS-observation supported to SFM：平差中使用 GPS 信息，如果有 GPS 信息，必须选中，否则 GPS 数据不参与平差。

Common antenna offset：GPS 的天线偏移值，若不知道可以填 0。

With correction of systematic error：GPS 在平差解算中需要解哪些参数，包括 5 个选项，各选项含义分别如表 4-6 所示。

表 4-6 **GPS 参数含义**

参数名称	参数含义
GPS_NONE_SYSTEMATIC_ERROR	GPS 无系统误差
GPS_SYSERROR_ANTENNA_OFFSET	解算 GPS 天线偏心分量
GPS_SYSERROR_DRIFT_1_ORDER	GPS 常量漂移改正
GPS_SYSERROR_DRIFT_2_ORDER	GPS 线性漂移改正
GPS_SYSERROR_DRIFT_3_ORDER	GPS 二次项漂移改正

Standard deviation of GPS-observation in planimetry and height：GPS 数据的平面精度和高程精度，需要用户正确给定 GPS 精度数值，否则结果将与期望相差较大，实在不清楚，可以给个稍微大点的数值，如平面 50m，高程 30m。

5. "GCP" 属性页设置

"GCP" 属性页的参数设置如图 4-88 所示，包括平差过程中地面控制点的平面精度和高程精度等。控制点精度的含义就是控制点的权值，控制点精度越高数据就越小，控制点的权值就越大，但是不能给 0 精度，否则系统反而认为没有精度。控制点的精度也可以理解为平差过程中允许调整的控制点坐标值范围，这个范围越小，控制点的控制力度就越大，反之，允许调整范围越大，控制的力度就越小，实际生产中需要作业人员根据具体情况，动态修改控制点精度以达到整体最优的目标。

Planimetry：地面控制点平面精度。

Height：地面控制点高程精度。

6. "Print" 属性页设置

"Print" 属性页的参数设置如图 4-89 所示，包括平差结果输出目录，平差结果中需要输出的各种信息内容选项等。

Print directory：输出平差过程中的信息文件存放目录。这个目录通常是用于对平差进行分析时用，输出的信息比较详细。

Print projections：输出平差结果的旋转矩阵（投影矩阵）数据。

Print points：输出连接点的地面坐标信息，必须选中，否则平差结束后无法读取连接点坐标，也无法统计连接点观测误差。

Print orientation parameters：输出外方位元素数据，必须选中，否则没有平差结果。

Print GPS observations：输出平差后的 GPS 信息，可以不选。

Print control points：输出控制点坐标，控制点坐标是输入信息，可以不输出。

Print cameras：输出相机内方位元素，必须选中，否则无法读入平差后的相机参数。

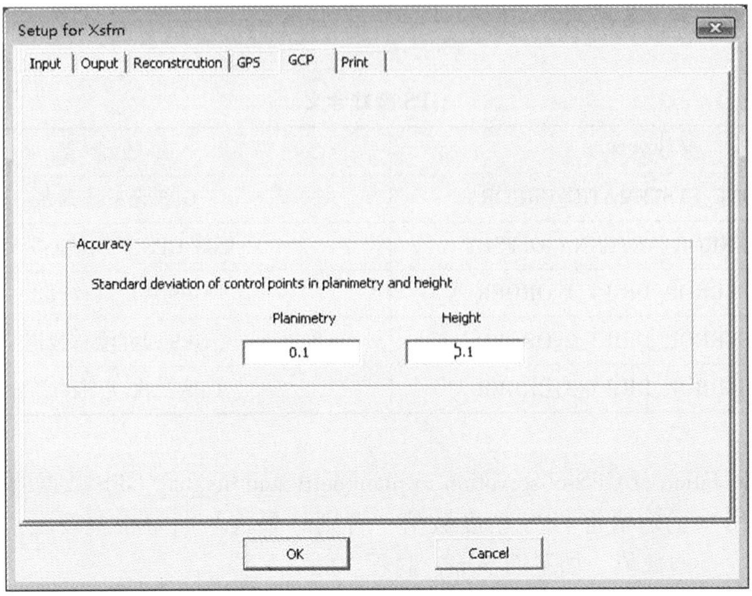

图 4-88　"GCP"属性页参数设置

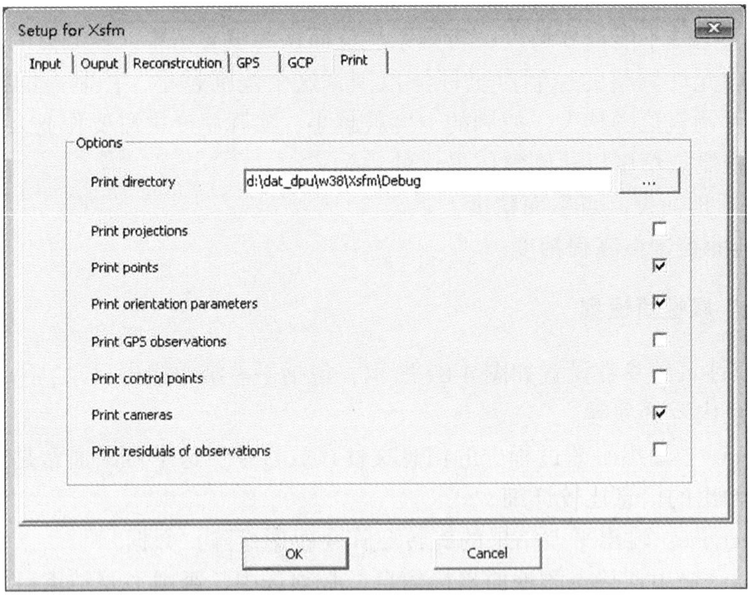

图 4-89　"Print"属性页的参数设置

Print residuals of observations：输出像点观测误差，可以不选中，通常作为结果分析用。

第5章 无人机影像 DEM 生产

无人机测绘的目标是通过无人机获取目标区域影像进而获取目标区域的三维地理信息模型。三维地理信息模型包含丰富的内容，而目标区域的三维地形信息是重要内容之一。三维地形通常通过大量地面点空间坐标和地形属性数据来描述。测绘学从地形测绘角度来研究数字地面模型，一般把基本地形图中的地理要素，特别是高程信息，作为数字地面模型的内容，本章将详细介绍目标区域高程信息（即 DEM）的生产方法。

5.1 DEM 基础概念

数字地面模型（Digital Terrain Model，DTM）是地形表面形态等多种信息的一个数字表示。严格地说，DTM 是定义在某一区域 D 上的 m 维向量有限序列，用函数的形式描述为：

$$\{ V_i,\ I=1,\ 2,\ \cdots,\ n, \}$$

其向量 $V_i = (V_{i_1},\ V_{i_2},\ \cdots,\ V_{i_m})$ 的分量为地形、资源、土地利用、人口分布等多种信息的定量或定性描述。若只考虑 DTM 的地形分量，通常称其为数字高程模型 DEM（Digital Elevation Model）。

测绘学从地形测绘角度来研究数字地面模型，一般仅把基本地形图中的地理要素，特别是高程信息，作为数字地面模型的内容。通过储存在介质上的大量地面点空间坐标和地形属性数据，以数字形式来描述地形地貌。正因为如此，很多测绘学家将"Terrain"一词理解为地形，称 DTM 为数字地形模型，而且在不少场合，把数字地面模型和数字高程模型等同看待。

DEM 主要有三种表示模型：规则格网模型（Grid）、等高线模型（Contour）和不规则三角网模型（Triangulated Irregular Network，TIN）。但这三种不同数据结构的 DEM 表征方式在数据存储以及空间关系等方面，则各有优劣。TIN 和 Grid 都是应用最广泛的连续表面数字表示的数据结构。TIN 的优点是能较好地顾及地貌特征点、线，表示复杂地形表面比矩形格网精确，其缺点是数据存储与操作的复杂性。Grid 的优点不言而喻，如结构十分简单、数据存储量很小、各种分析与计算非常方便有效等。

DEM 数据获取常用的方法如下：

①野外测量。利用自动记录的测距经纬仪（常用电子速测经纬仪或全站仪）在野外实测地形点的三维坐标。这种速测经纬仪或全站仪一般都有微处理器，可以自动记录和显示有关数据，还能进行多种测站上的计算工作。其记录的数据可以通过串行通信直接输入计算机中进行处理。

②现有地图数字化。利用数字化仪对已有地图上的信息（如等高线）进行数字化的方法，即利用现有的地形图进行扫描矢量化等，并对等高线做如下处理：分版、扫描、矢量化、内插 DEM。

③数字摄影测量方法。数字摄影测量方法是 DEM 数据采集现阶段最为主要的技术方法。通过数字摄影测量工作站以航空摄影或遥感影像为基础，通过计算机进行影像匹配，自动相关运算识别同名像点得其像点坐标，运用解析摄影测量的方法内定向、相对定向、绝对定向及运用核线重排等技术恢复地面立体模型；此外也可以在摄影测量工作站上，通过立体采集特征点线（如山脊线、山谷线、地形变换线、坎线等），构建不规则三角网（TIN）获得 DEM 数据。数字摄影测量方法目前是空间数据采集最有效的手段，它具有效率高、劳动强度小的特点。目前常用的有 VirtuoZo、JX_4 等全数字摄影测量工作站。

④空间传感器。利用 GPS、雷达和激光测高仪等进行数据采集。目前较流行的是 DGPS/IMU 组合导航技术和 LIDAR 激光雷达扫描技术的摄影测量。机载激光雷达 LIDAR 是一种集激光、全球定位系统和惯性导航系统于一身的对地观测系统，利用在飞机上装载 DGPS/IMU 获取飞机的姿态和绝对位置，实行无地面控制点的高精度对地直接定位。此外在卫星或航天飞机上安装干涉合成孔径雷达等设备直接获取 DEM 也取得了很大的成功，如全球公开的 DEM 数据 ASTER 和 SRTM。

ASTER 是 1999 年 12 月发射的 Terra 卫星上装载的一种高级光学传感器，包括了从可见光到热红外共 14 个光谱通道，可以为多个相关的地球环境、资源研究领域提供科学、实用的数据。它是美国 NASA（美国国家航空航天局）与日本 METI（经济产业省）合作参与的项目，属于 EOS（地球观测系统）计划的一部分。ASTER GDEM 采用了从 Terra 卫星发射后到 2008 年 8 月获取的覆盖了地球北纬 83°到南纬 83°，150 万景 ASTER 近红外影像，采用同轨立体摄影测量原理生成；GDEM 分辨率为 1″×1″（相当于 30m 栅格分辨率），采用 GeoTiff 格式，每个文件覆盖地球表面 1°×1°大小，已于 2009 年 6 月 29 日免费向全球发布。ASTER GDEM 数据精度估计在 95%误差置信水平下，高程误差 20m，平面误差 30m，其水平参考基准为 WGS-84 坐标系，其高程基准为 EGM96 水准面，由于没有剔除地球表面覆盖的植被高度和建筑物高度，所以其并不是严格意义上的地形高。

SRTM（Shuttle Radar Topography Mission）是由 NGA（美国国家地理情报局）、NASA 以及德、意航天机构参与的一项国际航天测绘项目。机构于 2000 年 2 月，采用 C 波段和 X 波段干涉合成孔径雷达，搭载美国奋进号航天飞机，经过为期 11 天的环球飞行，获得了地球表面北纬 60°至南纬 56°、覆盖陆地表面 80%以上的三维雷达数据，经 NASA 数据后处理，免费发布了全部区域 3″×3″（相当于 90m 栅格分辨率）的 SRTM3 和美国区域 1″×1″（相当于 30m 栅格分辨率）的 SRTM1，每个文件覆盖地球表面 1°×1°大小，以 hgt 格式存储。NASA 通过和全球各大洲的地面控制点和动态地面 GPS 数据进行比较分析，得出 SRTM DEM 产品精度如表 5-1 所示。

表 5-1	SRTM DEM 产品精度统计表					（单位：m）
	非洲	澳洲	欧洲	岛屿	北美洲	南美洲
绝对地理位置误差	11.9	7.2	8.8	9.0	12.6	9.0
绝对高程误差	5.6	6.0	6.2	8.0	9.0	6.2
相对高程误差	9.8	4.7	8.7	6.2	7.0	5.5
长波高程误差	3.1	6.0	2.6	3.7	4.0	4.9

说明：所有误差为 90% 置信度水平下，长波高程误差主要由雷达天线侧滚角 Roll 误差引起。

5.2 密集匹配

密集匹配是通过摄影测量基本原理中同名点前方交会得到地面点坐标的思想，在空中三角测量结果基础上，通过各种匹配算法获得测区密集点云的一种方法，其特点是可以生成密度非常高的地面点。

5.2.1 处理功能

在 DPGrid 界面上选择菜单 DEM 生产下的"密集匹配"菜单项，系统弹出 DPDem-Mch 主界面，并自动加载了当前打开的测区工程，如图 5-1 所示。

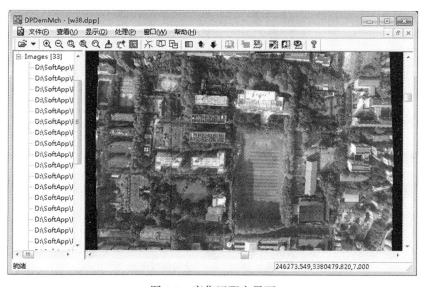

图 5-1 密集匹配主界面

密集匹配是交互处理的过程，软件提供了一系列辅助功能，作业人员需根据实际情况选择相应功能的菜单进行处理，各功能的菜单介绍如下。

1. 文件菜单

文件菜单主要是对工程进行一些操作，包含打开、关闭、保存、另存为、退出等功能，具体如图 5-2 所示。

　　关闭(C)　　　　　关闭当前测区工程
　　保存(S)　　Ctrl+S　保存当前测区工程
　　另存为(A)...　　　将当前测区工程另存一个工程文件
　　退出(X)　　　　　退出当前测区工程

图 5-2　密集匹配文件菜单

2. 查看菜单

查看菜单包含工具栏、缩放显示内容等功能，如图 5-3 所示。

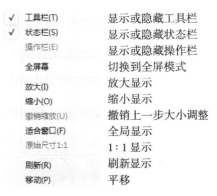

　　✓　工具栏(T)　　　显示或隐藏工具栏
　　✓　状态栏(S)　　　显示或隐藏状态栏
　　　　操作栏(E)　　　显示或隐藏操作栏
　　　　全屏幕　　　　切换到全屏模式
　　　　放大(I)　　　　放大显示
　　　　缩小(O)　　　　缩小显示
　　　　撤销缩放(U)　　撤销上一步大小调整
　　　　适合窗口(F)　　全局显示
　　　　原始尺寸1:1　　1：1 显示
　　　　刷新(R)　　　　刷新显示
　　　　移动(P)　　　　平移

图 5-3　密集匹配查看菜单

3. 显示菜单

显示菜单包含模型边界、影像边界、影像名称等与显示设置相关的功能，如图 5-4 所示。

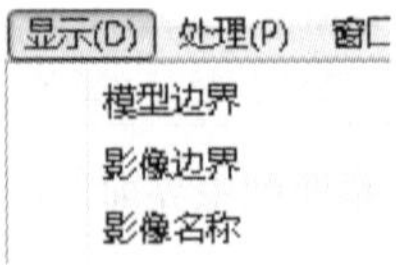

　　显示(D)　处理(P)　窗口
　　　模型边界　　　显示模型范围
　　　影像边界　　　显示影像范围
　　　影像名称　　　显示影像名称

图 5-4　密集匹配显示菜单

4. 处理菜单

处理菜单包含所有常用处理功能，如抬升测区高程等，如图 5-5 所示。

处理(P)
窗口(W)
帮助(H)
抬升测区高程
降低测区高程
重算模型参数
查看模型核线
匹配选中模型
匹配整个测区
编辑匹配点云
编辑DEM
显示DEM
抬高测区平均高程
降低测区平均高程
重算模型参数
查看模型核线
匹配选中模型
匹配整个测区
编辑匹配点云
编辑 DEM
显示 DEM

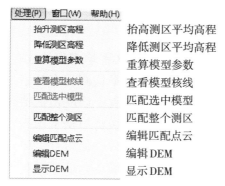

图 5-5　密集匹配处理菜单

5. 工具栏

密集匹配的工具栏如图 5-6 所示，各个按钮的功能与菜单中相应选项的功能相同，方便作业人员用鼠标选择对应功能。

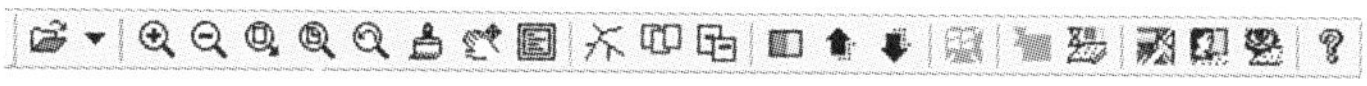

图 5-6　密集匹配工具栏

工具栏共包含 22 个工具，每个工具的详细功能如图 5-7 所示。

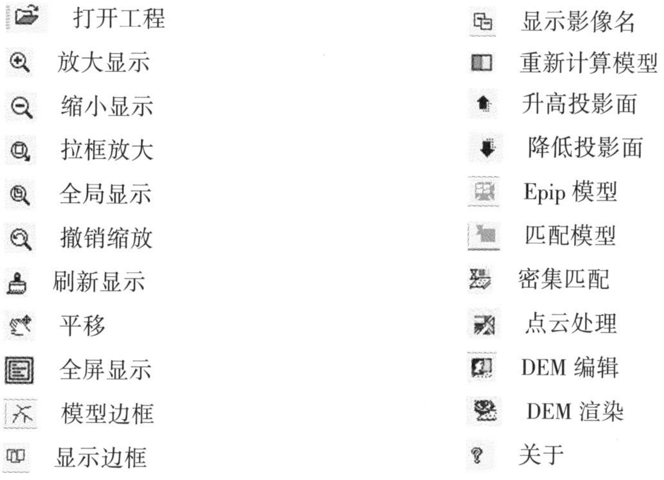

打开工程
放大显示
缩小显示
拉框放大
全局显示
撤销缩放
刷新显示
平移
全屏显示
模型边框
显示边框
显示影像名
重新计算模型
升高投影面
降低投影面
Epip 模型
匹配模型
密集匹配
点云处理
DEM 编辑
DEM 渲染
关于

图 5-7　密集匹配工具按钮

5.2.2　常用操作

密集匹配生成点云主要是自动化处理，常用功能主要是设置测区高程面、重新计算模型参数、匹配选中的模型、匹配整个测区等功能。

1. 设置测区高程面

在密集匹配界面中，所有影像使用测区平均高程叠放在一起组成整个测区的影像，这样方便作业人员了解测区整体情况。但平均高程有时候是不正确的，这样会导致叠拼影像错位，此时可以修改测区的平均高程。修改包括抬高和降低两种操作。平均高程还有一个更重要的作用，测区中所有影像将根据平均高程自动组成立体模型，组合过程中会自动判断重叠度、交会角度等条件，使组合出的立体模型最理想。若平均高程不正确，自动组合的立体模型也就不正确了，这样不利于匹配和后面的 DEM 编辑、DLG 生产等。

2. 重新计算模型参数

这个功能用于修改了测区平均高程后，重新组合测区的立体模型。组合过程中会自动判断重叠度、交会角度等条件，使组合出的立体模型最理想。组合好的立体模型将用于后续的 DEM 编辑、Mesh 生产和 DLG 生产等。

3. 匹配选中的模型

这是密集匹配模块提供的一个扩展功能，可实现每个立体模型单独进行密集匹配，生产模型的点云。该功能主要用于模型检查，核查模型是否正确，如果可以匹配出正常的点云，说明立体模型相关参数没有问题。

4. 匹配整个测区

在密集匹配界面的菜单中选择"处理"→"匹配整个测区"菜单项，系统弹出 DEM Matching 主界面，并自动加载了当前打开的测区工程，如图 5-8 所示。

对话框上各控件的功能如下：

①工程按钮：设置和选择工程路径。

②分辨率设置：设置 DEM 格网间距，不同比例尺间隔不同，比如 1000 比例尺设置为 1m。

③匹配方法选择：选择密集匹配时选择使用的方法，功能如图 5-9 所示。

设置好参数后，选中 OK 按钮开始密集匹配，匹配结果在工程路径下 DEM 文件夹中。

小提示：2000 比例尺 DEM 对应的 GSD 大小推荐为 2m；1000 比例尺 DEM 对应的 GSD 大小推荐为 1m。

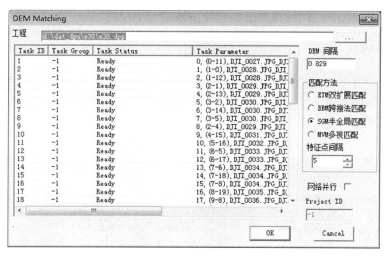

图 5-8 匹配整个测区

图 5-9 匹配方法选择

5.3 点云处理

点云处理是专门处理密集点云的工具，工具集成了课题组研究的多个高效算法，可快速方便地对点云进行处理，智能滤除非地面点，并生成 DEM，为测绘行业生产 DEM 提供有力的支撑。点云处理的功能和特色包括：

①快速显示 LAS 点云数据，单个文件数据量为 2 千万点；

②选择区域局部进行处理，包括删除点、求平均、输出点；

③在点云中用鼠标选择任意一点显示其信息（点坐标值等）；

④动态添加多个点云文件数据进行拼接；

⑤支持点云原始纹理（RGB）、伪彩色（高程对应颜色）；

⑥基于统计的点云飞点滤除；

⑦基于密度分布的点云噪声滤除；

⑧基于分类的非地物点滤除；

⑨基于智能的点云地物分类；

⑩基于距离加权算法的快速点云格网化算法进行 DEM 快速生成。

5.3.1　处理功能

运行软件 DPFilter，或者在 DPGrid 软件主菜单下选择 DEM 生产菜单下的点云处理，系统弹出点云处理界面，在文件菜单中打开需要编辑的点云数据 LAS 文件后，可以见到如图 5-10 所示界面。

图 5-10　点云编辑界面

点云处理下共 5 个菜单栏，分别为文件菜单、查看菜单、处理菜单、窗口菜单及帮助菜单，各功能的菜单介绍如下。

1. 文件菜单

文件菜单主要是对工程进行一些操作，包含打开、关闭、保存、退出等功能，具体如图 5-11 所示。

2. 查看菜单

查看菜单包含工具栏、缩放显示内容等功能，如图 5-12 所示。

3. 处理菜单

包含所有常用的处理功能，如图 5-13 所示。

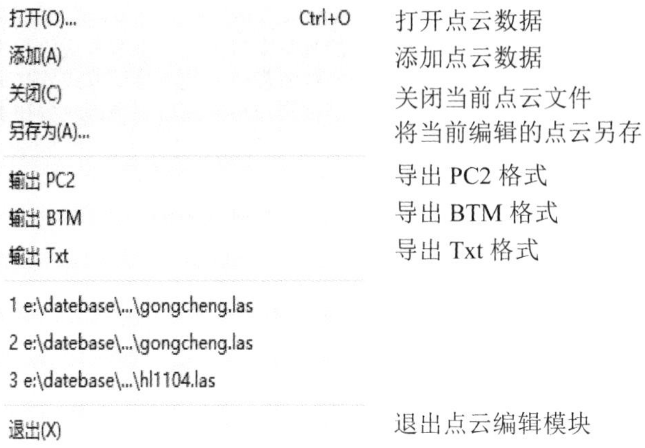

打开(O)...	Ctrl+O	打开点云数据
添加(A)		添加点云数据
关闭(C)		关闭当前点云文件
另存为(A)...		将当前编辑的点云另存

输出 PC2　　　　　　　　　　导出 PC2 格式
输出 BTM　　　　　　　　　　导出 BTM 格式
输出 Txt　　　　　　　　　　导出 Txt 格式

1 e:\datebase\...\gongcheng.las
2 e:\datebase\...\gongcheng.las
3 e:\datebase\...\hl1104.las

退出(X)　　　　　　　　　　　退出点云编辑模块

图 5-11　点云编辑文件菜单

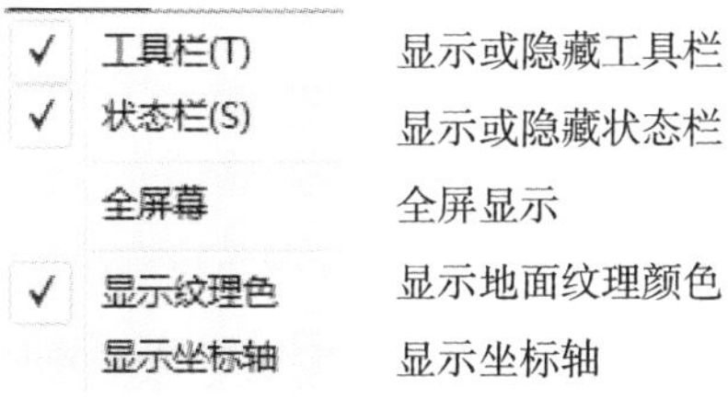

✓	工具栏(T)	显示或隐藏工具栏
✓	状态栏(S)	显示或隐藏状态栏
	全屏幕	全屏显示
✓	显示纹理色	显示地面纹理颜色
	显示坐标轴	显示坐标轴

图 5-12　点云编辑查看菜单

处理(P)　窗口(W)　帮助(H)

区域选择　　　　选择待处理区域
单点信息　　　　显示当前位置坐标信息

删除点　　　　　删除点
平均高　　　　　对所选区域进行置平
复制为

去除飞点　　　　按给定的参数去除飞点
去除噪声　　　　按给定的参数去除噪声点
滤去地面物　　　过滤地面地物
分割地面物　　　分割地面地物

点云生成DEM　　根据点云成果生成DEM
晕渲显示DEM　　显示DEM

图 5-13　点云编辑处理菜单

4. 窗口菜单

包括竖铺、平铺、层叠各子窗口的功能，如图 5-14 所示。

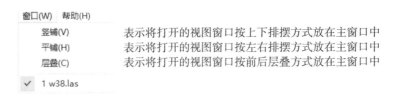

图 5-14　点云编辑窗口菜单

5. 帮助菜单

点云处理软件的帮助菜单如图 5-15 所示。

图 5-15　点云处理软件的帮助菜单

菜单包含一个菜单项，选择后弹出对话框显示软件版本、版权等信息，如图 5-16 所示。

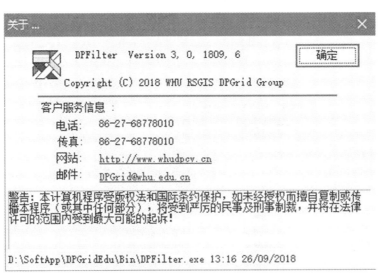

图 5-16　点云编辑"关于"对话框

6. 工具栏

点云编辑工具栏如图 5-17 所示，各个按钮的功能与菜单中相应选项的功能相同，方便作业人员用鼠标选择对应功能。

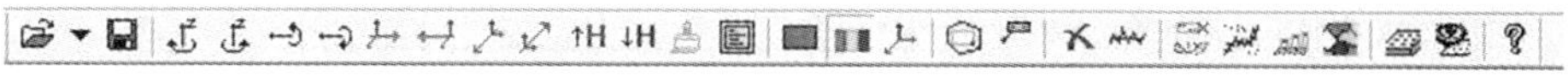

图 5-17 点云编辑工具栏

工具栏共包含 28 个工具，每个工具的详细功能如图 5-18 所示。

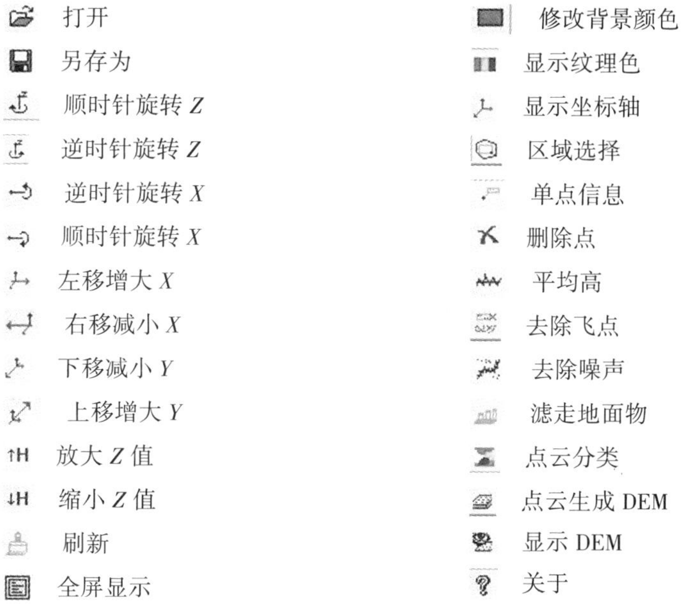
打开
另存为
顺时针旋转 Z
逆时针旋转 Z
逆时针旋转 X
顺时针旋转 X
左移增大 X
右移减小 X
下移减小 Y
上移增大 Y
放大 Z 值
缩小 Z 值
刷新
全屏显示
修改背景颜色
显示纹理色
显示坐标轴
区域选择
单点信息
删除点
平均高
去除飞点
去除噪声
滤走地面物
点云分类
点云生成 DEM
显示 DEM
关于

图 5-18 点云编辑工具栏按钮

7. 状态栏

点云编辑软件状态栏如图 5-19 所示。

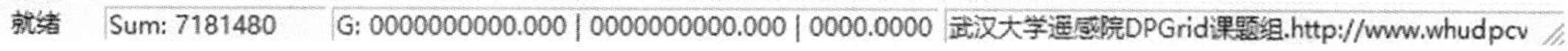
就绪
Sum: 7181480
G: 0000000000.000 | 0000000000.000 | 0000.0000
武汉大学遥感院DPGrid课题组.http://www.whudpcv

图 5-19 点云编辑软件状态栏

其中最左一项是信息提示栏；第二栏是点云处理软件当前打开的数据中点的个数；第三栏是鼠标选中的点的地面坐标值，包含 X，Y，Z 三分量；最后一栏是软件版权信息。

5.3.2 常用操作

点云处理的核心功能都通过点云常用操作完成，点云常用操作是人机交互过程，选择相应的处理功能就对数据进行相应的处理，其工作流程图如图 5-20 所示。

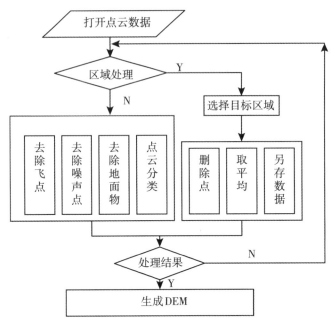

图 5-20　点云编辑处理流程

1. 打开待编辑的 LAS 文件

在进行点云处理时，首先要打开待编辑的文件，具体操作是在文件菜单中选择打开项，系统弹出如图 5-21 所示对话框。

图 5-21　打开点云数据

在对话框内选择 LAS 文件（或者在 Windows 资源管理器内将 LAS 文件用鼠标拖入系统主窗口），点云数据文件打开后系统弹出如图 5-22 所示界面。

图 5-22　点云编辑主界面

2. 目标点信息查询

在打开了点云数据后，可进行任意目标点的坐标信息查看，具体操作为，按鼠标右键弹出右键菜单（或选择系统的主菜单的处理菜单项），选择菜单项单点信息，系统弹出如图 5-23 所示界面。

图 5-23　目标点信息查询

选择单点信息后，用鼠标左键点击需要查看的点，系统将通过 Tip 信息的形式显示目标点的坐标信息，如图 5-24 所示。

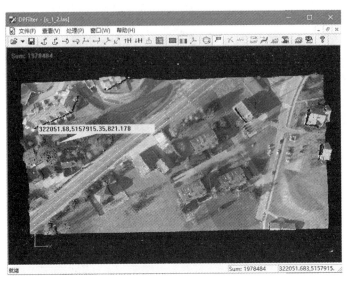

图 5-24　点坐标查询

3. 选择目标区域

本点云处理软件支持选择一定区域的目标进行处理，选择区域的操作过程为，按鼠标右键弹出右键菜单（或直接选择主菜单的处理菜单），然后选择菜单项"区域选择"，如图 5-25 所示。

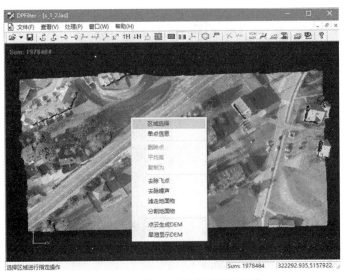

图 5-25　开始多边形选择目标区域

选择菜单项目后，用鼠标左键选择目标区域，如图 5-26 所示。

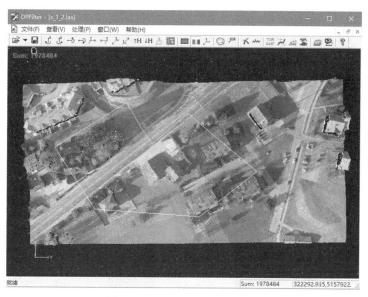

图 5-26 选好多边形目标区域

按右键结束多边形选择，即完成选择目标区域。

矩形区域选择的操作也类似，在使用选择菜单后，按下鼠标左键选择矩形区域，放开左键也即可完成矩形区域选择，如图 5-27 所示。

图 5-27 矩形选择目标区域

4. 删除活动区域内的点

当目标区域选择以后，可以进行多项操作，具体方法为，按鼠标右键，弹出如图 5-28 所示菜单。

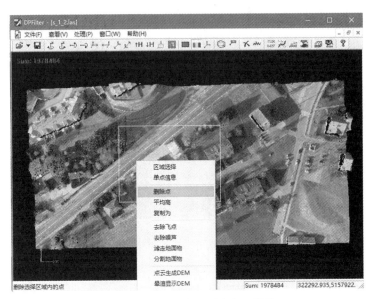

图 5-28　目标区域"删除点"操作

在菜单中选择删除点，则可完成删除目标区域内的点，如图 5-29 所示。

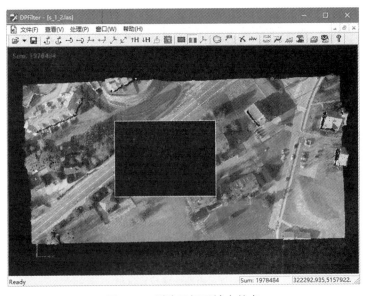

图 5-29　删除目标区域内的点

5. 将活动区域内的点高设置为平均高

当目标区域选择以后，按鼠标右键，弹出如图 5-30 所示菜单。

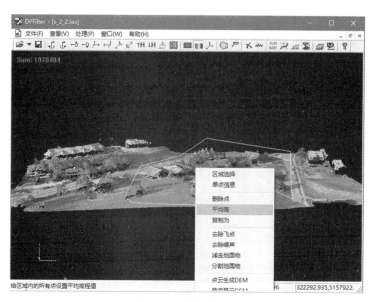

图 5-30 平均高处理

选择平均高，则将目标区域内的点进行平均高计算，并将区域内点的高程都赋值为平均高，这个操作一般对水域非常有效，可处理出非常平的水平面。处理结果如图 5-31 所示。

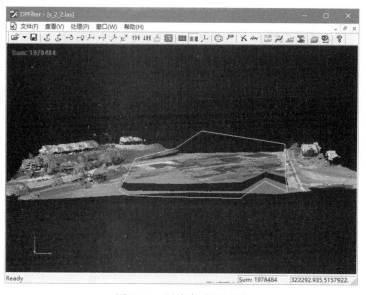

图 5-31 平均高处理结果

6. 将活动区域内的点另存为文件

当目标区域选择以后，按鼠标右键，弹出如图 5-32 所示菜单。

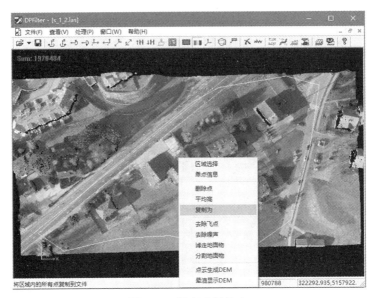

图 5-32　另存选择的点

选择复制为菜单项，则将目标区域内的点保存为单独文件，选择菜单后弹出如图 5-33 所示界面。

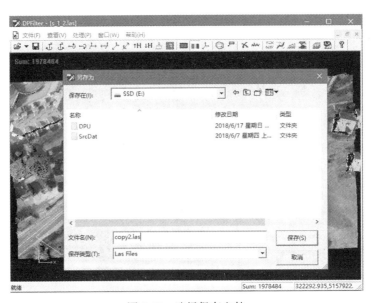

图 5-33　选择保存文件

选择保存文件名称后，即可完成区域数据保存，打开裁剪出的数据结果如图 5-34 所示。

图 5-34 裁剪出的数据结果

7. 去除飞点

本点云处理软件支持对整个点云数据进行去除飞点的处理，这里的飞点指误差比较大的点，与点云数据中大多数数据不一致，例如特别高或者特别低。一般是由于扫描到意外的目标，如飞鸟等。对于匹配的点云，一般是因为有错误的匹配点，这些点左右影像相似度非常高，但却不是同名目标。具体操作为，通过鼠标右键弹出菜单或者在主菜单中选择"处理菜单"，然后选择菜单项"去除飞点"，如图 5-35 所示。

选择了去除飞点后，系统弹出参数设置对话框，如图 5-36 所示，用户可指定最小百分比和最大百分比两个数值。此百分比值就是需要滤除的点在所有点数据中按高程进行统计后的阈值。

输入完成后选择"OK"，即可完成飞点滤除，一般情况下，可以先指定较小的阈值，如果滤除的点不够再适当增加阈值，处理结果如图 5-37 所示。

8. 去除噪声点

本点云处理软件支持对整个点云数据进行滤除噪声点的处理，噪声点指点云中存在一些分布不均为，有些杂乱无章的点，如图 5-38 所示。

此时可以用滤除噪声点进行处理。处理原理是根据局部点云密度分布来进行，如果发现局部点云密度与邻近的点云密度差异很大且局部点云密度很小，则认为局部点云可能是

图 5-35　去除飞点菜单

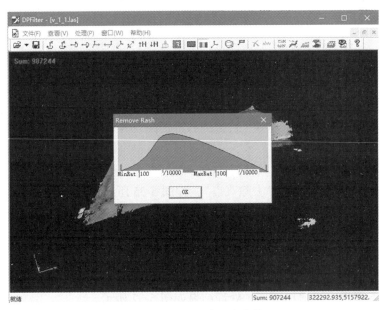

图 5-36　设置去除飞点参数

噪声，将其滤除。具体操作为，通过鼠标右键弹出菜单或者在主菜单中选择"处理菜单"，然后选择菜单项"去除噪声"，如图 5-39 所示。

　　选择了去除噪声点后，系统弹出参数设置对话框，如图 5-40 所示，用户可指定 X，Y，Z 三个方向的点云密度的最小阈值，也就是点云中三个方向的间距。系统弹出对话框

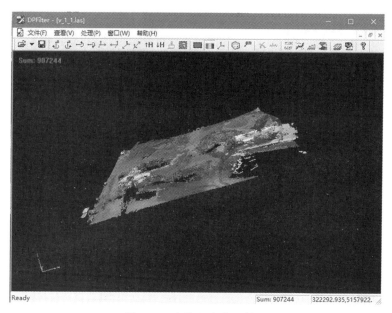

图 5-37 去除飞点处理结果

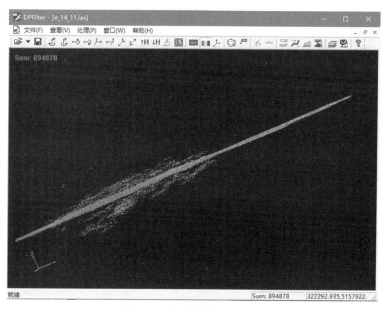

图 5-38 含有噪声点的数据

时，已经对点云整体进行了统计，并将统计的三个方向的间距显示在对话框中，用户一般不需要修改。

如果用户选择了"Report MsgBox"选项，则选择"OK"后，系统弹出如图 5-41 所示对话框。

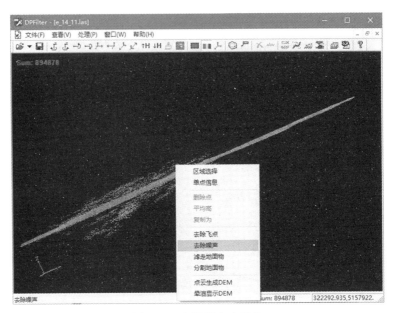

图 5-39　去除噪声点操作

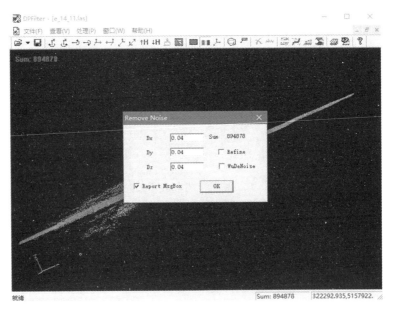

图 5-40　去除噪声点参数设置

在对话框中显示处理结果信息，主要是滤除的点数和总点数（@符号后面就是总点数），图 5-42 是处理结果的显示。

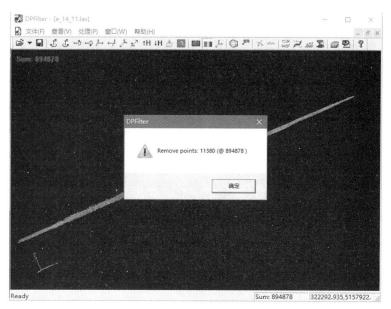

图 5-41 去除点数报告

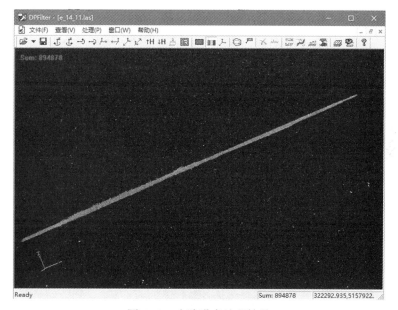

图 5-42 去除噪声处理结果

9. 滤除非地面点

本点云处理软件支持对整个点云数据进行滤除非地面点的处理，非地面点主要是建筑物，如图 5-43 所示。

图 5-43　含有建筑的点云

侧视显示结果，如图 5-44 所示，建筑物明显高出地面。

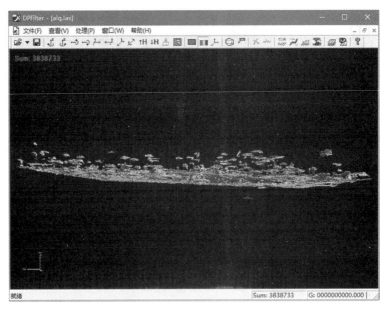

图 5-44　含有建筑的点云侧视图

滤除非地面点具体操作为，通过鼠标右键弹出菜单或者在主菜单中选择处理菜单，然后选择菜单项滤除地面物，如图 5-45 所示。

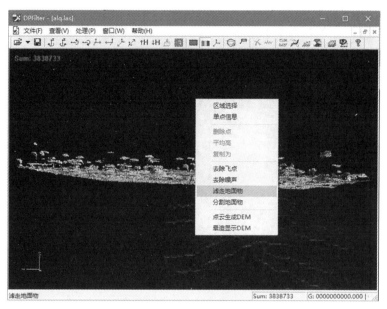

图 5-45　去除非地面点操作

处理过程是全自动的，处理结果如图 5-46 所示。

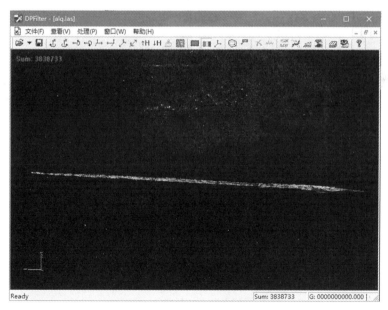

图 5-46　去除非地面点结果侧视图

处理结果的正视图，如图 5-47 所示。
处理前后的 DEM 如图 5-48 所示，（a）是处理前，（b）是处理后。

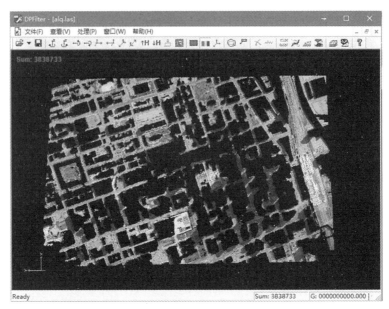

图 5-47　去除非地面点结果正视图（俯视）

（a）处理前　　　　　　　　　　　　（b）处理后

图 5-48　去除非地面点处理前后效果

10. 按地面目标分割点云

本点云处理软件支持对整个点云数据进行点云分类处理，具体操作为，通过鼠标右键弹出菜单或者在主菜单中选择"处理菜单"，然后选择菜单"分割地面物"，如图 5-49 所示。

系统分割结果将用不同颜色进行标识，如图 5-50 所示。

11. 点云生成 DEM

本点云处理软件支持对整个点云数据进行规则格网化处理，生成标准的 DEM 数据。具体操作为，通过鼠标右键弹出菜单或者在主菜单中选择"处理菜单"，然后选择菜单

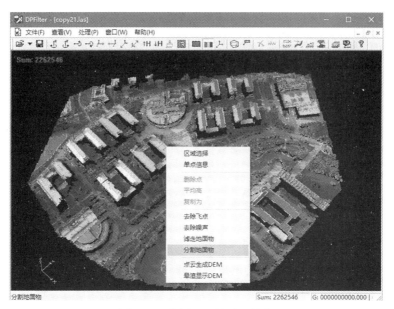

图 5-49   分割地面物处理操作

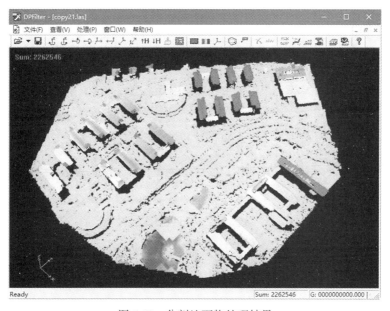

图 5-50   分割地面物处理结果

项→"点云生成 DEM",如图 5-51 所示。

系统弹出"生产 DEM"处理参数设置的对话框,如图 5-52 所示。

对话框控件功能如下:

①DEM:保存 DEM 成果的路径;

②X 间隔(Y 间隔):DEM 成果的格网间距,单位为 m;

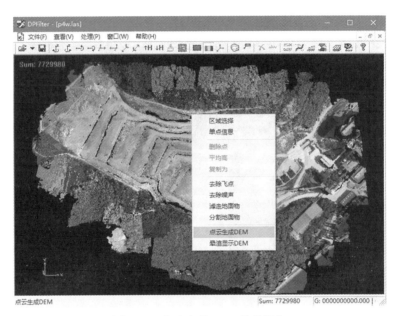

图 5-51 点云生成 DEM 处理操作

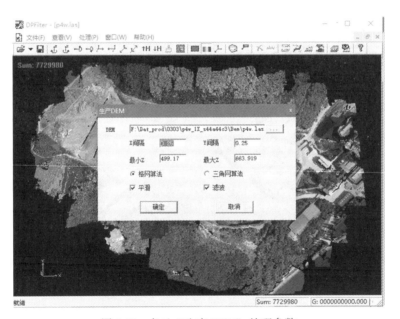

图 5-52 点云"生产 DEM"处理参数

③最小 Z（最大 Z）：DEM 结果高程的最大值及最小值，超过的点将被删除；

④格网算法：采用距离加权算法生产 DEM；

⑤三角网算法：采用构三角网后内插算法生产 DEM；

⑥平滑：对生成的 DEM 进行平滑处理；

⑦过滤：对生成的 DEM 进行滤波处理。

设定完相关参数后，选择"确定"即可完成 DEM 生产。DEM 产生后，将弹出对话框询问是否立刻显示 DEM 数据，如图 5-53 所示。

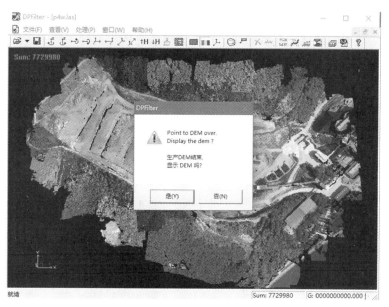

图 5-53　点云生成 DEM 处理结束提示

如果选择"是"，系统将调用 DEM 晕渲软件显示产生的 DEM 数据，如图 5-54 所示。

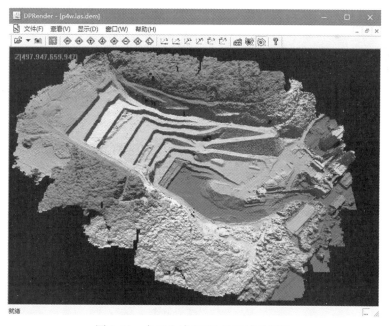

图 5-54　点云生成 DEM 处理结果显示

5.4　Mesh 编辑

Mesh 编辑是专门用于生产和编辑测区 Mesh 模型的工具，以前称为 Tin 编辑模块，其实目标就是利用地形的特征点、特征线、特征面等信息产生目标区域的三角网模型。

5.4.1　处理功能

在 DPGrid 界面上选择"DEM 生产"→"TIN 编辑"菜单项，系统弹出 DPTinEdt 主界面，并自动加载了当前打开的测区工程，如图 5-55 所示。

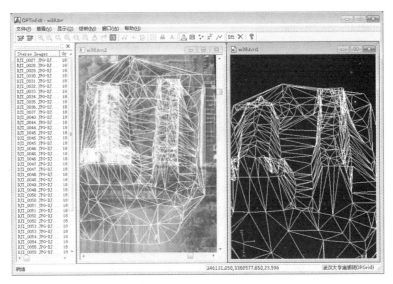

图 5-55　TIN 编辑界面

TIN 编辑界面中，共包含 6 个菜单栏，分别为文件菜单、查看菜单、显示菜单、绘制菜单、窗口菜单以及帮助菜单，前 4 个菜单的功能和工具栏的功能介绍如下。

1. 文件菜单

文件菜单主要是对工程进行一些操作，包含载入立体像点、关闭、保存、退出等功能，具体如图 5-56 所示。

2. 查看菜单

查看菜单包含工具栏、缩放显示内容等功能，如图 5-57 所示。

3. 显示菜单

显示菜单包含设置与显示有关的参数内容，如图 5-58 所示。

	载入立体像对
	关闭当前工程
	保存采集的TIN
	清空采集的所有矢量
	引入采集好的矢量
	导出TIN为DXF格式
	导出TIN为OBJ格式
	退出TIN编辑

图 5-56　TIN 编辑文件菜单

✓ 工具栏(T)	显示或隐藏工具栏
✓ 状态栏(S)	显示或隐藏状态栏
全屏幕	切换到全屏模式
放大(I)	放大显示
缩小(O)	缩小显示
撤销缩放(U)	撤销上一步大小调整
适合窗口(F)	全局显示
原始尺寸1:1	1:1显示
刷新(R)	刷新显示
移动(P)	平移

图 5-57　TIN 编辑查看菜单

显示(D) 绘制(M) 窗口(V	
亮度/对比度	调整立体影像的亮度/对比度
立体显示	用分屏显示还是立体显示
测标形状	选择测标形状
指定位置	移动影像到指定位置
显示TIN	显示TIN
显示等高线	显示等高线

图 5-58　TIN 编辑显示菜单

4. 绘制菜单

绘制菜单包含指定绘制目标类型如点、线、面目标等，如图 5-59 所示。

绘制(M) 窗口(W) 帮	
绘制单点	绘制点目标
绘制折线	绘制折线目标
绘制流线	绘制流线目标,记录鼠标轨迹
区域匹配	局部匹配点
✓ 选择	选择目标
删除	删除选择的目标
区域删除	拉框删除目标
构TIN	重新生成TIN

图 5-59　TIN 编辑绘制菜单

5. 工具栏

TIN 编辑界面中工具栏如图 5-60 所示，各个按钮的功能与菜单中相应选项的功能相同，方便作业人员用鼠标选择对应功能。

图 5-60　TIN 编辑工具栏

界面下共 25 个按钮，各按钮功能如图 5-61 所示。

	导出 DXF 文件		显示 TIN
	导出 DEM		显示指定位置
	放大显示		锁定
	缩小显示		添加文字
	拉框放大		构 TIN
	全局显示		匹配点
	撤销缩放		点编辑
	1∶1 显示		流线编辑
	刷新显示		线编辑
	平移		切换选择模式
	全屏显示		删除
	立体显示		关于
	修改测标颜色		

图 5-61　TIN 编辑工具按钮功能

5.4.2　常用操作

Mesh 主要是交互处理，需要作业人员不断地重复输入特征点、线等目标，软件实时构 TIN，作业人员根据 TIN 的情况确定是否修改特征或者继续加新特征，直到成果满足要求为止。常用功能主要包括：载入立体模型、装载测区、输入特征点、输入特征线、编辑修改、构 TIN、输出 TIN 等功能。

1. 载入立体模型

选择"文件"→"载入立体模型"菜单项，系统弹出立体像对参数设置对话框，如图 5-62 所示。选择创建立体模型的左、右影像，修改地面高或航高，然后单击"确认"按钮，系统将显示该模型的立体影像。

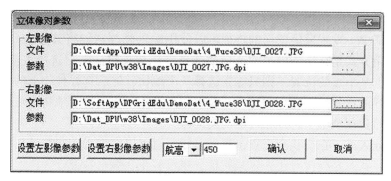

图 5-62　载入立体模型

2. 装载测区

在测区添加处，单击鼠标右键，选择"测区"，装载测区，如图 5-63 所示。

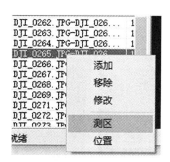

图 5-63　载入测区

通过添加测区"＊.Dpp"文件，添加立体模型。立体模型添加后，双击立体模型就可以打开立体模型。

3. 输入特征点

选择菜单"绘制"→"绘制单点"，用鼠标在地形特征比较明显的位置，调整测标高程，使测标切准目标，按鼠标左键采集此点，可以连续采集特征点目标。

4. 输入特征线

选择菜单"绘制"→"绘制折线"或"绘制流线"，用鼠标在地形特征比较明显的位置，调整测标高程，使测标切准目标，按鼠标左键开始采集此点作为折线上的点，移动到下一目标可继续采集，按鼠标右键结束采集。如果是流线，则按下鼠标左键后开始记录测标移动轨迹，所有点将被记录为线上的点，特别注意流线的高程也需要不断调整，是测标始终切准目标。

5. 编辑修改

在采集特征中，发现采集错误的特征可以使用编辑修改功能将其修改到正确的位置。编辑功能的启用方式是在绘制菜单中选择"选择"菜单项目，然后选择希望编辑的特征，若要修改特征上某个点的位置，则只能先选择一个地物，然后选择地物上的一个点，之后移动鼠标，选择的点就随测标一起移动。若想一起删除、移动多个地物则可以通过拉框选择多个目标，然后在菜单中选择相应的功能即可。

为方便作业人员，在空状态下点击鼠标右键，就可以实现在采集与编辑状态下快速切换。这里所谓空状态是指没有正在采集特征，也没有正在编辑特征。

6. 构 TIN

Mesh 处理软件模块在采集过程中已经实时生成了 TIN 数据，但系统有时处理不及时没有做到实时显示，因此软件也提供了用当前采集的特征数据重新生成 TIN 的功能。选菜单上"绘制"→"构 TIN"，系统在界面中立刻显示出重新构建的三维网模型，如图 5-64 所示。

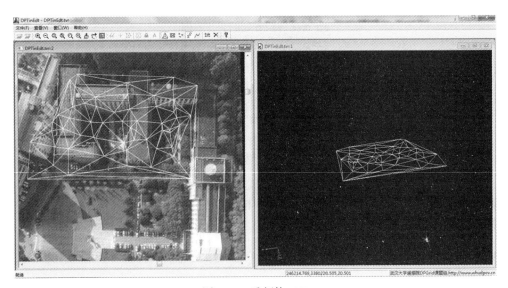

图 5-64　重新构 TIN

7. 输出 TIN

Mesh 处理模块支持两种标准格式数据导出，一种是 AutoCAD 定义的 DXF 格式，另一种是 OBJ 格式。导出的两种数据都是三维面元，也就是小三角面。目前许多生产软件都支持引入这些格式，在 AutoCAD 中引入数据后，可以看到如图 5-65 所示的成果。

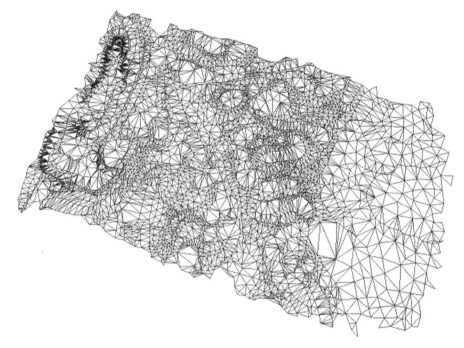

图 5-65 TIN 编辑成果

5.5 DEM 编辑

通过自动影像匹配、人工 GPS 测量或者激光 LIDAR 等方式获取的 DEM 总是包含一些错误点，为了保证所生产的 DEM 是合格的成品，人工交互编辑与检查是必不可少的步骤。DEM 编辑就是通过人工在立体环境下对 DEM 进行测量和核实的生产过程。

在 DPGrid 系统中，DEM 编辑模块称为 DPDemEdt，DPDemEdt 模型通过立体像对建立立体量测环境，然后将 DEM 数据显示到立体环境中，作业人员在立体环境中对 DEM 进行观测，编辑修改错误位置，形成合格的 DEM 成品，这个生产过程需要用到专业立体显示和观测设备，也需要作业人员具备熟练的立体观测技能。

DPDemEdt 支持任意调整立体模型的视差，也支持测量特征点、线，然后进行局部替换，这些功能在生产单位非常受欢迎，在一些地形复杂区域，直接采集特征后局部替换的效率，比选择区域后编辑 DEM 点的效率要高很多，它具有如下功能与特点：

①可将 DEM 结果叠加在立体影像上，直接进行编辑，所见即所得。

②完全支持新红绿立体观察 DEM 以及对应等高线。

③根据 DEM 实时绘制等高线，使编辑有了更加直观的观测方式，并提供快速显示功能。

④可以批量装入需要编辑的 DEM 以及相应的立体模型，提高生产效率。

⑤提供内插、平滑、矢量构网等功能，结合了匹配结果编辑和采集特征制作 DEM 两方面操作上的优点。

5.5.1　处理功能

在 DPGrid 界面上选择"DEM 生产"→"DEM 编辑"菜单项，系统弹出 DPDemEdt 主界面，并自动加载了当前打开的测区工程，如图 5-66 所示。

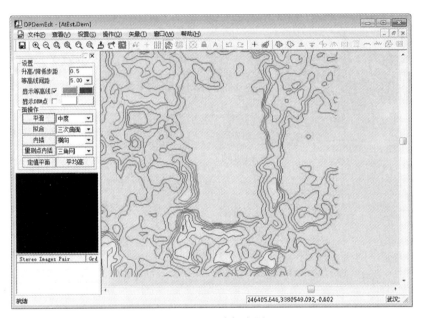

图 5-66　DEM 编辑主界面

DEM 编辑菜单下共包含 7 个菜单项，分别是文件菜单、查看菜单、设置菜单、操作菜单、矢量菜单、窗口菜单和帮助菜单，前 4 个菜单的功能和工具栏、面板、状态栏的功能介绍如下。

1. 文件菜单

文件菜单主要是对工程进行一些操作，包含载入立体像对、关闭、保存等功能，具体如图 5-67 所示。

载入立体像对		载入待编辑的立体像对
关闭(C)		关闭当前测区
保存(S)	Ctrl+S	保存当前数据
退出(X)		退出DEM编辑界面

图 5-67　DEM 编辑文件菜单

2. 查看菜单

查看菜单包含工具栏、缩放显示内容等功能，如图 5-68 所示。

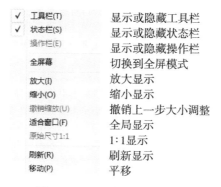

图 5-68　DEM 编辑查看菜单

3. 设置菜单

设置菜单包含显示矢量、显示 DEM、显示等高线等功能，如图 5-69 所示。

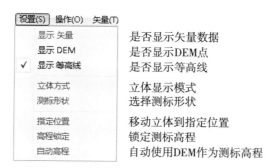

图 5-69　DEM 编辑设置菜单

4. 操作菜单

操作菜单包含所有常用操作功能，如平滑、内插、拟合、升高、降低等，具体功能如图 5-70 所示。

5. 矢量菜单

矢量菜单包含矢量采集和编辑功能，包括开始采集、采集点、采集线等，具体功能如图 5-71 所示。

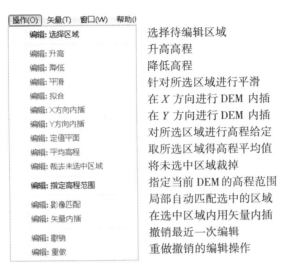

图 5-70　DEM 编辑操作菜单

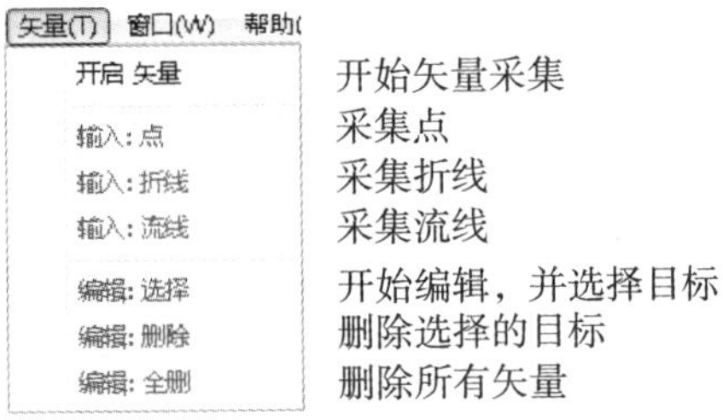

图 5-71　DEM 编辑矢量菜单

6. 工具栏

DEM 编辑工具栏如图 5-72 所示，各个按钮的功能与菜单中相应选项的功能相同，方便作业人员用鼠标选择对应功能。

图 5-72　DEM 编辑工具栏

DEM 编辑工具栏中共 45 个按钮，各按钮功能如图 5-73 所示。

7. 面板说明

为方便操作，DEM 编辑提供了用鼠标快捷操作的面板，主要包含设置面板、面操作面板、模型列表界面，各面板功能如图 5-74、图 5-75 和图 5-76 所示。

保存当前工程		定义作业范围	
放大显示		取消作业范围	
缩小显示		整体抬高	
拉框放大		整体降低	
全局显示		平滑处理	
撤销缩放		拟合处理	
1 : 1 显示		X 方向内插	
刷新显示		Y 方向内插	
平移		按给定值赋高程	
全屏显示		高程取平均	
DEM 渲染显示		量测点内插	
立体显示与分屏显示切换		局部匹配	
修改测标颜色及形状		DEM 重纠	
显示 DEM 点		局部替换	
显示等高线		开始特征量测	
显示特征点线		点量测	
显示指定位置		流线量测	
锁定高程		折线量测	
测标自动贴合 DEM		特征编辑	
撤销编辑回到上一步		特征删除	
回到撤销前的状态		区域特征删除	
单点调整 DEM 高程		打开帮助文件	
山脊线拟合			

图 5-73　DEM 编辑工具按钮

图 5-74　设置面板

平滑：选择要编辑的区域，然后在右边的下拉列表中选择合适的平滑程度（有轻度、中度和强度三种选项），再单击"平滑"按钮即可对所选区域进行平滑。

拟合：选择要编辑的区域，然后在右边的下拉列表中选择合适的拟合算法（有平面、二次曲面和三次曲面三种拟合算法），再单击"拟合"按钮即可对所选区域进行拟合。

内插：选择要编辑的区域，然后在右边的下拉列表中选择横向或纵向，再单击"内插"按钮，即可对区域内的 DEM 点按所选方向进行插值。

图 5-75　操作面板

量测点内插：选择要编辑的区域，再按下工具条上的添加量测点按钮 量测一些供内插用的量测点（选择区域和量测点时应切准地面，即在立体模式下量测点位时，应使测标的高度和地面高度保持一致），然后在右边的下拉列表中选择合适的插值方式（三角网或二次曲面），再单击"量测点内插"按钮即可。

定值平面：选择要编辑的区域，单击"定值平面"按钮，在系统弹出的对话框内输入高程值，则当前编辑范围内所有 DEM 点按此给定值赋高程。

平均高：先选择要编辑的区域，再单击"平均高"按钮即可将所选区域设置为水平面，其高程为所选区域中各 DEM 点高程的平均值。

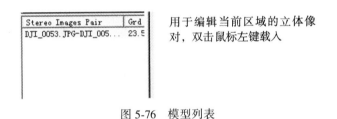

图 5-76　模型列表

8. 状态栏

DEM 编辑软件状态栏如图 5-77 所示。

图 5-77　DEM 编辑软件状态栏

其中最左一项是信息提示栏；第二栏是鼠标位置的地面坐标值，包含 X，Y，Z 三分量；最后一栏是软件版权信息。

5.5.2　常用操作

1. 装载立体模型

选择"文件"→"载入立体模型"菜单项，系统弹出立体参数设置对话框，如图 5-78所示。选择创建立体模型的左、右影像，修改地面高或航高，然后单击"确认"按钮，系统将显示该模型的立体影像。

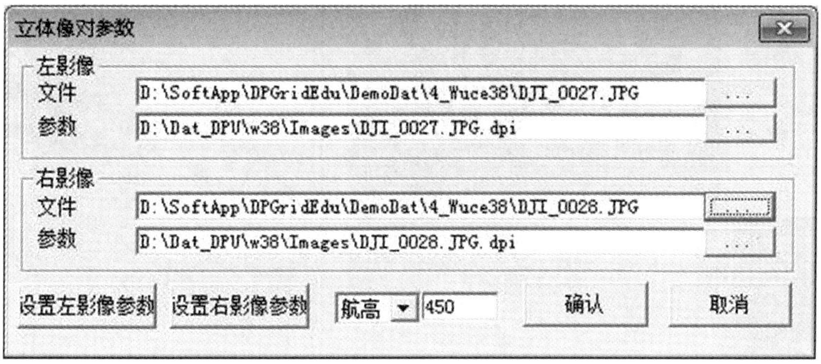

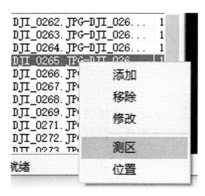

图 5-78　载入立体模型

2. 装载测区

在测区添加处，单击鼠标右键载入测区，如图 5-79 所示。

图 5-79　载入测区

通过添加测区"*.Dpp"文件，添加立体模型。立体模型添加后，双击立体模型就可以打开立体模型，如图 5-80 所示。

3. 定义编辑范围

定义编辑范围有以下几种方法：

（1）选择矩形区域

在编辑窗口中按住鼠标左键拖拽出一个矩形框，松开左键，矩形区域中的格网点显示，即选中了此矩形区域。

（2）选择多边形区域

用鼠标点击工具按钮 ，激活使用鼠标定义多边形作业范围状态，然后在编辑窗口中依次用鼠标左键单击多边形节点，定义所要编辑的区域，单击鼠标右键结束定义作业目

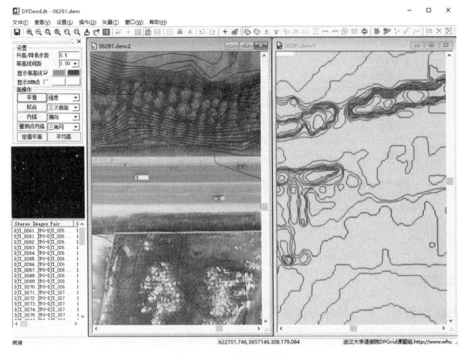

图 5-80　打开立体模型

标，将多边形区域闭合，格网点显示，即表示选中了此多边形区域。

（3）选择任意形状区域

在按住鼠标右键的状态下拖动鼠标，系统将显示测标经过的路径，松开鼠标右键结束定义作业目标，将此路径包围的区域闭合，格网点显示，即表示选中了此区域。

4. 编辑处理

实际编辑过程中，为了提高编辑的效率和准确性，通常需要大家对各个功能熟练掌握，编辑过程中各种编辑工具相互配合使用。通过多种编辑方法的结合使用，最终目标是以将 DEM 格网点切准地面为准，各处理算法特点如下：

①平滑：对选中区域中的 DEM 格网点进行平滑运算，算法类似于中值滤波或高斯滤波，效果表现是区域内的 DEM 点比较光滑，等高线也比较光滑，通常用于纹理细碎区域。

②拟合：对选中区域中的 DEM 格网点进行拟合，可以选择拟合为二次曲面或者平面，注意不是水平面，而是空间平面，效果表现是区域内的 DEM 点按曲面或平面分布，通常用于边坡编辑。

③内插：对选中区域中的 DEM 格网点，仅用边界 DEM 格网点进行横向或纵向的线性插值，效果表现是区域内部 DEM 点无论如何分布都会被替换。通常用于去除某区域的错误点，也被称为抹去某些目标，如孤立树、孤立房屋等。

④量测点内插：对选中区域中的 DEM 格网点，使用选择操作过程中输入的鼠标位置作为关键点建立三角网，然后在三角网内部执行小面元插值，用插值结果替换原 DEM 格

网点，效果表现是区域内部 DEM 点无论如何分布都会被替换。通常用于一些复杂区域的 DEM 编辑，使用鼠标选择的点进行局部替换。

⑤定值平面：对选中区域中的 DEM 格网点，使用输入的 DEM 高程进行统一替换，效果表现是将选择区域的 DEM 设置为指定高程的水平面，通常用于水面、操场水平等水平目标的处理。

⑥平均高：对选中区域中的 DEM 格网点求平均高程，效果表现是将选择区域的 DEM 设置为平均高程的水平面，通常用于水平目标的处理。

⑦键盘的上下方向键：对选中区域中的 DEM 格网点抬高或降低高程，改变的步距在设置功能中指定，对任意高程不正确的目标都可以进行处理。

5. 采集矢量局部替换

有些情况下，地形非常复杂，自动匹配的结果不理想，作业人员希望自己采集特征点、线，然后用采集特征直接插值出 DEM，这种情形需要用采集矢量局部替换功能。具体操作为，首先在菜单中选"矢量"→"开启矢量"，然后选择特征类型为点、线或流线。之后在立体模型中使用鼠标采集特征，左键确认输入的位置，右键结束输入，对输入的错误数据也可以启用编辑功能进行编辑修改。矢量采集好后，再次选择"开启矢量"结束矢量采集，回到 DEM 编辑模式，并将希望替换的 DEM 区域选中，然后选择菜单"操作"→"编辑"→"矢量内插"进行 DEM 局部替换。需要注意的是使用局部替换时，必须保证替换区域被采集的矢量包围住，否则无法插值出正确的 DEM。

6. 保存编辑结果

编辑完成后，在菜单中选择"文件"→"保存 DEM"菜单项（或点击工具条上的保存 DEM 按钮🖫）存盘。存盘之后，选择"文件"→"退出"菜单项（或直接点击 DP-DemEdt 窗口右上角的❌按钮）退出 DPDemEdt 模块。

5.5.3 常见用法举例

1. 独立树和独立房屋

由于匹配点都是在地物表面上而不是在地面上引起的 DEM 问题，使编辑时显示树或房屋表面覆盖了等高线，看上去像小山包一样。选择该区域，小面积可采用平滑或平面拟合；若范围较大，由于是独立的地物，在周边的 DEM 点是正确的情况下，可使用 DEM 点内插的方式进行处理。

2. 水田、池塘等小面积水域

水面上由于没有纹理，常常匹配错误，引起 DEM 的问题。首先应用测标切准水面，读取水面高程（若有外业实地测量得到的高程，应使用外业值），然后选择该水域，使用定值平面功能直接指定该水域内的 DEM 点的高程值。

3. 城区或大片相连房屋

城区或大片相连房屋与独立房屋情况不同，某栋房屋的周边 DEM 点大多落在相邻房屋的房顶等处，不能简单地使用 DEM 点内插功能；同时由于该地区面积较大，地面高度一般也有起伏，直接选中整个区域做置平或内差也是不可取的。此时应使用 DEM 的量测点内差功能。

注：使用量测点内差功能时，除了在该区域周边加量测点外，还应在区域内部，能看到并切准地面的位置加点，如房屋之间的空地、道路上等。

4. 植被茂密的地域

植被茂密的地域指的是完全无法观测到地面的情况，此时只有先将 DEM 点编辑至树顶，然后再选中此区域，整体下降一个树高。通常使用此功能时应有已知的树高值或控制点坐标作为参考。

5. 需精确表示的破碎地貌

如果原先的 DEM 表示精度不够，而该地区地貌比较破碎，很难用区域编辑的方法达到编辑要求，此时应使用单点编辑的功能。

单点编辑功能：首先按下单点编辑按钮，此时编辑窗口内测标所在处的 DEM 点会被选中（以小方块标出）。选择需要编辑的 DEM 点，使用上下方向键来升降该点的高程。如图 5-81 所示。

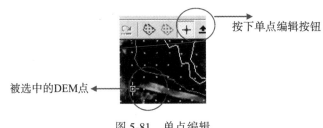

图 5-81　单点编辑

注：开始单点编辑功能前应先用键盘上的 PageUp/PageDown 键调整 DEM 的显示间距为 DEM 格网间距。

5.6　DEM 拼接

实际生产中，无论选择什么生产方式和生产工具，一次生产出的 DEM 数据总是有限的，为了生产出大范围的 DEM，将多个 DEM 拼接为一个 DEM 的操作是避免不了的。在 DPGrid 系统中，DEM 拼接模块称为 DPDemMzx。

5.6.1　处理功能

在 DPGrid 主界面的菜单上选择"DEM 生产"→"DEM 拼接"菜单项，系统弹出 DPDemMzx 主界面，如图 5-82 所示。

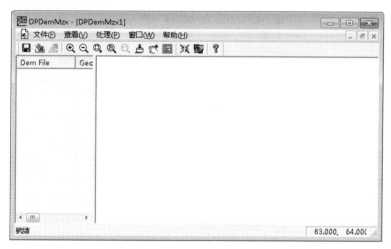

图 5-82　DEM 拼接界面

DEM 拼接界面下共 5 个菜单项，分别是文件菜单、查看菜单、处理菜单、窗口菜单、帮助菜单，前 3 个菜单和工具栏的功能介绍如下。

1. 文件菜单

文件菜单主要是对工程进行一些操作，包含载入立体像对、关闭、保存等功能，具体如图 5-83 所示。

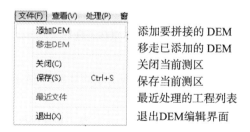

图 5-83　DEM 拼接文件菜单

2. 查看菜单

查看菜单包含工具栏、缩放显示内容等功能，如图 5-84 所示。

工具栏(T)
显示或隐藏工具栏
状态栏(S)
显示或隐藏状态栏
操作栏(E)
显示或隐藏操作栏
全屏幕
切换到全屏模式
放大(I)
放大显示
缩小(O)
缩小显示
撤销缩放(U)
撤销上一步大小调整
适合窗口(F)
全局显示
原始尺寸1:1
1∶1显示
刷新(R)
刷新显示
移动(P)
平移

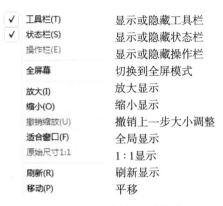

图 5-84　DEM 拼接查看菜单

3. 处理菜单

处理菜单包含所有常用的处理功能，如图 5-85 所示。

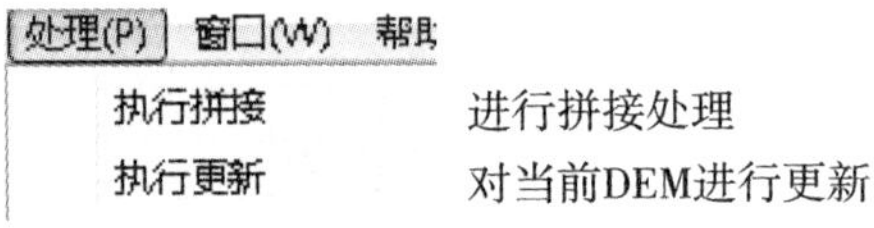
处理(P)
窗口(W)
执行拼接
进行拼接处理
执行更新
对当前DEM进行更新

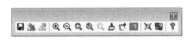

图 5-85　DEM 拼接处理菜单

4. 工具栏

DEM 拼接工具栏如图 5-86 所示，各个按钮的功能与菜单中相应选项的功能相同，方便作业人员用鼠标选择对应功能。

图 5-86　DEM 拼接工具栏

DEM 拼接工具栏中共 14 个按钮，各按钮功能如图 5-87 所示。

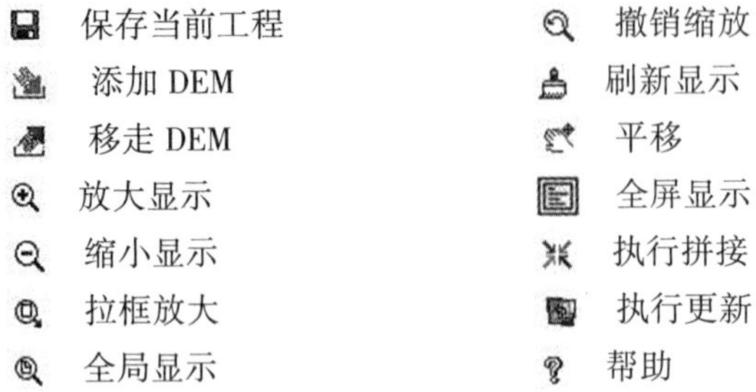
保存当前工程
添加 DEM
移走 DEM
放大显示
缩小显示
拉框放大
全局显示
撤销缩放
刷新显示
平移
全屏显示
执行拼接
执行更新
帮助

图 5-87　DEM 拼接工具按钮

5.6.2 常用操作

1. 添加 DEM

选择菜单"文件"→"添加 DEM",弹出如图 5-88 所示对话框,选择需要处理的 DEM,选择"打开",这里支持打开多个测区的 DEM。

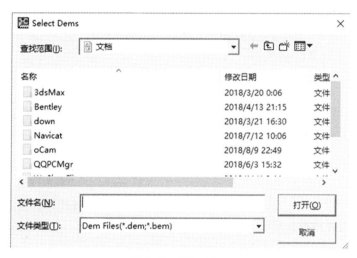

图 5-88 添加 DEM

添加结束后,界面如图 5-89 所示,左侧列表为 DEM 列表。

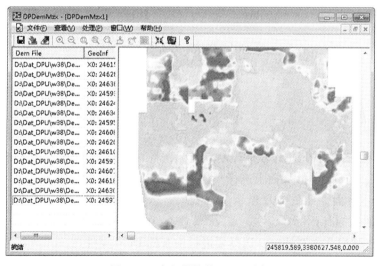

图 5-89 参与拼接的 DEM 列表

2. 执行拼接

选择菜单"处理"→"执行拼接",弹出如图 5-90 所示对话框,指定"结果"中 DEM 保存路径,设置是否进行边界裁剪,单击"确定"完成拼接。

图 5-90　拼接参数设置

3. 执行更新

选择菜单"处理"→"执行更新",弹出如图 5-91 所示对话框,指定存储路径,设置是否需要进行边界裁剪,单击"确定",完成更新输出。

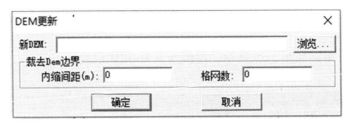

图 5-91　拼接后更新源数据

5.7　DEM 质检

DEM 质量检查是利用 DEM 获取控制点坐标,将其与控制点原始坐标进行对比,来检验 DEM 的精度。在 DPGrid 界面上选择"DEM 生产"→"DEM 质检"菜单项,系统弹出 DEM 质量检查主界面,如图 5-92 所示。

界面包含的功能有:

DEM File:弹出文件对话框,选择要进行检查的 DEM 文件。

GCP File:弹出文件对话框,选择要进行检查的控制点或保密点文件。

Report:弹出文件对话框,选择检查结果报告的保存路径和文件名。

Set limit of error:设置限差,单位为 m,误差超过限差的点标示为🐞,误差小于限差

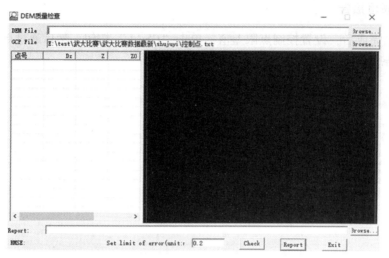

图 5-92　DEM 质量检查主界面

的点标示为 ✛。

　　Check：更改限差后，重新进行精度检查。

　　Report：输出检查结果。

　　Exit：退出程序。

1. 选择 DEM 和检查点

打开界面以后，通过 DEM 添加路径和控制点文件添加路径添加 DEM 文件和控制点文件，如图 5-93 所示。

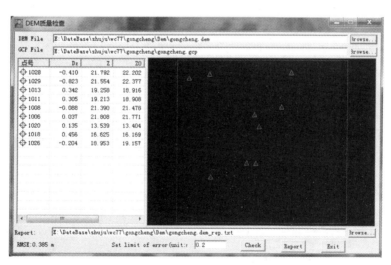

图 5-93　添加 DEM 文件和控制点文件

2. 输出质检报告

文件添加完成后，设置控制点限差值，单击"Check"按钮，然后通过单击"Report"输出质检报告，如图 5-94 所示。

```
dem.txt - Notepad                                                    —   □   ×
File  Edit  Format  View  Help
    DEM      质检记录
/* 每项记录包含以下信息:
 *  (1)点名;
 *  (2)点的X坐标;
 *  (3)点的Y坐标;
 *  (4)点的Z坐标;
 *  (5)从DEM内插得到的Z坐标;
 *  (6)Z的误差值;
 */
质检类型:DEM保密点检查
点数=15

      ID          X0              Y0              Z0              Z               Z
-----------------------------------------------------------------------------------
    2264      13503.396       9190.630        839.260         837.377        -1.883
    2155      16246.429       11481.730       811.794         813.335         1.541
    1155      16311.749       12631.929       770.666         772.200         1.534
    1157      13561.393       12644.357       791.479         792.759         1.280
    6157      13515.624       10360.523       944.991         943.973        -1.018
    6266      16232.309       7741.696        703.121         702.169        -0.952
    2157      13535.400       11444.393       895.774         896.639         0.865
    2265      14787.371       9101.982        786.751         787.366         0.615
    2156      14885.665       11308.226       1016.443        1017.049        0.606
    6156      14947.986       10435.860       765.182         765.543         0.361
    1156      14936.858       12482.769       762.349         762.620         0.271
    6265      14888.312       7769.835        707.615         707.404        -0.211
    3264      13491.930       7700.217        755.624         755.542        -0.082
    2266      16327.646       9002.483        748.470         748.520         0.050
    6155      16340.235       10314.228       751.178         751.209         0.031

RMS: 0.953 米
```

图 5-94　DEM 质检报告

第6章　无人机影像 DOM 生产

无人机测绘的目标是通过无人机获取目标区域影像进而获取目标区域的三维地理信息模型，目标区域的整张正射影像无疑是三维地理信息模型的重要内容之一，本章将详细介绍目标区域正射影像（即 DOM）的生产方法。

6.1　DOM 基础概念

在进行航空摄影时，由于无法保证摄影瞬间航摄相机的绝对水平，得到的影像是一个倾斜投影的像片，像片各个部分的比例尺不一致；此外，根据光学成像原理，相机成像时是按照中心投影方式成像的，这样地面上的高低起伏在像片上就会存在投影差。要使影像具有地图的特性，需要对影像进行倾斜纠正和投影差的改正，经改正，消除各种变形后得到的平行光投影的影像就是数字正射影像 DOM（Digital Orthophoto Model）。正射影像信息量大、地物直观、层次丰富、色彩（灰度）准确、易于判读，应用于城市规划、土地管理、绿地调查等方面时，可直接从图上了解或量测所需数据和资料，甚至能得到实地踏勘所无法得到的信息和数据，从而减少现场踏勘的时间，提高工作效率。数字正射影像同时还具有遥感专业信息，通过计算机图像处理可进行各种专业信息的提取、统计与分析。如农作物、绿地的调查，森林的生长及病虫害，水体及环境的污染，道路、地区面积统计等。

作为数字摄影测量的主要产品之一的数字正射影像有如下特点：

①数字化数据。用户可按需要对比例尺进行任意调整、输出，也可对分辨率及数据量进行调整，直接为城市规划、土地管理等用图部门以及 GIS 用户服务，同时便于数据传输、共享、制版印刷。

②信息丰富。数字正射影像信息量大、地物直观、层次丰富、色彩（灰度）准确、易于判读。应用于城市规划、土地管理、绿地调查等方面时，可直接从图上了解或量测所需数据和资料，甚至能得到实地踏勘所无法得到的信息和数据，从而减少现场踏勘的时间，提高工作效率。

③专业信息。数字正射影像同时还具有遥感专业信息，通过计算机图像处理可进行各种专业信息的提取、统计与分析。如农作物、绿地的调查，森林的生长及病虫害，水体及环境的污染，道路、地区面积统计等。

传统的数字正射影像生产过程包括航空摄影、外业控制点的测量、内业的空中三角测量加密、DEM 的生成和数字正射影像的生成及镶嵌。正射影像生产中的航空摄影、外业控制点的测量、内业的空中三角测量加密、DEM 的生成等部分在前面几章已经进行了详细讨论，下面将讨论正射影像制作的原理。

正射影像制作最根本的理论基础就是构像方程：

$$x = -f\frac{a_1(X_g - X_0) + b_1(Y_g - Y_0) + c_1(Z_g - Z_0)}{a_3(X_g - X_0) + b_3(Y_g - Y_0) + c_3(Z_g - Z_0)}$$

$$y = -f\frac{a_2(X_g - X_0) + b_2(Y_g - Y_0) + c_2(Z_g - Z_0)}{a_3(Xg - X_0) + b_3(Y_g - Y_0) + c_3(Z_g - Z_0)}$$

构像方程建立了物方点（地面点）和像方点（影像点）的数学关系，根据这个关系式，任意物方点都可以在影像上找到像点。正射影像的采集过程基本上就是获取物方点的像点过程，其原理如图 6-1 所示。

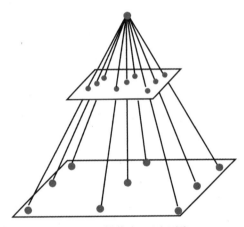

图 6-1　构像方程原理图

正射影像制作过程就是一个微分纠正的过程。传统方法的摄影测量中微分纠正利用光学方法纠正图像。例如在模拟摄影测量中应用纠正仪将航摄像片纠正为像片平面图，在解析摄影测量中利用正射投影仪制作正射影像地图。随着近代遥感技术中许多新的传感器的出现，产生了不同于经典的框幅式航摄像片的影像，使得经典的光学纠正仪器难以适应这些影像的纠正任务，而且这些影像中有许多本身就是数字影像，不便使用这些光学纠正仪器。使用数字影像处理技术，不仅便于影像增强、反差调整等，而且可以非常灵活地应用到影像的几何变换中，形成数字微分纠正技术。根据有关的参数与数字地面模型，利用相应的构像方程式，或按一定的数学模型用控制点解算，从原始非正射投影的数字影像获取正射影像，这种过程是将影像化为很多微小的区域逐一进行，且使用的是数字方式处理。

6.2　快拼图生产

根据摄影测量的基本原理和计算机视觉的先进算法，对拍摄的影像进行全自动的快速处理，将测区影像进行全自动拼接形成一张整体的影像图。通过快拼图可实现测区的完整性检查，发现拍摄过程的一些问题如漏拍、变形过大等；此外，快拼影像也是了解目标区域的地形地貌分布、地物数目、地物类别等的重要手段；快拼图也是地面控制点布设的重要依据之一。

选择 DPGrid 的 DOM 生产菜单下的快拼影像，系统弹出如图 6-2 所示界面。

图 6-2　快拼图生产界面

界面中各控件功能说明如下：

①工程：待处理的工程。

②DEM：快拼处理使用的 DEM 数据存放路径。

③任务列表：按每一张原影像为一个任务列出所有任务。

④结果：快拼结果数据存放路径。

⑤参考：进行调色处理时选择的参考影像，调色过程中将使用此影像为基准影像进行调色。

⑥正射类型：正射类型包含两种，分别为单影像和双影像。单影像指的是结果影像是一张正射影像；双影像指结果影像是一张正射影像和对应的立体配对片，正射影像和配对片可以组成立体模型，进行立体显示。

⑦分块大小：处理过程中每次读写的影像大小，单位为像素。

⑧调色方式：对原影像进行调色处理的方式，分为不处理、色调匹配、色调均衡和传统匀色。色调匹配指将目标影像色调调整到与参考影像最接近；色调均衡指对目标进行色调均衡处理；传统匀色指用传统算法进行匀色。

⑨重载入工程：重新加载工程。

⑩地面分辨率：设置快拼成果的地面分辨率。

⑪地面均高：当前测区的地面平均高程，软件会自动计算，若已知，可根据实际值进行更改。

⑫生成金字塔：是否生成金字塔影像。

⑬网络并行：是否采用网络并行处理，注意只有部署了网络并行系统，且网络中有可用计算节点才可以使用网络并行处理。

⑭工程 ID：该工程 ID 号，默认为-1，无须进行更改。

⑮确认：保存当前设置，并进行处理。

⑯关闭：关闭当前界面。

特别说明，在进行块拼处理时，如果没有 DEM 数据，软件会自动使用空中三角测量的加密点，形成地形描述点云（<测区名称>. dem. las）及 DEM（<测区名称>. dem），存放在工程路径下 DEM 文件夹内。

通常情况下，块拼的相关参数都会自动读入，地面分辨率也会自动计算好，并在界面中显示，作业人员只需核实数据后，选择"确认"开始处理即可。

6.3　正射影像制作

正射影像制作过程中，为了保证最终提交成果的效果，在制作过程中需要注意以下几点：

①影像整体色彩、亮度保持一致。可以通过空三之前将原始影像进行匀光匀色处理。在匀光匀色过程中可以使用方法：利用模板对原始单张影像进行处理；也可以在成果完成后，使用 Photoshop 对成果进行局部色彩调整，保持成果整体效果一致。

②成果精度。正射影像除了影像的直观性还有矢量数据的可量测性，在成果完成后要对成果的精度进行检测，满足对应比例尺的精度要求。

③逻辑关系一致。正射影像成果完成后要对正射影像的每一处地物进行检测，重点检测房屋、道路的逻辑关系一致，保证房屋、道路不能有扭曲、拉花、错误的物理逻辑关系的情况。

在 DPGrid 主界面上，选择"DOM 生产"→"正射生产"菜单项，系统弹出图 6-3 所示的界面。界面中各控件的功能如下：

①工程：显示当前所处理工程。

②DEM：正射生产时使用的 DEM 名称及其存储路径。

③正射影像分辨率：正射影像成果的地面分辨率。

④正射影像格式：正射影像格式，支持四种格式的输出，分别是 ＊. tif、＊. orl、＊. dpr、＊. bbi。

⑤调色方式：调色的方法，可以选择不做处理、色调匹配、色调均衡、传统匀色。

⑥添加影像：添加待处理的影像。

⑦移走影像：移除已添加的影像。

⑧确认：保存当前设置，并开始进行处理。

正射影像生产的成果为单张正射影像，保存在工程目录下 DOM 文件夹内，以影像名

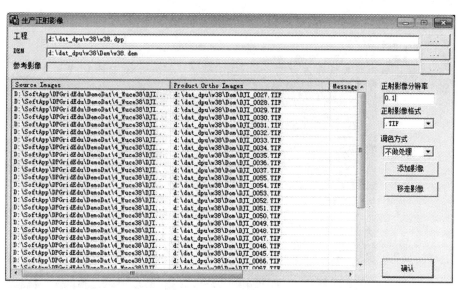

图 6-3　正射影像制作

称命名。

额外的匀光匀色：

为了保证正射影像最终成果色彩、色调的一致性，正射影像成果拼接之前需要保证单片正射影像的色彩、色调一致。单片正射影像的色彩、色调可以先通过对原始影像进行匀光匀色，然后再纠正单片影像来完成。匀光匀色的方法可以采用根据参考影像，使用色调匹配、色调均衡、传统匀色等方法进行。而参考影像是在原始影像中挑选能够代表测区地物的影像，通过使用 Photoshop 对影像进行色彩调整。

6.4　正射影像拼接

正射影像起着重要的基础数据信息层的作用，而在应用过程中，当研究区域处于几幅图像的交界处或研究区很大，需多幅图像才能覆盖时，图像的拼接就必不可少了。如果对相邻影像间的辐射度的差异不做任何处理而进行影像拼接时，往往会在拼接线处产生假边界，这种假边界会给影像的判读带来困难和误导，同时也影响了影像地图的整体效果。此外，在影像的获取过程中，由于各种环境因素使得每条航带内的影像和航带间相互连接的影像都存在色差、亮度等多方面不同程度的差异，故我们生产正射影像制作中需要用软件来对影像进行处理。

6.4.1　处理功能

运行软件 DPMzx，或者在 DPGrid 软件界面上选择"DOM 生产"→"正射拼接"菜单项，在系统弹出的 DPMzx 主界面中，选择"打开"或"新建工程"后，系统显示所有功能的菜单，如图 6-4 所示。

图 6-4　正射影像拼接主界面

　　DPMzx 正射影像拼接软件共包含 6 个菜单项，分别是文件菜单、查看菜单、显示菜单、处理菜单、窗口菜单和帮助菜单，前 4 个菜单及工具栏的功能介绍如下。

1. 文件菜单

　　文件菜单主要是对工程进行一些操作，包含添加影像、移除影像、保存、退出等功能，具体如图 6-5 所示。

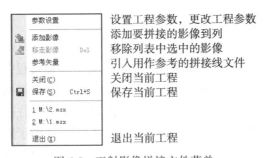

图 6-5　正射影像拼接文件菜单

2. 查看菜单

　　查看菜单包含工具栏、缩放显示内容等功能，如图 6-6 所示。

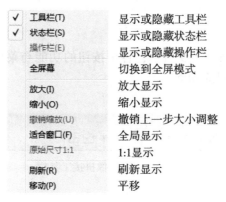

✓	工具栏(T)	显示或隐藏工具栏
✓	状态栏(S)	显示或隐藏状态栏
	操作栏(E)	显示或隐藏操作栏
	全屏幕	切换到全屏模式
	放大(I)	放大显示
	缩小(O)	缩小显示
	撤销缩放(U)	撤销上一步大小调整
	适合窗口(F)	全局显示
	原始尺寸1:1	1:1显示
	刷新(R)	刷新显示
	移动(P)	平移

图 6-6　正射影像拼接查看菜单

3. 显示菜单

显示菜单包含与显示相关的功能，如显示影像边界线、影像中心点等，具体如图 6-7 所示。

	影像 边界线	显/隐影像边界线
✓	影像 中心点	显/隐影像中心点
✓	影像 拼接线	显/隐影像拼接线
✓	参考 范围线	显/隐参考范围线

图 6-7　正射影像拼接显示菜单

4. 处理菜单

处理菜单包含所有常用的处理功能，如生成拼接线、编辑拼接线、设定有效区等，具体功能如图 6-8 所示。

生成 拼接线	生成影像间的拼接线
编辑 拼接线	编辑拼接线
删除 拼接点	删除拼接线的节点
删除 拼接线	删除拼接线
撤销编辑	撤销之前的编辑操作
重做编辑	重新进行拼接线编辑
设定 有效区	设定有效区域
输出 拼接线	输出拼接线矢量文件
拼接 影像	输出拼接影像

图 6-8　正射影像拼接处理菜单

223

5. 工具栏

正射影像拼接工具栏如图 6-9 所示，各个按钮的功能与菜单中相应选项的功能相同，方便作业人员用鼠标选择对应功能。

图 6-9　正射影像拼接工具栏

正射影像拼接工具栏中共 28 个按钮，各按钮功能如图 6-10 所示。

打开拼接工程		显隐影像中心点	
保存当前工程		显隐拼接线	
添加影像		显隐参考范围线	
移除影像		生成拼接线	
放大显示		编辑拼接线，点编辑	
缩小显示		编辑拼接线，线编辑	
拉框放大		删除拼接节点	
全局显示		删除拼接线	
撤销缩放		重做编辑	
1 : 1 显示		撤销编辑	
刷新显示		设定有效区	
平移		输出拼接线	
全屏显示		拼接影像	
显隐影像边界线		关于	

图 6-10　正射影像拼接工具按钮

6.4.2　常用操作

1. 新建工程

选择菜单"文件"→"新建"，系统弹出新建工程对话框，如图 6-11 所示，设置工程路径和工程参数，点击"确认"按钮，即可新建一个拼接工程并进入拼接工程界面。

界面中各控件的功能如下。

①工程路径：影像拼接工程存放路径。

②参数设置：

a. 拼接过渡带宽度，平均工程中羽化带的宽度，以像素为单位，在羽化带内影像将

图 6-11　正射影像拼接工程参数

逐步过渡到另外一张影像，默认值是 16 像素，最大不超过 32 像素。

b. 默认图像块大小：处理过程中，每次读写的影像块大小，以像素为单位，默认值 64 像素，推荐在 64 像素到 512 像素之间选择。注意：拼接线一定会出现在图块边界上。

c. 影像背景颜色：没有影像数据的位置用这里指定的颜色进行填充。

指定好参数后，选择"确认"，即可进入主界面。

2. 添加影像

选择菜单"文件"→"添加影像"，或者单击工具栏上的添加影像按钮 🖼，在系统弹出的打开对话框中选择需要进行拼接的正射影像文件，然后单击"打开"按钮，窗口中即显示该正射影像，如图 6-12 所示。

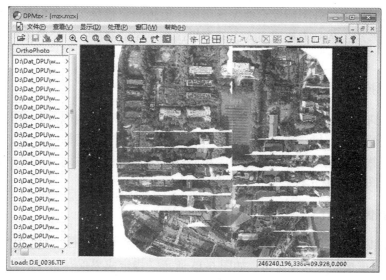

图 6-12　添加影像后界面

影像添加完成后，系统会将所有影像按坐标叠合在一起显示，此时相互有压盖是正常现象，在生成拼接线后，压盖才会消失。

3. 生成拼接线

在添加影像后，选择菜单"处理"→"生成拼接线"，或者单击工具栏上的生成拼接线按钮，即生成了红色的拼接线，如图 6-13 所示。

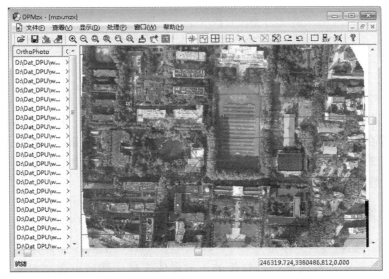

图 6-13　生成拼接线处理结果

自动生成的拼接线并不能完全地保证房屋、道路的完整性，不能保证房屋、道路没有错位，所以拼接线生成后需要通过人工编辑拼接线，保证房屋、道路的完整性和逻辑关系的一致性。

4. 编辑拼接线

单击"处理"→"编辑拼接线"菜单项，开始用鼠标编辑拼接线。用鼠标移动或者添加拼接线上的节点，拼接线变化后即可查看拼接效果。通过调整拼接线使拼接线两边的影像过渡更自然，色差更小，保证房屋、道路的完整性，逻辑关系一致性，修改拼接线前后效果对比如图 6-14 所示。

5. 拼接影像

拼接线编辑完成后，就可以将拼接的成果输出，选择菜单项"处理"→"拼接影像"，系统弹出拼接成果保存窗口，如图 6-15 所示。指定成果保存路径及名称即可进行拼接输出，拼接成果格式默认为 *.dpr，同时也支持 *.orl、*.lei、*.tif 格式。

图 6-14　修改拼接线前后效果对比

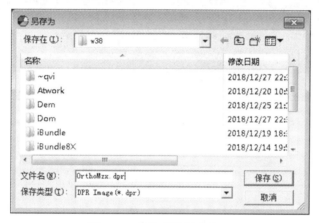

图 6-15　拼接成果保存窗口

6.5　正射影像编辑

自动生成的大比例尺的正射影像，对于高大的建筑物、高悬于河流之上的大桥及高差较大的地物，它们很可能会出现严重的变形。对于用左右片（或多片）同时生成的正射影像，有时还会在影像接边处出现重影等情况。此外，也会因为 DEM 编辑不到位而造成地物变形，规范的操作是在 DOM 成果输出后对 DEM 再次编辑，再进行 DOM 单片纠正和拼接，但是使用这种方法会造成比较大的工作量。但变形对实际生产会造成不利的影响，为此，可采取正射影像编辑的方法对其进行局部校正。

6.5.1　处理功能

运行软件 DPDomEdt，或者在 DPGrid 软件界面上选择 "DOM 生产" → "正射编辑" 菜单项，系统弹出 DPDomEdt 界面，在打开待编辑的正射影像后，系统显示全部功能菜单，如图 6-16 所示。

DPDomEdt 正射影像编辑软件共包含 6 个菜单项，分别是文件菜单、查看菜单、设置菜单、编辑菜单、窗口菜单和帮助菜单，文件菜单、查看菜单、编辑菜单及工具栏、状态

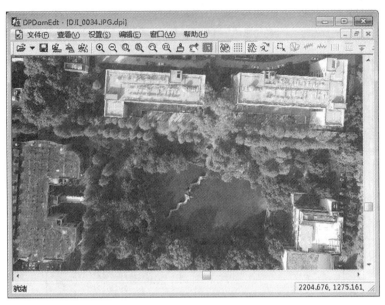

图 6-16　正射影像编辑主界面

栏的功能介绍如下。

1. 文件菜单

文件菜单主要是对工程进行一些操作，包含载入 DEM、载入测区、保存、退出等功能，具体如图 6-17 所示。

图 6-17　正射影像编辑文件菜单

2. 查看菜单

查看菜单包含工具栏、缩放显示内容等功能，如图 6-18 所示。

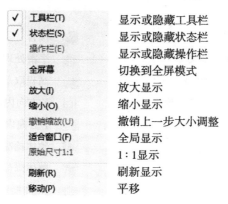

√ 工具栏(T)	显示或隐藏工具栏
√ 状态栏(S)	显示或隐藏状态栏
操作栏(E)	显示或隐藏操作栏
全屏幕	切换到全屏模式
放大(I)	放大显示
缩小(O)	缩小显示
撤销缩放(U)	撤销上一步大小调整
适合窗口(F)	全局显示
原始尺寸1:1	1:1显示
刷新(R)	刷新显示
移动(P)	平移

图 6-18　正射影像编辑查看菜单

3. 编辑菜单

编辑菜单包含所有常用的编辑功能，如图 6-19 所示。

	选择区域(B)	用鼠标左键绘制红色边框的多边形选择影像区域的功能	
	DEM: 拟合(F)	对所选区域的DEM进行拟合操作	
	DEM: 平滑(S)	对所选区域的DEM进行平滑操作	
	DEM: 均高(Z)	对所选区域的DEM进行平均高程操作	
	重纠影像(X)	用修改后的DEM重新纠正正射影像	
	其他编辑 DEM ▶		
调用Photoshop编辑选中的影像区域	使用 PS 编辑	DEM: X方向内插(A)	在X方向进行DEM内插
用参考影像替换所选区域	用参考影像替换	DEM: Y方向内插(D)	在Y方向进行DEM内插
用指定颜色填充区域	用指定颜色填充	DEM: 定值平面(V)	对所选区域的DEM进行高程给定
调整所选区域的亮度及对比度	调整亮度对比度	DEM: 升高(Up)	升高高程
对所选区域进行匀光匀色处理	区域匀光匀色	DEM: 降低(Down)	降低高程
撤销上一步DOM编辑	撤销(U)	DEM: 撤销	撤销上一步DEM编辑
重做DOM编辑	重做(R)	DEM: 重做	重新进行DEM编辑工作

图 6-19　正射影像编辑的编辑菜单

4. 工具栏

正射影像编辑工具栏如图 6-20 所示，各个按钮的功能与菜单中相应选项的功能相同，方便作业人员用鼠标选择对应功能。

图 6-20　正射影像编辑工具栏

正射影像编辑工具栏中共 38 个按钮，各按钮功能如图 6-21 所示。

	打开		拟合
	保存结果		平滑处理
	载入 DEM		高程取平均
	新加参考影像		X 方向内插
	载入矢量图		Y 方向内插
	放大显示		整体抬高
	缩小显示		整体降低
	拉框放大		DEM 撤销
	全局显示		DEM 重做
	撤销缩放		使用 DEM 重纠影像
	1：1 显示		保存子影像
	刷新显示		使用 PS 编辑
	平移		用参考影像替换
	全屏显示		用指定颜色填充
	显示拼接线		调整亮度对比度
	显示格网点		区域匀光匀色
	显示等高线		DOM 撤销
	设置 DEM 编辑参数		DOM 重做
	选择区域		帮助

图 6-21 正射影像编辑工具按钮功能

5. 状态栏

正射影像编辑软件状态栏如图 6-22 所示。

图 6-22 正射影像编辑状态栏

其中最左一项是信息提示栏；第二栏是鼠标位置的地面坐标值，包含 X，Y，Z 三分量；最后一栏是软件版权信息。

6.5.2 常用操作

1. 打开影像

在正射影像编辑菜单中选择"文件"→"打开"菜单项，在系统弹出的打开对话框中选择需要进行编辑的正射影像，系统将编辑影像载入并显示，如图 6-23 所示。

图 6-23　正射影像编辑打开影像

2. 载入 DEM 和工程

正射影像编辑过程中，打开待编辑的正射影像后，还需要通过文件菜单中的"载入 DEM"和"载入 DP 测区"将正射影像对应的 DEM 和原始测区数据读入系统。载入 DEM 操作需要选择正射影像对应的 DEM 文件，如图 6-24 所示。

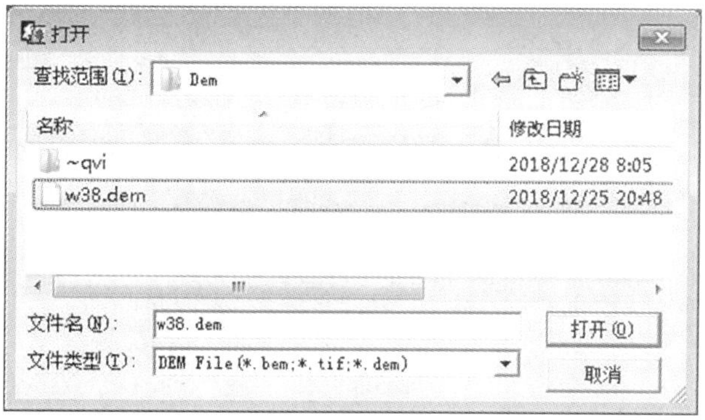

图 6-24　载入 DEM

载入 DEM 后，还需要载入 DP 测区。选择整个生产正射影像的测区工程文件，界面如图 6-25 所示。

载入后 DEM 将会通过显示等高线的方式表示出来，等高线显示参数可以通过设置参数进行修改，载入后结果如图 6-26 所示。

在 DOM 编辑之前，可进行 DEM 参数设置；DEM 参数设置等高线是为了在编辑过程

图 6-25　载入 DP 工程

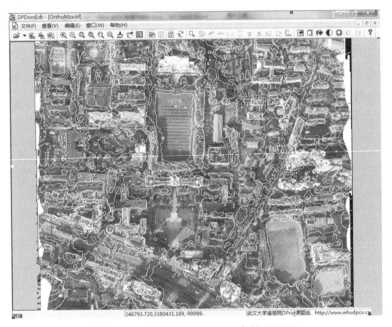

图 6-26　载入正射影像对应参数后界面

中辅助显示 DEM 地形变化显示，方便用户在编辑过程中确认 DEM 编辑效果。选择设置菜单中的"设置等高线参数"，可得到如图 6-27 所示界面。界面上各控件功能如下：

①等高距：等高线高程间隔。

②修改步距：用键盘键方向中的上下键时，DEM 高程变化步距。

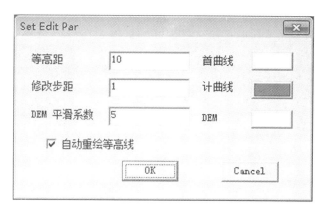

图 6-27 设置等高线参数

③DEM 平滑系数：使用 DEM 平滑时，平滑算法使用的系数，相当于中值滤波的窗口大小。

3. 定义编辑区域

矩形框选范围，选择编辑菜单的选择区域，按住左键框选范围，松开左键结束选择，出现红色范围线代表已选中，如图 6-28 所示。

图 6-28 定义矩形编辑区域

多边形选择，选择编辑菜单的选择区域，使用鼠标左键选择多边形边界点，按鼠标右键结束，出现红色范围线代表已选中，如图 6-29 所示。

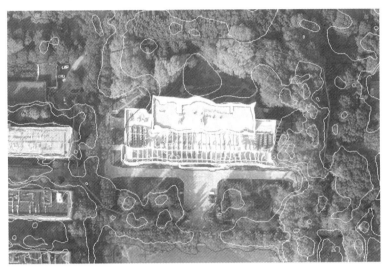

图 6-29　定义多边形编辑区域

4. 编辑处理

在选择了需要编辑的区域后，即可进行编辑处理。正射影像编辑支持多种方式编辑正射影像，包括修改 DEM 重纠，调用 Photoshop 处理，参考影像替换，挖取原始影像填补，指定颜色填充，匀色匀光和调整亮度对比度等。

①编辑 DEM 后重新生成局部正射影像：

编辑 DEM 修改一定要先载入相关数据后才可以进行编辑操作，编辑操作是个交互操作的过程，其基本原理是修改正射影像对应区域的 DEM 值，然后对局部进行重新生成正射影像。对 DEM 编辑修改的工具很多，例如"拟合""平滑""取平均""X 方向内插""Y 方向内插"等，几乎包含了 DEM 编辑里面的所有编辑方法，其编辑原理也与 DEM 编辑模块一模一样。选择了一个区域后，按鼠标右键就可以看到 DEM 编辑的可用功能，如图 6-30 所示。

选择一个功能对 DEM 修改了，对应的等高线也会实时发生变化，因此可以根据等高线的情况判断编辑操作是否合理。DEM 修改完成后，还需要在右键菜单中选择"用 DEM 重纠影像"，此时选择区域内的影像会重新生成并实时更新到界面上。

最简单的编辑 DEM 区域更新操作：选择一个区域，先选用"DEM：拟合"，再选用"用 DEM 重纠影像"，编辑前后效果对比如图 6-31 所示。

②使用 PS 编辑：选择菜单栏中的"编辑"→"使用 PS 编辑"菜单项，或者选择工具栏中的调用 Photoshop 处理按钮。第一次调用 Photoshop，会提示用户设置 Photoshop. exe 的路径，如图 6-32 所示。

设置正确后，可进入 Photoshop 界面，如图 6-33 所示，在 Photoshop 中处理完毕后，保存退出，OrthoEdit 中影像被编辑的部分就会更新为编辑结果。

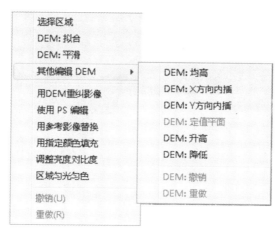

图 6-30 编辑选择区域的 DEM

图 6-31 修改 DEM 编辑正射影像前后效果对比

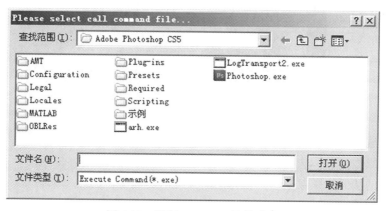

图 6-32 指定 Photoshop 软件路径

③用参考影像替换：选择菜单栏中的"编辑"→"用参考影像替换"菜单项，或者选择工具栏中的用参考影像替换，进入"复制参考影像"对话框，如图6-34所示。

使用"新加参考影像"和"移走参考影像"按钮，可将用作参考的正射影像文件添加到或移出左侧的影像列表。添加了影像后，点击"确认"按钮即可用参考影像对应部

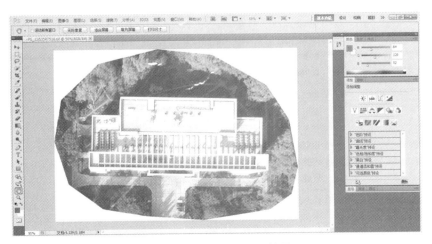

图 6-33　调用 Photoshop 处理

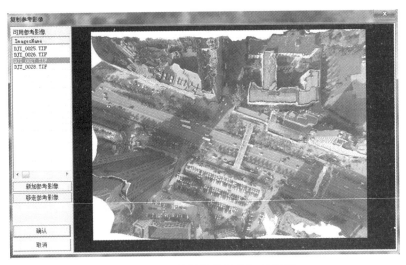

图 6-34　"复制参考影像"对话框

分替换所选区域，处理效果如图 6-35 所示。

　　④从原始影像挖取：选择菜单栏中的"编辑"→"从原始影像挖取"菜单项，或者选择工具栏中的从原始影像挖取，在弹出的文件对话框中，选取一张原始影像，进入从原始影像挖取对话框。

　　⑤用指定颜色填充：选择菜单栏中的"编辑"→"用指定颜色填充"菜单项，或者选择工具栏中的用指定颜色填充，在弹出的颜色对话框中选取一种颜色，选择"确定"按钮即可用该颜色填充所选区域。

　　⑥调整亮度对比度：选择菜单栏中的"编辑"→"调整亮度对比度"菜单项，或者选择工具栏中的调整亮度对比度，即可进入亮度对比度调节对话框。使用鼠标调整亮度和

图 6-35 用参考影像替换处理效果

对比度滚动条，如图 6-36 所示，选择"保存"按钮即可改变所选区域的亮度和对比度。

图 6-36 亮度对比度调节

⑦匀光匀色：选择菜单栏中的"编辑"→"区域匀光匀色"菜单项，或者选择工具栏中的匀光匀色，进入匀光匀色对话框，如图 6-37 所示。调整色彩相关系数和亮度相关系数，勾选"匀光"和"匀色"，即进行相应的处理。点击"结果预览"按钮可以预览处理结果。选择"保存"按钮即可保存对所选区域处理的结果。

5. 保存编辑结果

选择"文件"→"保存"菜单项，可保存当前编辑结果，全部编辑完成并保存后，可选择"文件"→"退出"菜单项退出程序。

图 6-37　匀光和匀色处理

6.5.3　常见用法举例

1. 编辑变形房屋

修改正射影像中的变形房屋，具体方式为：

①选中要编辑的房屋。

②使用 DEM 中的 X（或 Y）方向内插，对所选范围进行内插，结果如图 6-38 所示。

图 6-38　DEM 内插结果

③DEM 编辑结束后，使用 DEM 重纠影像，纠正后影像如图 6-39 所示。

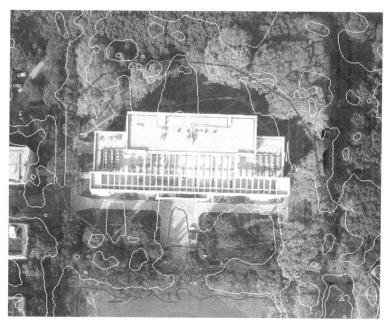

图 6-39　修改 DEM 后重纠影像结果

2. 编辑拉花位置

正射影像拉花的现象通常出现在高程剧烈变化的位置，如断崖、高陡坎、高大的树木等，常用的处理方法是选择不同方向的原始影像用 DEM 重新纠正。在正射影像编辑界面中，载入工程后可看到每张原始影像中心点的十字，用鼠标左键双击十字，十字周围出现圆圈，代码选择此影像为原始影像，此后进行用 DEM 重新纠正时，正射影像的数据将来源于此原始影像。不同方向拍摄的原始影像所记录的内容不一样，某个角度拍摄的拉花影像，在其他角度不一定拉花，因此只要选择适当，总可以找到比较理想的影像进行纠正。

3. 编辑拼接缝隙

整体的正射影像是由多张影像拼接而来的，由于摄影位置的差异和目标地物的高程差异，导致生产的正射影像存在差异，如房子倒向不一致，一张往左，一张往右，这个现象在生产过程中是没法避免的，只能通过编辑操作进行修正。此外由于颜色差异也会形成明显的拼接缝，此外也需要进行编辑处理。几何问题的处理通常用指定原始影像重新采集正射影像进行解决，选择编辑区域时，尽量保证同一个地物目标在同一张影像中采集，拼接的位置选择在草丛、特别不明显的平地等位置。

色彩过度问题通常需要借助 Photoshop 进行色调调整，Photoshop 调整色彩的问题请参考 Photoshop 使用技巧相关的书，这里不再讨论。

6.6 正射影像精度评定

影响正射影像精度的原因是多方面的，对于正射影像的成图检查也要从对生产过程的监督入手，检查各工序的作业程序是否符合国家、行业规范以及设计书的要求，各项精度指标是否达到要求，正射影像的生产是否做到有序进行等。

正射影像精度评定的方法主要如下：

1）采用间距法进行检查，将正射影像图与数字线划图叠加

①通过量取正射影像图上明显地物点坐标，与数字化地形图上同名点坐标相比较，以评定平面位置精度。地形图采用同精度或者高于本项目比例尺地形图。

②通过对同期加密成果恢复立体模型所采集的明显地物点，与正射影像同名地物点相比较，以评定平面位置精度。

③通过野外 GPS 采集明显地物点，与影像同名地物点相比较，以评定平面位置精度。检测仪器应采用不低于相应测量精度要求的 GPS-RTK 接收机、全站仪。

根据图幅具体情况，选取明显同名地物点，所选取的点位尽量分布均匀，每幅图采集的点数原则上不少于 20 个点，计算相邻地物间中误差。

2）接边检查

①精度检查：取相邻两数字正射影像图重叠区域处同名点，读取同名点的坐标，检查同名点的较差是否符合限差，作为评定接边精度的依据。

②接边处影像检查：通过计算机目视检查，目视法检测相邻数字正射影像图幅接边处影像的亮度、反差、色彩是否基本一致，是否无明显失真、偏色现象。

3）影像质量检查

通过对正射影像图进行计算机目视检查。图幅内应具备以下特点：反差适中，色调均匀，纹理清楚，层次丰富，无明显失真、偏色现象，无明显镶嵌接缝及调整痕迹；无因影像缺损（纹理不清、噪音、影像模糊、影像扭曲、错开、裂缝、漏洞、污点划痕等）而造成无法判读影像信息和精度的损失。

经实践验证，以上 3 种方法均为检查正射影像质量行之有效的方法，DPGrid 系统主要通过检查点对正射影像成果进行质量评定。

在 DPGrid 软件界面上选择"DOM 生产"→"正射质检"菜单项，系统弹出正射影像质量检查主界面，在打开一幅正射影像后，可见到所有可用功能及菜单，如图 6-40 所示。

正射影像打开后，引入检查需要的控制点文件，选择"文件"→"导入控制点"，界面如图 6-41 所示。

在导入控制点界面中，指定控制点文件，选择点位图路径（点位图命名必须与控制点 ID 一致，如果没有点位图文件，可以不指定），单击"确定"，控制点列表中显示已导入控制点，界面中根据控制点坐标自动匹配位置，如图 6-42 所示。

图 6-40   正射影像质量检查

图 6-41   导入控制点

控制点引入以后就可以根据控制点量测外业测量坐标和内业量算坐标质检的误差值，在窗口左侧边栏控制点列表中，双击一个点号标记为✥的控制点，在界面右上的小窗口中会出现放大后的控制点点位，如图 6-43 所示。

在小窗口中，单击鼠标左键，调整十字丝光标的位置，使十字丝光标的中心与该控制点的实际位置相符，控制点列表中会显示当前点位的误差值。特别提醒：选择控制点位置后，一定要在点位图放大窗口中，点击鼠标右键弹出菜单，并在菜单中选择"确认"。按照此方法对所有控制点进行量测和评定，结果如图 6-44 所示。

精度量测完成后，可以将量测的精度值以 txt 文档的形式导出。导出精度报告方法为，选择菜单项"检查"→"导出精度报告"，弹出如图 6-45 所示界面。

图 6-42　导入控制点进行质量检查

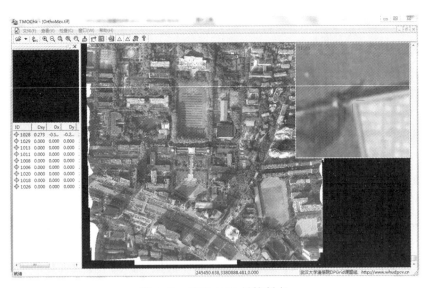

图 6-43　检查 1028 号控制点

　　选择或输入报告文件名后点击"保存",保存检查报告,报告文件内容如图 6-46 所示。

ID	Dxy	Dx	Dy	X	Y
⊕ 1028	0.273	-0.110	-0.250	246259.108	3380268.643
⊕ 1029	0.273	-0.111	-0.249	246302.298	3380267.726
⊕ 1013	0.157	0.111	-0.111	246295.218	3380496.144
⊕ 1011	0.279	-0.027	-0.277	246315.324	3380439.917
⊕ 1008	0.420	-0.416	0.056	246422.542	3380533.642
⊕ 1006	0.512	-0.499	0.111	246464.451	3380691.681
⊕ 1020	0.589	0.583	0.083	245986.138	3380666.194
⊕ 1018	0.286	0.250	-0.138	246082.883	3380685.203
⊕ 1026	0.178	0.139	-0.111	246089.003	3380204.766

图 6-44 控制点检查结果

图 6-45 保存精度报告界面

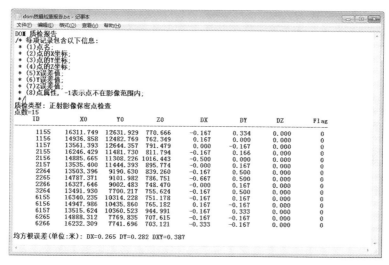

图 6-46 正射影像精度检查报告文件内容

6.7　正射影像图制作

正射影像图是根据质量合格的正射影像数据制作出一幅带有图名、图号、图式、边框等出版信息的影像成果图，通常可直接提交印刷部门进行喷绘印刷，最后提供给相关应用单位。各生产单位自己也会制作一些有代表性的正射影像图保存下来供其他人学习或对外展示。

6.7.1　处理功能

运行软件 DiPlot，或者在 DPGrid 软件界面上选择"DOM 生产"→"影像地图"菜单项，系统弹出 DiPlot 主界面，在打开一幅正射影像后，可见到所有可用功能及菜单，如图 6-47 所示。

图 6-47　正射影像图制作界面

正射影像图下共 7 个菜单栏，分别是文件菜单、查看菜单、设置菜单、处理菜单、工具菜单、窗口菜单、帮助菜单，前 5 个菜单及工具栏的功能介绍如下。

1. 文件菜单

文件菜单主要是对工程进行一些操作，包含打开正射影像、关闭、退出等功能，具体如图 6-48 所示。

2. 查看菜单

查看菜单包含工具栏、缩放显示内容等功能，如图 6-49 所示。

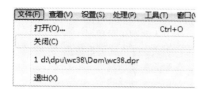

文件(F) 查看(V) 设置(S) 处理(P) 工具(T) 窗口
打开(O)... Ctrl+O
关闭(C)
1 d:\dpu\wc38\Dom\wc38.dpr
退出(X)
打开正射影像
关闭当前打开的正射影像
最近打开过的正射影像
退出

图 6-48 正射影像图制作文件菜单

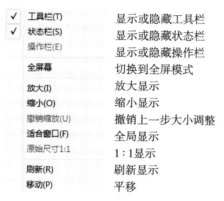

工具栏(T)
状态栏(S)
操作栏(E)
全屏幕
放大(I)
缩小(O)
撤销缩放(U)
适合窗口(F)
原始尺寸1:1
刷新(R)
移动(P)
显示或隐藏工具栏
显示或隐藏状态栏
显示或隐藏操作栏
切换到全屏模式
放大显示
缩小显示
撤销上一步大小调整
全局显示
1∶1显示
刷新显示
平移

图 6-49 正射影像图制作查看菜单

3. 设置菜单

设置菜单包含所有制作过程中设置相关参数点功能，如图 6-50 所示。

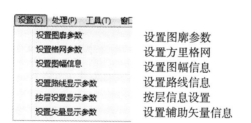

设置(S) 处理(P) 工具(T) 窗口
设置图廓参数
设置格网参数
设置图幅信息
设置路线显示参数
按层设置显示参数
设置矢量显示参数
设置图廓参数
设置方里格网
设置图幅信息
设置路线信息
按层信息设置
设置辅助矢量信息

图 6-50 正射影像图制作设置菜单

4. 处理菜单

处理菜单包含所有常用的处理功能，如引入数据、添加文本等，具体功能如图 6-51 所示。

5. 工具菜单

工具菜单包含常用工具，如图幅号计算工具、像点信息等，具体功能如图 6-52 所示。

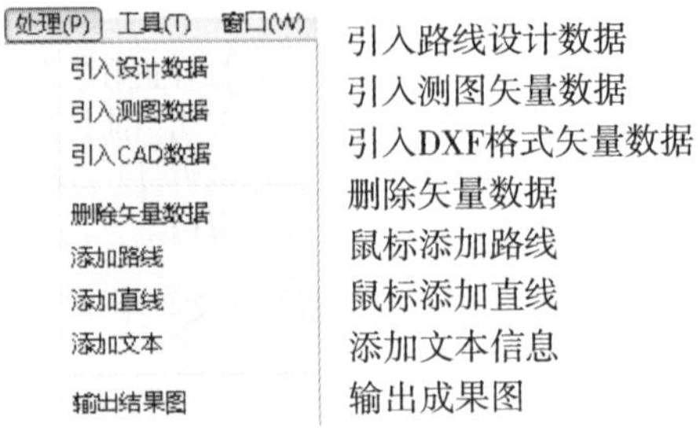

处理(P)　工具(T)　窗口(W)　　　　　引入路线设计数据
　　引入设计数据　　　　　　　　　　引入测图矢量数据
　　引入测图数据　　　　　　　　　　引入DXF格式矢量数据
　　引入CAD数据
　　删除矢量数据　　　　　　　　　　删除矢量数据
　　添加路线　　　　　　　　　　　　鼠标添加路线
　　添加直线　　　　　　　　　　　　鼠标添加直线
　　添加文本　　　　　　　　　　　　添加文本信息
　　输出结果图　　　　　　　　　　　输出成果图

图 6-51　正射影像图制作处理菜单

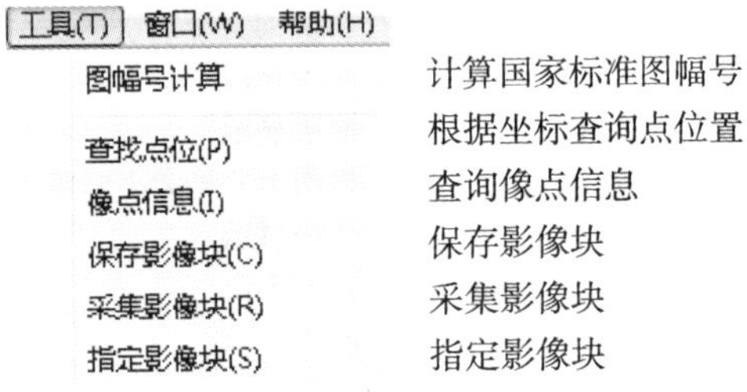

工具(T)　窗口(W)　帮助(H)　　　　　计算国家标准图幅号
　　图幅号计算　　　　　　　　　　　根据坐标查询点位置
　　查找点位(P)　　　　　　　　　　查询像点信息
　　像点信息(I)　　　　　　　　　　保存影像块
　　保存影像块(C)　　　　　　　　　采集影像块
　　采集影像块(R)　　　　　　　　　指定影像块
　　指定影像块(S)

图 6-52　正射影像图制作工具菜单

6. 工具栏

正射影像图制作工具栏如图 6-53 所示，各个按钮的功能与菜单中相应选项的功能相同，方便作业人员用鼠标选择对应功能。

图 6-53　正射影像图制作工具栏

正射影像图制作工具栏共包含 33 个工具，每个工具的详细功能如图 6-54 所示。

6.7.2　常用操作

1. 引入数据

在正射影像图制作中，使用菜单"处理"→"引入设计数据、引入调绘数据、引入测图数据、引入 CAD 数据"可分别引入对应格式的矢量数据；使用"处理"菜单中的"删除矢量数据"，可删除引入的矢量；使用"处理"菜单中的"添加路线、添加直线、添加文本"菜单项，可直接在地图上绘制路线、直线和文本注记等。

打开	按层设置显示参数
放大显示	设置矢量显示参数
缩小显示	引入设计数据
开窗放大	引入测图数据
适合窗口	引入 CAD 数据
撤销缩放	删除矢量数据
原始尺寸 1：1	添加路线
刷新显示	添加直线
移动	添加文本文字
全屏幕	查找点位
自动选择对比度和亮度	像点信息
调节影像对比度和亮度	保存影像块
撤销	采集影像块
设置图廓参数	指定影像块
设置格网参数	输出结果图
设置图幅信息	关于
设置路线显示参数	

图 6-54　正射影像图制作工具栏按钮功能

2. 设置图廓参数

在正射影像图制作软件中，选择"设置"→"设置图廓参数"菜单项，进入图框参数设置对话框，如图 6-55 所示。

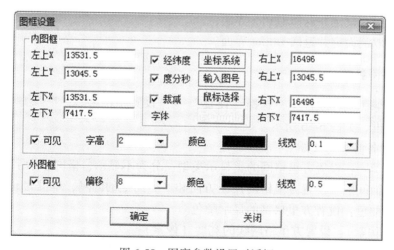

图 6-55　图廓参数设置对话框

内图框 8 个坐标代表的意义如表 6-1 所示。

247

表 6-1
内图框坐标定义

左上 X	左上角图廓 X 地面坐标	右上 X	右上角图廓 X 地面坐标
左上 Y	左上角图廓 Y 地面坐标	右上 Y	右上角图廓 Y 地面坐标
左下 X	左下角图廓 X 地面坐标	右下 X	右下角图廓 X 地面坐标
左下 Y	左下角图廓 Y 地面坐标	右下 Y	右下角图廓 Y 地面坐标

其他按钮意义如下：

①经纬度：输入值是否为经纬度坐标；

②度分秒：经纬度坐标是否为 DD. MMSS 格式；

③裁剪：是否进行裁剪处理；

④坐标系：设置影像的坐标投影系统；

⑤输入图号：输入影像所在的标准图幅号；

⑥鼠标选择：使用鼠标选择，在图像上自左上至右下拖框；

⑦字体：设置坐标值在图上显示的字体；

⑧可见（内图框）：内图框是否可见；

⑨字高：坐标值文字的高度大小；

⑩颜色（内图框）：设置内图框的颜色；

⑪线宽（内图框）：设置内图框的线宽；

⑫可见（外图框）：外图框是否可见；

⑬偏移：外图框相对内图框的偏移；

⑭颜色（外图框）：设置外图框的颜色；

⑮线宽（外图框）：设置外图框的线宽；

⑯确定：保存设定并返回 DiPlot 界面；

⑰取消：取消设定并返回 DiPlot 界面。

3. 设置格网参数

在正射影像图制作软件中，选择"设置"→"设置格网参数…"菜单项，进入方里格网设置对话框，如图 6-56 所示。

图 5-65 中各参数意义如下：

①方里网类型：设置方里格网的类显示类型，分为不显示、格网、十字三种。

②格网地面间隔：设置方里格网在 X 方向和 Y 方向上的间隔，单位为 m。

③方里网颜色：设置方里格网的显示颜色。

④线宽（像素）：设置方里格网线的宽度（像素）。

⑤大字字高：坐标注记字百千米以下的部分的字高，单位为 mm。

⑥小字字高：坐标注记字百千米以上的部分的字高，单位为 mm。

⑦注记字体：设置注记文字的字体。

⑧OK：保存设置并返回 DiPlot 界面。

图 6-56　方里格网设置对话框

4. 设置图幅信息

在正射影像图制作软件中，选择"设置"→"设置图幅信息"菜单项，进入图幅信息设置对话框，如图 6-57 所示。

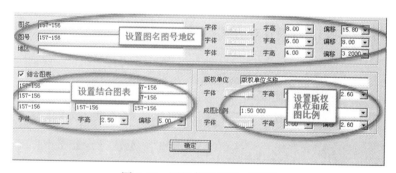

图 6-57　图幅信息设置对话框

对话框中各控件功能为：

①图名：正射影像图图名；

②图号：正射影像图图号；

③地区：正射影像图地区；

④版权单位：正射影像图版权单位；

⑤结合表：正射影像图结合表；

⑥成图比例：正射影像图比例尺。

根据正射影像图整饰要求设置图名、图号、地区、版权单位以及结合图表等，设置完毕单击"确定"。

5. 设置路线显示参数

在正射影像图制作软件中，选择"设置"→"设置路线显示参数"菜单项，进入路线显示参数设置对话框，如图 6-58 所示。

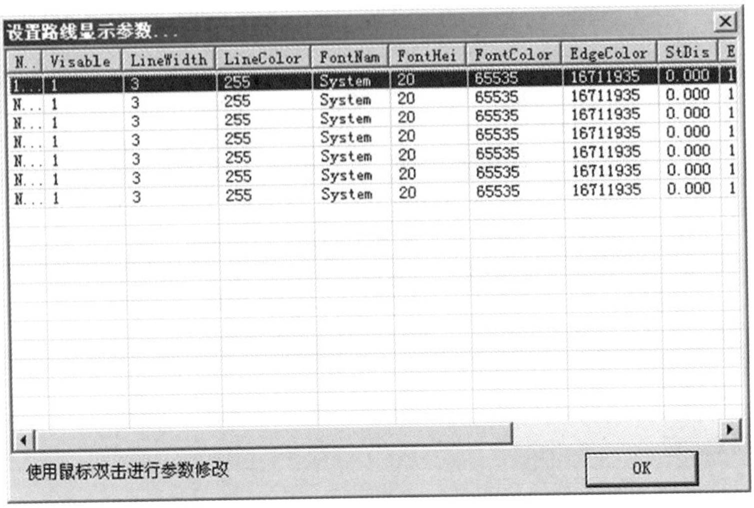

图 6-58　路线显示参数设置对话框

路线列表中每一行显示一条路线的信息，要对某条路线参数进行设置，使用鼠标双击路线列表中该路线，弹出路线设置对话框，如图 6-59 所示。

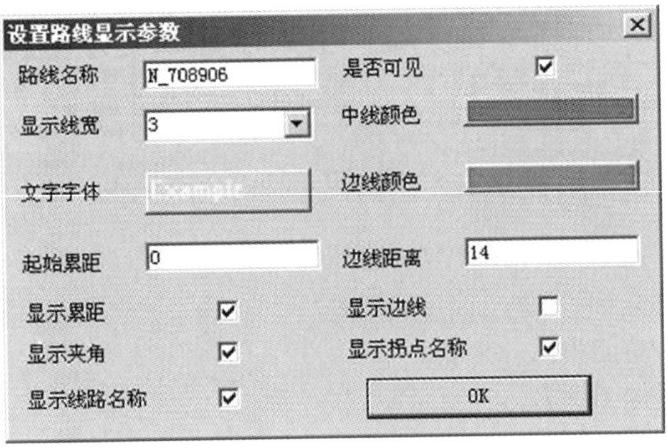

图 6-59　路线设置对话框

对话框中各控件的功能如下：
①路线名称：设置路线的名字；
②是否可见：是否在图上显示该路线；
③显示线宽：设置路线显示的宽度；
④中线颜色：设置路线中线颜色；
⑤文字字体：设置文字字体；
⑥边线颜色：设置路线边线颜色；

⑦起始累距：设置起始累距；

⑧边线距离：设置边线与中线的偏移；

⑨显示累距：是否显示累距；

⑩显示夹角：是否显示夹角；

⑪显示路线名称：是否显示路线名称；

⑫显示边线：是否显示边线；

⑬显示拐点名称：是否显示拐点的名称；

⑭OK：保存设置并返回路线显示参数设置界面。

6. 按层设置显示参数

在正射影像图制作软件中，选择"设置"→"按层设置显示参数"菜单项，进入"按层来设置矢量显示参数…"对话框，如图 6-60 所示。该对话框的作用是对分层设置矢量的显示参数。

图 6-60　按层来设置矢量显示参数

层列表中每一行显示一个图层的信息，要对某层参数进行设置，使用鼠标双击层列表中的该层，弹出"设置矢量显示参数"对话框，如图 6-61 所示。

在"设置矢量显示参数"对话框中，可以设置该层的矢量是否可见，显示线宽、颜色、文字字体和字高等属性。

7. 输出成果

完成所有设置和编辑后，选择"编辑"→"输出成果图"，弹出输出设置如图 6-62 所示。

设置成果文件路径和名称，以及保留边界，然后选择"确定"按钮即可，图 6-63 就是生产出的成果图。

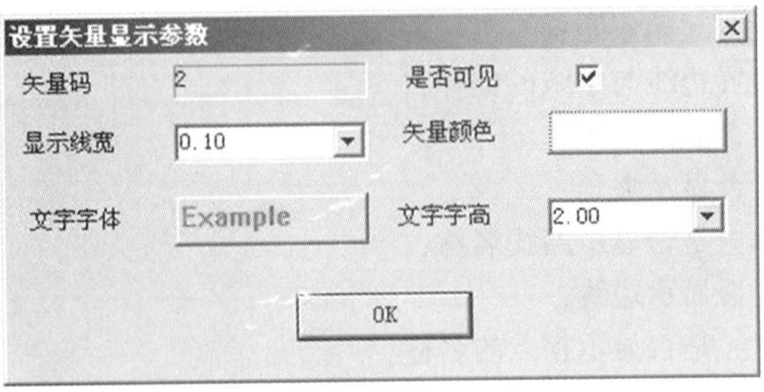

图 6-61　设置矢量显示参数

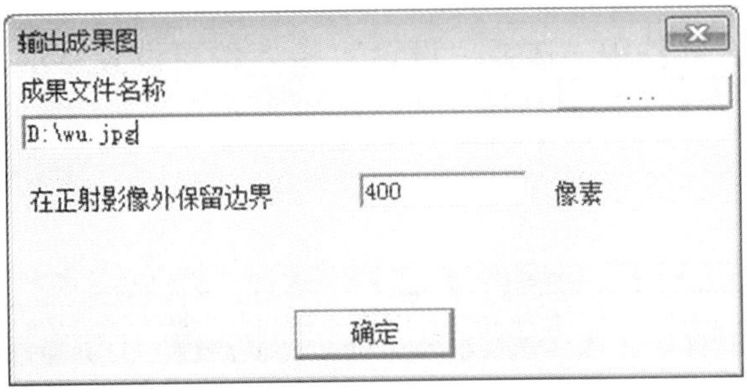

图 6-62　"输出成果图"设置

图 6-63　输出的成果图

第7章 无人机影像 DLG 生产

无人机测绘的目标是通过无人机获取目标区域影像进而获取目标区域的三维地理信息模型，对于目标区域的地物如房屋、道路等设施，无疑需要精确地测量其轮廓坐标。所有目标区域中的地物信息、地貌信息都采用矢量线进行描述，由这些矢量线组成的图，称为数字线划地图（Digital Line Graphic，DLG），DLG 生产需要在专业立体环境中进行。系统先将获取的影像两两组成立体像对，然后将数据放入由专业立体显示设备（主要是立体显卡和立体显示器）和立体观测设备（主要是立体眼镜）组成的立体环境中，作业人员在立体环境中，用测标对准目标，跟踪绘制出其三维矢量线，形成 DLG 成果。本章将详细介绍 DLG 的生产方法。

7.1 DLG 基础概念

数字线划地图（Digital Line Graphic，DLG）是与现有线划图基本一致的地图全要素矢量数据集，且保存各要素间的空间关系和属性信息。在数字测图中，最为常见的产品就是数字线划地图。该产品较全面地描述地表现象，目视效果与同比例尺地形图一致但色彩更为丰富。DLG 产品可满足各种空间分析要求，可随机地进行数据选取和显示，与其他信息叠加，可进行空间分析、决策。其中部分地形核心要素可作为数字正射影像地形图中的线划地形要素。数字线划地图是一种更为方便的放大、漫游、查询、检查、量测、叠加的地图。其数据量小，便于分层，能快速地生成专题地图，所以也称作矢量专题信息（Digital Thematic Information，DTI）。

数字线划地图的技术特征为：地图地理内容、分幅、投影、精度、坐标系统与同比例尺地形图一致。数字线划地图的生产主要采用外业数据采集、航片、高分辨率卫片、地形图等，其制作方法包括：

①数字摄影测量的三维立体测图。目前，国产的数字摄影测量软件 VirtuoZo 系统、DPGrid 系统和 JX4 系统都具有相应的矢量图模块，而且它们的精度指标都满足国家规范要求。

②解析或机助数字化测图。这种方法是在解析测图仪或模拟器上对航片和高分辨率卫片进行立体测图，来获得 DLG 数据。用这种方法还需使用 GIS 或 CAD 等图形处理软件，对获得的数据进行编辑，最终产生成果数据；

③对现有的地形图扫描，人机交互将其要素矢量化。目前常用的国内外 GIS 和 CAD 软件主要对扫描影像进行矢量化后输入系统；

④野外实测地图。采用全站仪、GPS/RTK 等设备对目标进行逐点测量，然后将结果

综合为测量目标的矢量数据。

数字摄影测量的三维立体测图简称数字化测图，主要通过专业立体显示设备将已经完成定向的影像显示在立体环境中，然后作业人员使用鼠标或者专业定位设备（如手轮脚盘、3D-Mouse 等），驱动测标描绘出需要采集的目标。

测图过程中必须将地物点的连接关系和地物属性信息（地物类别等）一同记录下来。一般用一定规则构成的符号串来表示地物属性信息和连接信息，这种有一定规则的符号串称为数据编码。数据编码的基本内容包括：地物要素编码（或称地物特征码、地物属性码、地物代码）、连接关系码（或称连接点号、连接序号、连接线型）、面状地物填充码等。连接信息可分解为连接点和连接线型。当测的是独立地物时，只要用地形编码来表明它的属性，即知道这个地物是什么，应该用什么样的符号来表示。如果测的是一个线状地物，这时需要明确本测点与哪个点相连，以什么线型相连，才能形成一个地物。所谓线型是指直线、曲线或圆弧等。一般地形图包括：点状地物（如控制点、独立符号、工矿符号等）、线类地物（如管线、道路、水系、境界等）、面状地物（如需要填充符号的，如居民地、植被、水塘等）。目前中国的地形要素主要分为 9 大类：①测量控制点；②居民地；③工矿企业建筑物和公共设施；④道路及附属设施；⑤管线及附属设施；⑥水系及垣栅；⑦境界；⑧地貌与土质；⑨植被。

7.2　DLG 要素采集

DLG 的生产过程就是 DLG 要素的采集过程，通常称为三维立体测图或数字化测图，简称测图。测图是一个人机交互的过程，需要作业人员对影像中的目标逐个描出来，并赋予属性。采集的过程有可能是反复的，采集了错误的点或输入了错误属性，就需要编辑修改为正确的。DPGrid 的测图模块称为 DPDraw，支持多种立体显示设备（主要包括分屏立体、红绿立体和闪闭立体等），除标准的鼠标外，也支持多种其他指点设备（如手轮脚盘、3D-Mouse 等），因此可以在专业立体计算机上进行采集，也可以在普通的计算机上进行采集。

DPGrid 测图也提供多种采集工具、辅助工具和编辑工具，系统自带了 4 位编码的地物分类属性库以及对应的显示符号库，同时也支持用户定义自己的符号。成果格式采用通用的 AutoCAD 定义的 DXF 进行输出，用户可以将其导入各种 GIS 数据库中，也可以直接在 CAD 中编辑修饰后进行制图。

7.2.1　处理功能

运行软件 DPDraw.exe，或者在 DPGrid 软件界面上选择"DLG 生产"→"立体影像测图"菜单项，系统弹出 DPDraw 主界面，在打开或新建矢量文件后，系统显示全部功能菜单，如图 7-1 所示。

DPDraw 立体测图软件共包含 7 个菜单项，分别是文件菜单、查看菜单、模式菜单、绘制菜单、编辑菜单、窗口菜单和帮助菜单，前 5 个菜单及工具栏、状态栏的功能介绍如下。

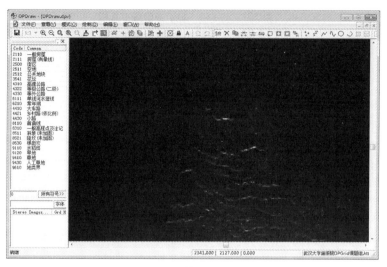

图 7-1 立体测图主界面

1. 文件菜单

文件菜单主要是对工程进行一些操作，包含载入立体像对、载入正射影像、设置图幅参数、保存、退出等功能，具体如图 7-2 所示。

图 7-2 立体测图文件菜单

2. 查看菜单

查看菜单包含工具栏、缩放显示内容等功能，如图 7-3 所示。

3. 模式菜单

模式菜单包含常用模式选择功能，包括是否显示立体、测标形状、物方测图等，具体

255

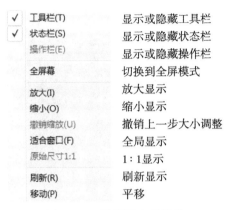

图 7-3　立体测图查看菜单

功能如图 7-4 所示。

图 7-4　立体测图模式菜单

4. 绘制菜单

绘制菜单包含常用绘制属性功能，包括绘制折线、绘制流线、绘制圆弧等，具体功能如图 7-5 所示。

5. 编辑菜单

编辑菜单包含常用编辑功能，包括选择目标、删除、移动、打断、合并等，具体功能如图 7-6 所示。

6. 工具栏

DPDraw 立体测图软件工具栏如图 7-7 所示，各个按钮的功能与菜单中相应选项的功能相同，方便作业人员用鼠标选择对应功能。

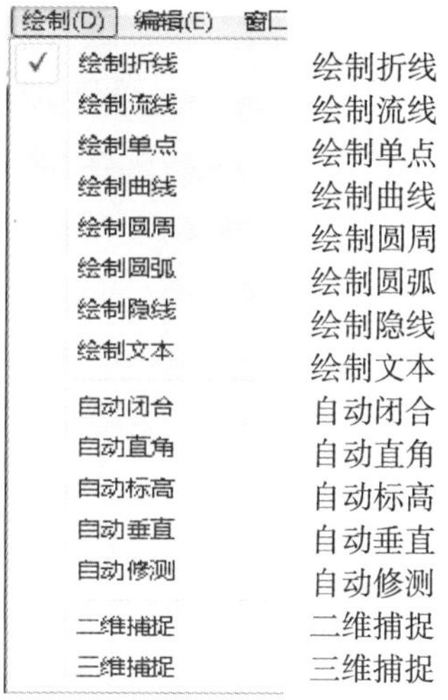

图 7-5　立体测图绘制菜单

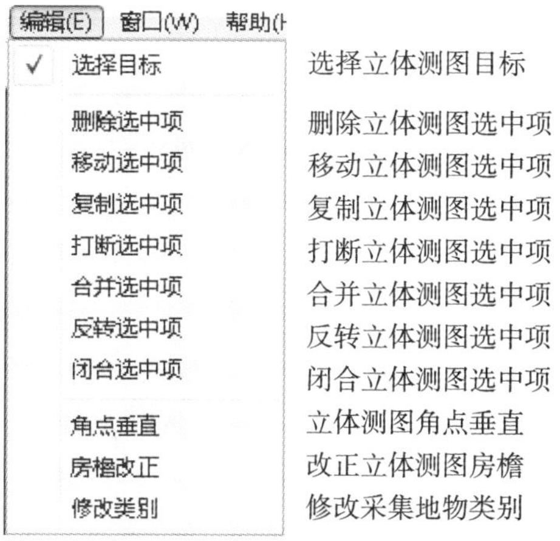

图 7-6　立体测图编辑菜单

图 7-7　立体测图工具栏

工具栏共包含 47 个工具，每个工具的详细功能如图 7-8 所示。

7. 状态栏

DPDraw 立体测图软件状态栏如图 7-9 所示。

257

保存		断开	
原始尺寸 1:1		连接	
放大显示		反向	
缩小显示		闭合	
开窗放大		直角化	
适合窗口		房檐改正	
撤销缩放		改变类别	
刷新显示		绘制单点	
移动		绘制流线	
全屏幕		绘制折线	
立体方式		绘制曲线	
测标形状		绘制圆周	
显示矢量		绘制圆弧	
按层显示		绘制隐线	
物方测图		绘制文本	
自动漫游		自动闭合	
指定位置		自动直角	
高程锁定		自动标高	
自动高程		自动垂直	
撤销		自动修测	
重复		二维捕捉	
开始编辑		三维捕捉	
删除		关于	
复制			

图 7-8　立体测图工具按钮

图 7-9　立体测图软件状态栏

其中最左一项是信息提示栏；第二栏是鼠标位置的地面坐标值，包含 X，Y，Z 三分量；最后一栏是软件版权信息。

7.2.2　常用操作

1. 新建矢量文件

DPDraw 立体测图中，首先要新建测图成果文件，具体操作是在文件菜单中选择"新建"，系统弹出如图 7-10 所示对话框。

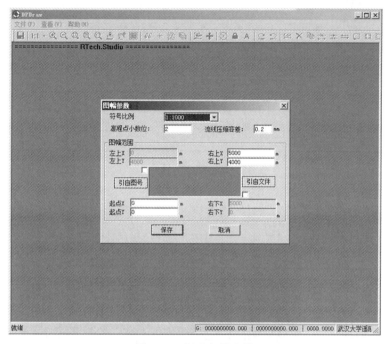

图 7-10 新建矢量文件

在此对话框中，需要指定成图比例尺、高程点小数位数、流线压缩容差、图幅范围等信息。图幅范围默认由最小 xy、最大 xy 两个点定义，也可以选中小选项框输入 4 个角点的坐标。通常情况下，作业员先要了解清楚自己生产的图幅范围，并输入此对话框中，测图过程中若发现采集的数据不在范围中则说明已经超出作业范围了，无须继续采集，而应该采集图幅内的数据。

2. 载入立体

选择"文件"→"载入立体模型"菜单项，系统弹出"立体像对参数"设置对话框，如图 7-11 所示。选择创建立体模型的左、右影像，修改地面高或航高，然后单击"确认"按钮，系统将显示该模型的立体影像。

除逐个载入立体模型外，可以直接载入整个测区的所有立体模型，在主界面左下方模型列表中，按鼠标右键，在弹出的菜单中选择测区菜单项，如图 7-12 所示。

在弹出的对话框中选择测区 *.dpp 文件，添加测区中所有立体模型。立体模型添加后，双击立体模型就可以打开立体模型，如图 7-13 所示。

3. 物方测图

立体测图的基本原理就是通过在立体影像中描出测量的目标，这个描图的过程包含了两种完全不同的解算方法，其一是像方测图，也就是普通意义上的描图，用测标在影像上

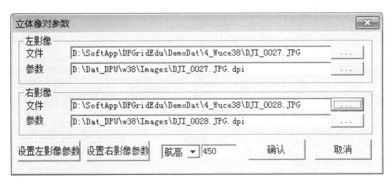

图 7-11　载入立体模型

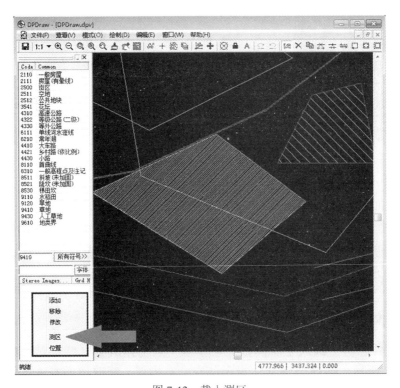

图 7-12　载入测区

对准目标点，记录坐标即可，这种模式中所有目标点的坐标都是通过左右影像的位置进行前方交会得到，每个点的坐标都是自由计算而来的，无法在测量过程中给测标移动加入如高程必须不变这样的特殊限制。另外一种解法是物方测图，其内部处理原理为：给定一个地面点坐标 X、Y、Z，然后分别用立体影像的左右影像将地面点投影到左右影像上，并在此影像位置上显示左右测标。对测量人员来讲，无论是像方测图还是物方测图，观测到的是一个立体测标在立体影像中。但是第二种物方测图这种方式中，可以给测标移动加上各种特殊限制，如高程不变、方向不变等。

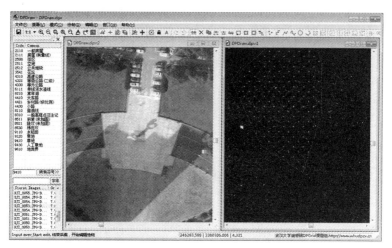

图 7-13　打开立体模型后的操作界面

如果两种方式完全没有差异，那就可以全部使用物方测图。但是事实上是不一样的，在物方测图中，如果立体模型的外方位元素与地面坐标不一致，此时会出现非常奇怪的现象，移动鼠标时，测标移动方向与鼠标移动方向会不一致，如左右移动时，测标有可能是上下移动。另外，如果物方测图中鼠标移动步距与影像分辨率相差很大，鼠标的移动速度与测标移动速度也不一致。为解决物方测图中，鼠标移动与测标移动不一致问题，测图软件都会根据立体模型和地面坐标估算仿射变化模型让鼠标移动与测标移动尽量接近。

4. 锁定高程

锁定高程是指在立体测图过程中，限制测标必须在等于某个高程条件下移动，这种方式是测量等高线的必要条件。锁定高程只能在物方测图模式下进行，因此必须先选择物方测图才可以进行锁定高程。除等高线外，有些平顶房屋在一些水平地物测量中也可以使用锁定高程进行测量。

5. 测量地物

测量地物步骤包含两步，先选择要测量地面的属性，如一般房屋、公共地块、陡坎、小路等。DPDraw 在工程栏上，提供了选择地物属性的快捷方式，如图 7-14 所示。

每次测量目标的时候，先在面板上选择地物属性，然后在立体影像中移动测标到目标上，点击鼠标左键记录坐标，所有坐标记录完，点击右键结束。如果下一关目标地面属性不变，可以继续使用鼠标左键采集新地物。

6. 测量等高线

等高线的测量与一般地物测量类似。最大差异在于等高线必须使用物方测图模式，并

图 7-14 选择地物属性

锁定高程。等高线的高程必须是等高距的整数倍，如等高距为 5m，则等高线的高程必定为 0m、5m、10m……100m、105m，等等，而绝不会出现 21.3m 这样奇怪的数值。等高线通常是光滑的流线，也就是测标的移动轨迹线，一般需要专业定位设备如手轮脚盘，鼠标是很难采集出光滑的等高线的。有部分作业人员使用样条曲线拟合等高线，这种作业方式严格意义上讲也是不正确的，样条曲线可以实现光滑，但各地的地形都有一定的特征，而这些专有的特征样条曲线是无法表达的。

7. 自动闭合

自动闭合是采集过程中非常常用的一个辅助功能。在采集面状地物如各类植被、水域等时，通常需要将最后一个点与开始点进行连接形成封闭多边形，每次都将最后一个点采集到开始点是不科学的，此时需要自动将最后一个点连接回开始点，这个功能在本系统中称为自动闭合。

8. 自动直角化

自动直角化也是采集中常用的辅助功能，主要用于采集房屋等直角目标，在采集过程中，由于操作误差，很难采集出两条完全相互垂直的边，在选择了自动直角化后，每采集完一个目标，软件会自己重新计算每个点的坐标，使相互垂直的边做微小调整成为数学上的垂直边。这里特别提醒，调整量是很微小的，如果采集时误差较大，则软件认为这些边不希望被调整，从而不进行调整，因此作业中若希望采集直角边，采集时应尽量接近直角。

9. 自动捕捉

自动捕捉是只在采集过程中，新采集的点希望咬合到已经存在的线上，此时可以使用自动捕捉。自动捕捉分为二维捕捉和三维捕捉，二维捕捉指仅求平面交点，高程使用各自的高程，这种情况多用于不同高度的相邻楼房采集。三维捕捉指在三维空间进行捕捉，求得交点的 X、Y、Z 作为新采集点的坐标。

10. 曲线修测

曲线修测主要用于流线的修改，如在测量等高线时，其中有一段采集错误，作业人员仅仅想修改这一部分，此时可以使用曲线修测。使用的时候，需选择相同地物属性，然后在错误位置重新采集一段，并将结束的点采集在线上，此时软件就会用新采集的这部分线替换已经存在的错误部分，如图 7-15 所示。

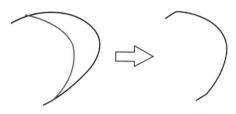

图 7-15　曲线修测效果示意图

11. 文字与高程注记

立体测图成果不仅有图形，很多时候还需要加入地名等文字。添加文字的方法是先在工程栏的面板上、字体前的编辑框中输入希望添加的文字，然后在绘制菜单中（或工具条上）选择绘制文本，最后在希望添加文字的位置点击鼠标左键就可以将文件放入，如图 7-16 所示。

高程注记是一类特殊的文字，高程值是取高程点所在位置的高程坐标，因此无须输入数字，只需在地物属性表中选择一般高程点及注记，然后采集高程点，就可以完成文字自动添加。高程点的位置和密度根据相关比例尺的规范执行，通常情况下要求梅花状随机分布，此外在特定位置必须有点，如山顶最高处和山谷最低处必须有点。

12. 编辑修改

在立体测图中，发现采集错误的地物可以使用编辑修改功能将其修改到正确的位置。编辑功能的启用方式是在编辑菜单中选择菜单项"选择目标"，然后选择希望编辑的地物，若要修改地物上某个点的位置，则只能先选择一个地物，然后选择地物上的一个点，之后移动鼠标，选择的点就随测标一起移动。若想一起删除、移动多个地物，则可以通过拉框选择多个目标，然后在菜单中选择相应的功能即可。

为方便作业人员，在空状态下点击鼠标右键，就可以实现在采集与编辑状态下快速切

图 7-16　文件注记

换。这里所谓空状态是指没有正在采集地物，也没有正在编辑地物。

7.2.3　常用测图方法

1. 基本量测方法

通过立体观测设备观测立体影像，用鼠标或手轮脚盘移动影像并调整测标，切准某点后，选择鼠标左键或踩左脚踏开关记录当前点，移动测标到下一个目标点，调整高程切准目标，按左键或踩左脚踏开关记录，若目标已经记录完毕，选择鼠标右键或踩右脚踏开关结束量测。

在量测过程中，可随时选择其他的线型或辅助测图功能，可随时按 Esc 键取消当前的测图命令等。如果采集错了某点，可以按键盘上的 BackSpace 键，删除该点，并将前一点作为当前点，继续采集。

在没有选中目标或没有采集目标的状态下，可按鼠标右键（或踩下右脚踏开关）进行编辑和量测之间的状态切换。

2. 不同线型的量测

①单点。选择点图标或踩下左脚踏开关记录单点。如图 7-17 所示中的符号可采用单点量测方式。

②单线，折线。选择折线图标或踩下左脚踏开关，可依次记录每个节点，选择鼠标右键或右脚踏开关，结束当前折线的量测。当折线符号一侧有短齿线等附加线划时，应注意

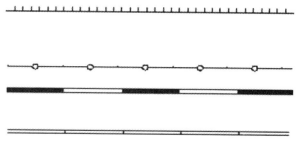

图 7-17　点状地物例子

量测方向，一般附加线划沿量测前进方向绘于折线的右侧。如图 7-18 所示，这些符号为使用折线线型进行的量测。

图 7-18　线状地物符号例子

③曲线。选择曲线图标或踩下左脚踏开关，可依次记录每个曲率变化点，选择鼠标右键或踩下右脚踏开关，结束当前曲线的量测。

④手绘线（流线）。选择手绘线图标或踩下左脚踏开关记录起点，用手轮脚盘跟踪地物量测，最后踩下右脚踏开关记录终点。以该方式采集数据时，系统使用数据流模式记录量测的数据，即操作者跟踪地物进行量测，系统连续不断记录流式数据。流式数据的数据量是很大的，必须对采集的数据进行压缩预处理，以减少数据量。典型的压缩方法是，根据一个容许的误差，对采集的数据进行压缩处理。如图 7-19 所示，其中 D_{max} 为设置的容差，P_m 到 P_1P_n 的距离大于该容差，其他节点均未超出容差，因此，系统将采集 P_m 点，而压缩其他节点数据。

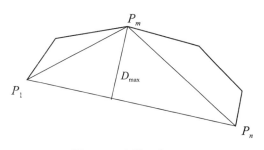

图 7-19　流线压缩原理

压缩的容差在测图参数中输入，压缩的容差在图上以毫米为单位，乘上成图比例尺后为以地面坐标为单位的容差。所以，正确的成图比例尺是取得良好压缩效果的关键。

⑤固定宽度平行线。对于具有固定宽度的地物，量测完地物一侧的基线（单线），然后选择右键，系统根据该符号的固有宽度，自动完成另一侧的量测。如图 7-20 所示。

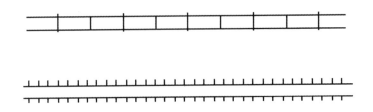

图 7-20　平行线的采集

需定义宽度平行线，有的符号需要人工量测地物的平行宽度，即首先量测地物一侧的基线（单线量测），然后在地物另一侧上任意量测一点（单点量测），即可确定平行线宽度，系统根据此宽度自动绘出平行线。

⑥底线。对于有底线的地物（如：斜坡），需要量测底线来确定地物的范围。首先量测基线，然后量测底线（一般绘于基线量测方向的左侧）。如图 7-21 所示，在量测底线前，可选隐藏线型量测，底线将不会显示出来。

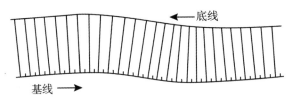

图 7-21　基线加底线的采集

⑦圆。选择圆图标，然后在圆上量测三个单点，选择鼠标右键结束。如图 7-22 所示，量测 P_0、P_1 和 P_2 三个点，即可确定圆 O。

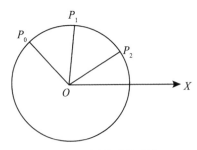

图 7-22　圆状地物采集

⑧圆弧。选择圆弧图标，然后按顺序量测圆弧的起点、圆弧上的一点和圆弧的终点，选择鼠标右键结束。

3. 多种线型组合量测

对于多线型组合而成的地物图形，在量测过程中应根据地物形状的变化，分别选择合适的线型进行量测。下面举例说明如何进行多线型组合量测地物，图 7-23 就是一个圆弧与折线组合的例子。

图 7-23　圆弧与折线组合采集

该图形是由弧线段 P_1P_3、折线段 P_3P_4 和弧线段 P_4P_6 组成的，其中，点 P_1、P_2、P_3、P_4、P_5 和 P_6 需要进行量测。具体量测步骤如下：

①首先在工具栏上选择圆弧图标 ↻，量测点 P_1、P_2 和 P_3。

②再到工具栏上选择折线图标 ⌒，量测点 P_4。

③再到工具栏上选择圆弧图标 ↻，量测点 P_5 和 P_6。

④最后选择鼠标右键结束，完成整个地物的量测。

说明：在量测过程中，可能会不断需要改变矢量的线型，为了便于使用，IGS 提供了各种线型的快捷键，以方便用户随时调用各种不同的线型。

4. 高程锁定量测

有些地物的量测，需要在同一高程面上进行（如：等高线等），可启用物方测图模式并选择高程锁定功能，将高程锁定在某一固定 Z 值上，即测标只在同一高程的平面上移动。具体操作如下：

①确定某一高程值：选择状态栏上的坐标显示文本框，系统弹出设置曲线坐标对话框，如图 7-24 所示，在 Z 文本框中输入某一高程值，选择"确定"按钮。

②启动高程锁定功能：按下状态栏上锁定按钮。

③开始量测目标。

注意：只有当测标调整模式为高程调整模式（选择"模式"→"人工调整高程"菜单项，使之处于选中状态）时，方可启动高程锁定功能。

5. 道路量测

在属性表中选择道路，进入量测状态，用户可根据实际情况选择线型，如：样条曲线、手绘线、折线等，即可进行道路的量测。

①双线道路的半自动量测，沿着道路的某一边量测完后，选择鼠标右键或脚踏右开关

图 7-24　指定高程

结束，系统弹出对话框提示输入道路宽度，用户可直接在对话框中输入相应的路宽，也可直接将测标移动到道路的另一边上，然后选择鼠标左键或脚踏左开关，系统会自动计算路宽，并在路的另一边显示出平行线。

②单线道路的量测，沿着道路中线测完后，选择鼠标右键或踩下右脚踏开关结束，即可显示该道路。

6. 等高线测量

在属性表中选择等高线，选择"模式"→"人工调整高程"菜单项，设定高程步距。选择"修改"→"高程步距"菜单项，在弹出的对话框中输入相应的高程步距（单位：m)，按下键盘的 Enter 键确认。输入等高线高程值，启动高程锁定功能，进入量测状态。切准目标点，驱动手轮至某一点处，并使测标切准立体模型表面（即该点高程与设定值相等)，踩下左脚踏开关，沿着该高程值移动手轮，开始人工跟踪描绘等高线，直至将一根连续的等高线采集结束，此时，踩下右脚踏开关结束量测。注意：该过程中应一直保持测标切准立体模型的表面。

如果要量测另一条等高线，可按下键盘上的"Ctrl +↑"键或"Ctrl +↓"键，可以看到状态栏中坐标显示文本框中的高程值. 会随之增加或减少一个步距。重复上述步骤可依次量测所有的等高线。

7. 房屋量测

在属性列表中选择房屋，缺省情况下系统会自动激活折线图标、自动直角化图标及自动闭合图标。用户可根据实际情况选择不同的线型来测量不同形状的房屋（可选线型主要有：折线、弧线、样条曲线、手绘线、圆和隐藏线)。一次只能选择一种线型（按下其中一种线型图标后，其他的线型图标将自动弹起)。用户也可根据实际情况选择是否启动自动直角化功能和自动闭合功能（按下图标为启动，否则为关闭)。激活立体影像显示窗口，按下图标 ✐，即可开始测量房屋。

1）平顶直角房屋的量测

鼠标测图，移动鼠标至房屋某顶点处，按住键盘上的 Shift 键不放，左右移动鼠标，切准该点高程，松开 Shift 键。选择鼠标左键，即采集了第一点。沿房屋的某边移动鼠标至第二、第三两个顶点，选择鼠标左键采集第二、第三点。选择鼠标右键结束该房屋的量测，程序会自动作直角化和闭合处理。

手轮脚盘测图，移动手轮脚盘至房屋某顶点处，旋转脚盘切准该点高程，然后踩左脚踏开关，即记录下第一点。沿房屋的某边移动手轮至第二、第三两个顶点，踩左脚踏开关采集第二、第三点。踩右脚踏开关，结束该房屋的量测，程序会自动作直角化和闭合处理。

2）人字形房屋的量测

鼠标测图，移动鼠标至该房屋某顶点处，按住键盘 Shift 键不放，左右移动鼠标，切准该点的高程，然后松开 Shift 键。选择鼠标左键，即采集第一点。沿着屋脊方向移动测标使之对准第二个顶点，选择鼠标左键采集第二点。沿着垂直屋脊方向移动测标使之对准第三个顶点，选择鼠标左键采集第三点。然后选择鼠标右键结束，程序会自动匹配当前房屋的其他角点及屋脊线上的点。

手轮脚盘测图，移动手轮脚盘至房屋某顶点处，旋转脚盘切准该点高程，然后踩下左脚踏开关，即记录下第一个点。沿着屋脊方向移动测标使之对准第二个顶点，踩下左脚踏开关，记录下第二个点。沿着垂直屋脊方向移动测标使之对准第三个顶点，踩下左脚踏开关，记录下第三个点。然后踩下右脚踏开关结束，程序会自动匹配当前房屋的其他角点及屋脊线上的点。

3）有天井的特殊房屋的量测

量测有天井的特殊房屋的具体操作步骤如下（以手轮脚盘量测为例进行说明，使用鼠标的操作与之类似）：

①根据房屋的形状选择合适的线型，包括折线、曲线或手绘线。

②关闭自动闭合功能。用鼠标选择自动闭合图标 ⓒ ，使之处于弹起状态。

③移动手轮脚盘至房屋的某个顶点处，切准该点高程，然后踩下左脚踏开关采集第一个顶点。

④沿着房屋的外边缘依次采集相应的顶点。

⑤最后回到第一个顶点处，踩下左脚踏开关。按下键盘上的 Shift 键和数字键"7"，然后松开（即选择隐藏线型。在使用鼠标时，用鼠标选择图标 ▨ 可达到同样效果）。

⑥移动手轮脚盘至房屋内边缘的第一个顶点处，踩下左脚踏开关，同时按住键盘上的 Shift 键和数字键"2"，然后松开（即选择折线线型，在使用鼠标时，用鼠标选择图标 ⟋ 可达到同样效果）。

⑦移动手轮脚盘沿房屋的内边缘依次采集所有的点，回到内边缘的第一点后，踩下左脚踏开关。

⑧踩下右脚踏开关，结束该地物的量测。

4）共墙面但高度不同的房屋的量测

先测量好比较高的房屋，然后可以用以下辅助功能。

二维咬合：主要用于咬合公共墙面但高度不同的房屋。在量测这种房屋时，用户可以先量测比较高的房屋，然后量测较低房屋的可见边，最后通过二维咬合的方式咬合到公共墙面的量测边上，此时获取的高程则不会咬合到高层房屋的高程了。

269

获取地物码：选中一个地物，系统自动显示当前地物的特征码，不用手工输入。

设置捕捉范围：捕捉只能在一定范围内进行。可通过左右拉动滑杆来设置捕捉范围的大小。

显示捕捉试探点：选中此复选框，捕捉到的点将以红色方框显示。

显示捕捉范围边框：选中此复选框后，窗口中显示的测标光标将带有一个方框，该方框的大小代表所定义的咬合的捕捉范围，落在方框内的地物节点方可被咬合。

在量测比较矮房屋过程中，测标移至共墙的顶点处，采集点位后，若计算机的喇叭发出蜂鸣声，则表示咬合成功。若咬合不成功，则不会发出蜂鸣声，此时需重新测量该点（可按键盘上的 BackSpace 键，回到上一个量测过的点）。

7.3　DLG 入库

目前我国已经建立基础地理信息系统，而建立基础地理信息系统的重要数据源就是现有数字地形图，这些数字地形图的存储管理主要还是以文件的形式进行管理。由于数字地形图数据模型与 GIS 数据模型存在差异性，目前的 GIS 软件还无法直接对单独的 DLG 文件进行各种操作，如空间查询、分析等。这种方式的管理将大大降低空间数据的利用效率，同时阻碍空间数据的共享进展。产生这种状况的原因主要是两者模型之间存在差异性，各自是为不同用途、不同目的而设计的数据模型，为将采集的 DLG 放入基础地理信息系统中进行统一管理和利用，需要进行 DLG 数据入库。

采用 DPDraw 测图所获得的数据要入库需要通过格式转换才能完成，目前有两种方法进行入库，一种方法是在 DPDraw 中将数据转换为 Shapefile 格式，然后在 ArcGIS 中导入数据。这种模式中，数据属性字段是默认的几个，无法修改。另一种方法是在 DPDraw 中将数据转为 CAD 的 DXF 格式，然后利用 ArcGIS 转换工具将数据引入 ArcGIS 中。这种转换模式中，数据属性字段是在 ArcGIS 转换工具中指定，由于 ArcGIS 中提供了多种选择，可以按要求建立需要的数据属性字段，因此是比较实用的方法，本次实习将采用这种方法，其作业流程如图 7-25 所示。

①在 DPDraw 中将采集结果输出为 DXF 格式，然后利用 ArcGIS 的 ArcToolBox 模块的转换工具，通过 ArcToolBox→Conversion→Tools→To Geodatabase→Import From CAD，将 DXF 文件转换为 Coverage，其中包含有 Points、Lines、Area 和 CadDoc 4 个图层以及 Xtr-Prop、XData、TxtProp、MSLink、Entity、CAD-Layer、Attrib 7 张属性表。可以在 ArcGIS 中直接浏览空间图形以及转换后的相应的属性表。这些属性表和空间图形要素是由 EntID 字段关联的。经过转换后数据中每个要素通过 EntID 字段可以在对应的属性表中找到对应的所有属性。其中在 DXF 数据中的地类符号、高程点注记等转换过后在 ArcGIS 中以点的形式存在，字段值 text 即为注记的文本值。

②建立空数据库，主要是利用 Personal Geodatabase 创建数据集（Dataset），并在数据集中创建空的 FeatureClass，其命名以分层对照表中相应层名来确定。各层细分过后，需要进行数据处理，由 DXF 格式的数据转成 Shapefile 格式的数据和 Shapefile 数据继续细分层之后，数据还不能入库，因为由于两种数据格式之间有着较大的差异，加上 DXF 数据

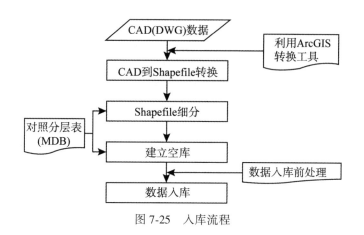

图 7-25　入库流程

在作图时产生的一些错误，需要进行一系列的检查处理，使数据更统一规范地入库。

③数据入库。入库原理主要是依据 Dataset 中 Feature2Class 的名称与所有 Shapefile 层名是否相同来判断逐一添加入库。在入库后还需要在 ArcGIS 中进行一下数据处理，常见的数据处理方法如下：

a. 删除重复高程点。打开点图层，搜索到所有的点，对每个点做很小阈值的缓冲面，用此面和点层做空间包含，如果搜到大于 1 个点，则删掉此点，依次循环。

b. 给高程点赋值。打开高程点层、高层注记点层，搜索到所有的高层点，然后从每个高层点先做一定阈值（数据不同，阈值不同）的缓冲面，用此面和高程注记点层做空间包含，如果搜到 1 个注记点，则把注记点的 text 字段赋给高层点的 text；如果搜到 2 个注记点，比较一下 2 个注记点到高程点的距离，把距离小的那个注记点的 text 赋给高层点；如果未搜索到注记点，则重新调整阈值，重复上面的工作。

c. 删除已构面的房屋线。打开房屋面和房屋线层，搜索到所有的房屋面，给每个面做很小阈值的缓冲面，用此面和房屋线层做空间包含，循环全部的房屋面，如果搜到线就删掉这条线。

d. 房屋加楼层属性。打开房屋面和居民地注记，搜索到每个房屋面，用面和注记层作空间包含，如果搜索到 1 个点，则将此点的 text 字段属性赋给房屋的 text 字段；如果搜索到 2 个点，比较一下 2 个注记点的 text，把汉字放在前面，数字放到后面。

e. 一般地物赋值。打开独立地物层和独立地物注记层，搜索到每个独立地物注记，如果这个独立地物注记的 text 不是球场，就以这个注记点做相应阈值的缓冲面，再以此面和独立地物层做空间相交，如果搜到独立地物要素，就把注记的 text 属性赋给独立地物要素；如果这个独立地物注记的 text 是球场，就以这个注记点做更大阈值的缓冲面，再以此面和独立地物层做空间相交，如果搜到独立地物要素，就把注记的 text 给独立地物要素。

f. 点选构面。在未构面层要素内部用鼠标点击，将该点作适当缓冲后与线要素作空间关系查询，搜索到线要素，并利用一个距离阈值来判断其两端点与相邻线要素端点是否连接，若连接，则加入容器（Geometry Collection）中，逐一进行判断。判断完后将容器内的要素重新生成面。

　　g. 等高线赋值。首先人工赋值最高点、最低点处等高线，并在最高与最低等高线处画一条线，确保这条线与这两条等高线间的所有等高线都相交，找出所有交点，生成节点；其次确定节点顺序和最高等高线的节点位置，从这点开始，依次按顺序以节点做很小的阈值缓冲，找到相应的等高线，并以相应等高距依次递减赋值。在赋值最高与最低等高线时，赋值后的等高线高亮显示，画线赋值后的等高线全部复制到另外一层，且在原图层中赋值后的等高线都会删除，方便操作。

　　h. 道路中心线的生成。道路中心线可以利用 ArcGIS 中编辑工具来半自动生成。

　　④拓扑检查。在 ArcGIS 中有关 Topolopy 操作有两个，一个是在 ArcCatalog 中，一个是在 ArcMap 中。通常我们将在 ArcCatalog 中建立拓扑称为建立拓扑规则，而在 ArcMap 中建立拓扑称为拓扑处理。ArcCatalog 中所提供的创建拓扑规则，主要是用于进行拓扑错误的检查，其中部分规则可以在溶限内对数据进行一些修改调整。建立好拓扑规则后，就可以在 ArcMap 中打开拓扑规则，根据错误提示进行修改。ArcMap 中的 Topolopy 工具条主要功能有对线拓扑（删除重复线、相交线断点等，Topolopy 中的 Planarize Lines）、根据线拓扑生成面（Topolopy 中的 Construct Features）、拓扑编辑（如共享边编辑等）、拓扑错误显示（用于显示在 ArcCatalog 中创建的拓扑规则错误，Topolopy 中的 Error Inspector）、拓扑错误重新验证。

　　在 ArcCatalog 中创建拓扑规则的具体步骤：要在 ArcCatalog 中创建拓扑规则，必须保证数据为 GeoDatabase 格式，且满足要进行拓扑规则检查的要素类在同一要素集下。因此，首先创建一个要素集，然后创建要素类或将其他数据作为要素类导入该要素集下。进入该要素集下，在窗口右边空白处选择右键，在弹出的右键菜单中选择 New→Topology，然后按提示操作，添加一些规则，就完成拓扑规则的检查。最后在 ArcMap 中打开由拓扑规则产生的文件，利用 Topolopy 工具条中错误记录信息进行修改。

　　⑤属性检查。在 ArcGIS 中打开属性表，选择用户要检查的字段，右击选择汇总或统计，根据所得结果进行分析。或者利用二次开发的一些工具进行属性检查。

7.4　DLG 出版

　　地图是自然环境和社会经济与文化的图形表达，它是真实有形的。除了地图形式外，地图的另外一个重要特征是功用。地图要实用，就必须能将信息有效地传递给读者。读者能从地图的信息提示中区分新的或不同的信息。在地图生产时，制图者必须从大量冗余信息中提炼和组织信息。基于这一点，可以认为地图是对现实环境的制图抽象。这个抽象过程包括对地图信息的选取、分类、化简和符号化。信息的选取取决于地图的用途，分类是按照地图目标属性的一致性或相似性进行归类，化简用来剔除不必要的细节，符号化是用地图符号呈现真实的地理事物。计算机技术给地图数据模型带来的一个重大影响就是将地理底图进一步抽象成作为符号模型的数字图像。

　　DPGrid 提供了矢量地图出版软件 DPPlot，专门处理矢量整饰出版，软件集成生产单位在矢量成果出版时常用的一些设置，为测绘行业生产矢量整饰成果提供了有力的工具，矢量地图整饰软件 DPPlot 的功能和特色包括：快速显示整饰成果，所改即所得；可快速修改图名、图号；可快速添加图符信息；可自动读取矢量四角坐标。

7.4.1 处理功能

运行软件 DPPlot.exe，或者在 DPGrid 软件界面上选择"DLG 生产"→"整饰出版"菜单项，系统弹出 DPPlot 主界面，打开一个 DLG 数据后，可看到如图 7-26 所示界面。

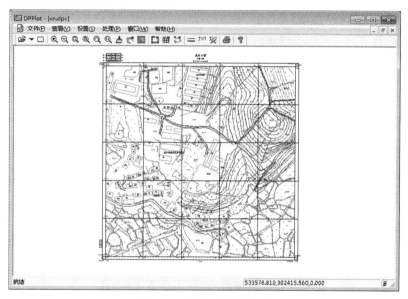

图 7-26 整饰出版主界面

DPPlot 整饰出版软件共包含 6 个菜单项，分别是文件菜单、查看菜单、设置菜单、处理菜单、窗口菜单和帮助菜单，前 4 个菜单及工具栏的功能介绍如下。

1. 文件菜单

文件菜单主要是对工程进行一些操作，包含打开正射影像、关闭、退出等功能，具体如图 7-27 所示。

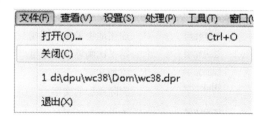

图 7-27 整饰出版文件菜单

2. 查看菜单

查看菜单包含工具栏、缩放显示内容等功能，如图 7-28 所示。

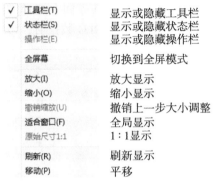

图 7-28　整饰出版查看菜单

3. 设置菜单

设置菜单包含所有制作过程中设置相关参数点功能，如图 7-29 所示。

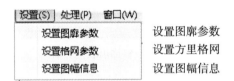

图 7-29　整饰出版设置菜单

4. 处理菜单

处理菜单包含所有常用的处理功能，如引入数据、添加文本等，具体功能如图 7-30 所示。

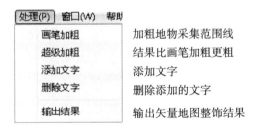

图 7-30　整饰出版处理菜单

5. 工具栏

DPPlot 整饰出版工具栏如图 7-31 所示，各个按钮的功能与菜单中相应选项的功能相同，方便作业人员用鼠标选择对应功能。

图 7-31　整饰出版工具栏

DPPlot 整饰出版工具栏共包含 19 个工具，每个工具的详细功能说明如图 7-32 所示。

图 7-32　整饰出版工具按钮

7.4.2　常用操作

1. 打开 DLG

DPGrid 界面上选择"DLG 生产"→"地图制作"菜单项，系统弹出 DPPlot 界面，选择"文件"→"打开"菜单项，在系统弹出的打开对话框中选择需要进行出版的 DLG 数据文件，然后选择"打开"按钮，系统即显示数字线划地图 DLG，如图 7-33 所示。

2. 设置参数

在"DPPlot"界面，使用"设置"菜单中的各个菜单项，可以设置影像图的各个参数。

设置图廓参数：在"DPPlot"窗口，选择"设置"→"设置图廓参数"菜单项，进入"图框设置"对话框，如图 7-34 所示。

内图框 8 个坐标的定义如表 7-1 所示。

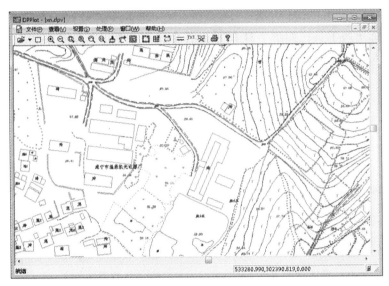

图 7-33　输出矢量图

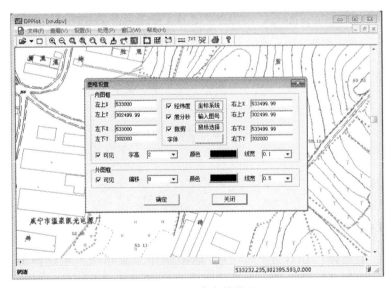

图 7-34　图廓参数设置

表 7-1

内图框坐标定义

左上 X	左上角图廓 X 地面坐标	右上 X	右上角图廓 X 地面坐标
左上 Y	左上角图廓 Y 地面坐标	右上 Y	右上角图廓 Y 地面坐标
左下 X	左下角图廓 X 地面坐标	右下 X	右下角图廓 X 地面坐标
左下 Y	左下角图廓 Y 地面坐标	右下 Y	右下角图廓 Y 地面坐标

"图框设置"对话框中其他控件含义如下：

①经纬度：输入值是否为经纬度坐标；

②度分秒：经纬度坐标是否为 DD. MMSS 格式；

③裁剪：是否进行裁剪处理；

④坐标系统：设置影像的坐标投影系统；

⑤输入图号：输入影像所在的标准图幅号；

⑥鼠标选择：使用鼠标选择，在图像上自左上至右下拖框；

⑦字体：设置坐标值在图上显示的字体；

⑧可见（内图框）：内图框是否可见；

⑨字高：坐标值文字的高度大小；

⑩颜色（内图框）：设置内图框的颜色；

⑪线宽（内图框）：设置内图框的线宽；

⑫可见（外图框）：外图框是否可见；

⑬偏移：外图框相对内图框的偏移；

⑭颜色（外图框）：设置外图框的颜色；

⑮线宽（外图框）：设置外图框的线宽；

⑯确定：保存设定并返回 DPPlot 界面；

⑰关闭：取消设定并返回 DPPlot 界面。

设置格网参数：在"DPPlot"界面，选择"设置"→"设置格网参数"菜单项，进入"设置方里格网参数"对话框，如图 7-35 所示。

图 7-35　方里格网参数设置对话框

①方里网类型：设置方里格网的类显示类型，分为不显示、格网、十字三种。

②格网地面间隔：设置方里格网在 X 方向和 Y 方向上的间隔，单位为 m。

③方里网颜色：设置方里格网的显示颜色。

④线宽（像素）：设置方里格网线的宽度。

⑤大字字高：坐标注记字百千米以下的部分的字高，单位为 mm。

⑥小字字高：坐标注记字百千米以上的部分的字高，单位为 mm。

⑦注记字体：设置注记文字的字体。

⑧OK：保存设置并返回 DiDraw 界面。

设置图幅信息：在"DPPlot"界面，选择"设置"→"设置图幅信息"菜单项，进入"图幅信息设置"对话框，如图 7-36 所示。

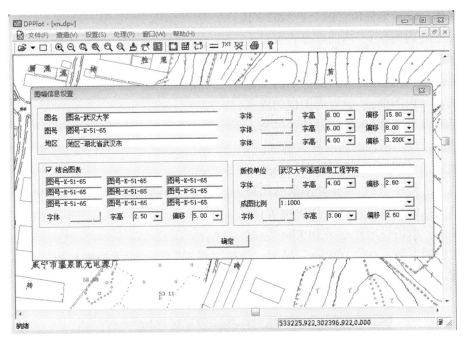

图 7-36　"图幅信息设置"对话框

对话框界面中主要控件功能说明：

①图名：矢量地图的图名；

②图号：矢量地图的图号；

③地区：矢量地图所在地区；

④版权单位：矢量地图版权单位；

⑤结合图表：矢量地图结合表；

⑥成图比例：矢量地图比例尺。

根据矢量地图整饰要求设置图名、图号、地区、版权单位以及结合图表等，设置完毕，单击"确定"保存。

3. 输出成果

完成设置和编辑后，选择"编辑"→"输出成果图"，弹出"输出成果图"对话框，如图7-37所示。

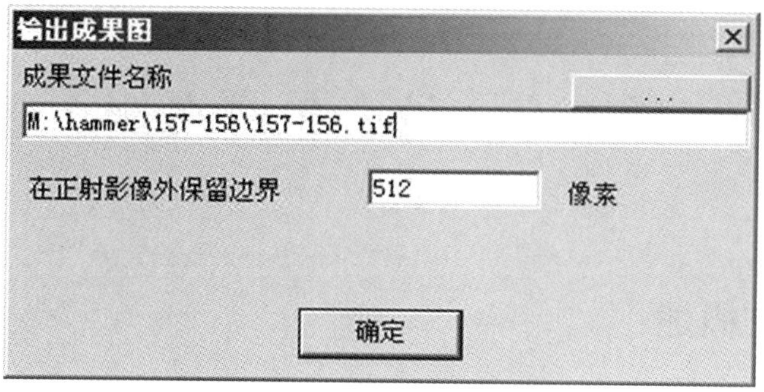

图 7-37 "输出成果图"对话框

设置成果文件路径和名称以及保留边界，然后选择"确定"按钮即可，图 7-38 是DLG 输出完毕后的成果展示。

图 7-38 DLG 输出成果图

第8章 综合生产案例

8.1 综合生产概述

由模拟、解析到数字的发展，使摄影测量生产也从传统的测绘产业发展为新兴的信息产业，它极大地拓宽了摄影测量的应用领域。对"影像信息"进行加工、处理的结果，除了传统的各种比例尺的线划地形图外，它将为与地学有关的产业、计算机信息产业以及直接为建立数字地球提供各种地学（或非地学）的空间三维信息，即数字高程模型（DEM）、正射影像（DOM）、GIS矢量数字线划图（DLG）与栅格数据、三维景观、城市三维建模与纹理信息以及非地学的三维信息，它们可直接应用于国民经济的各项工程建设、交通、通信、城市规划、国防军事建设等领域。除上述的DEM、DOM、DLG等数据信息外，影像的内、外方位元素、数字表面模型（DSM）等，均是十分重要与有用的信息。

数字摄影测量给传统摄影测量内、外业生产带来的最大变革是生产组织和流程的高度集成、生产效率的提高以及服务领域的扩充。过去，摄影测量内业生产通常划分为摄影处理（包括纠正、镶嵌）、空中三角测量（加密）、立体测图、编图、正射纠正等工序，所用的仪器有转点仪、坐标仪、解析测图仪。数字摄影测量则可以直接利用航空摄影的底片，扫描数字化成数字影像（正片），其他的摄影测量所有工序都可以在计算机上实现。例如，自动化空中三角测量分成以下步骤：①区域网的建立；②加密点自动选点、转点、量测；③编辑；④区域网平差。这些可全部在计算机上自动（或半自动）地实现。空中三角测量、区域网平差的结果（内方位元素、相对定向元素、加密点的坐标）可以直接应用于后续工序，而后续工序就无须进行内定向、相对定向、绝对定向。这样，不仅可以提高生产效率，而且可以避免对加密点的两次观测，提高了精度。这种生产工序之间的高度集成对作业人员的培养显得尤为重要。同时，我们也必须清楚地认识到，数字摄影测量的发展不仅给传统的摄影测量生产带来了新的发展机遇，而且也带来了挑战。传统的摄影测量仪器品种繁多、价格昂贵、作业环境要求高、不易组织。它通常只能由省级测绘局、国家部委的专业测绘院等来组织进行摄影测量的生产，但是数字摄影测量的发展很快打破了这一格局。数字摄影测量的发展也给摄影测量教学带来了极大的发展，数字摄影测量的通用性使摄影测量教学门槛变低。

摄影测量学是多种技术相结合的一个学科，多学科的交叉融合带领摄影测量进入新的高速发展期，社会对创新型和实践型摄影测量人才的需求日益增大。但是，摄影测量课程理论基础要求高，理论性和实践性强，为让学生全面掌握摄影测量的内容，将理论知识与实际生产相结合，特意设计了综合生产环节。

综合生产是对所学专业知识的一次综合应用。从对目标区域设计航线开始，采用大疆无人机对目标区域进行航空摄影，然后对摄影成果进行质量检查，生成目标区域的快拼图，之后在快拼图上规划控制方案并设计控制点布点方案，再采用南方 GPS/RTK 设备测量目标区域的控制点点位坐标，生成完整外业成果，最后使用 DPGrid 软件，输入航空摄影获取的数据和外业控制数据进行内业生产。内业生产包括空中三角测量、DEM 生产、DOM 生产和 DLG 生产，最终形成目标区域的 DEM 产品、DOM 产品、DLG 产品以及对应的质量控制报告。

综合生产过程持续时间会比较长，如果目标区域不超过一平方千米，通常需要一个月的时间才能完成。通过综合生产应用实习，熟悉无人机测绘的基本内容及操作特点，掌握摄影测量产品制作过程，切实提高同学们的实践技能，将所学的各章节知识融会贯通，最终能综合运用已学知识，解决一些实际问题。

综合生产外业通常采用分组形式进行，每组由组长带队，先找老师领取任务书、注意事项等，然后在组内讨论，最终形成外业方案，最后选择合适的时间执行外业生产。外业作业时需要老师到场地上时刻关注安全问题，同时也解决实习中同学们碰到的各种问题。

综合生产外业通常不分组，每位同学在老师的指导下使用本组外业获取的数据，独立完成各项内容，尤其要熟练操作各种摄影测量仪器，掌握摄影测量的全过程。

为使学生明确本次综合生产的总体任务及每一实习项目具体的作业程序、作业方法，指导教师在各项实习内容开展之前可进行集中讲解，做到任务明确、过程清晰；实习过程中，将分组指导和定期集中讨论相结合，启发学生解决作业中出现的实际问题。外业作业过程是在室外进行，场地内除实习学生外，还有其他人，如果场地包含马路，还会有车经过，因此要特别注意安全。除场地安全外，本次综合实习中还包含有无人机航拍的过程，因此更要注意飞行安全，应该严格遵守中国的航空部门的管理，严禁在禁飞区域飞行。航拍区域尽量选择开阔区域，保证飞机在自己视野范围内，飞行区域也不要有高压线等危险设施。

8.2 航空摄影

航空摄影是指将航摄仪安置在飞机上，按照一定的技术要求对地面进行摄影的过程。航空摄影进行前，需要利用与航摄仪配套的飞行管理软件进行飞行计划的制定。根据飞行地区的经纬度、飞行需要的重叠度、飞行速度等，设计最佳飞行方案，绘制航线图。在飞行中，一般利用 GPS 进行实时的定位与导航，拍摄过程中，操作人员利用飞行操作软件，对航拍结果进行实时监控与评估。无人机航向重叠度一般为 70%~85%，个别最大不应大于 95%，最小不小于 56%。飞行质量主要包括像片重叠度，像片倾斜角和像片旋偏角，航线弯曲度和航高，图像覆盖范围和分区覆盖以及控制航线等内容。

本次综合生产的航空摄影将采用大疆 PHANTOM4 飞机进行航空摄影，摄影目标区域为武汉大学信息学部的一部分，具体范围如图 8-1 所示。

飞控软件拟采用 RTechGo 软件系统，计划最终成图比例尺为 1∶1000，正射影像地面

图 8-1　综合生产作业区域范围

分解率为 0.1m，大疆 PHANTOM4 飞机所带相机参数如表 8-1 所示。

表 8-1　　　　　　　　　　　**大疆 PHANTOM4 飞机所带相机参数**

像幅宽	5472 像素
像幅高	3648 像素
像素大小	0.002345mm
主距	8.8mm

8.2.1　航线规划

　　根据航高估算公式：航高 = 主距/像素大小×影像地面分解率，为了更好地满足生产 1∶1000 比例尺成图要求，计划获取的影像地面分解率为 0.05，则可得到航高算式为 8.8/0.002345×0.05＝187m，因此可设计本次飞行的航高为 180m，航线规划的其他事宜可直接在飞控软件中设置。

8.2.2　航空摄影

　　综合考虑天气等情况后，选择航空摄影日期与时间，并预先给飞机电池、遥控器、控制平板电脑等充满电，在平板电脑上安装好 RTechGo 软件。在航空摄影当天，带好飞机、遥控器、控制平板电脑等到摄影目标区附近。选择一个能观测到整个飞行区域的开阔位置，打开平板电脑，设置好 WiFi 热点，并连接好，确认可以上 Internet。取出飞机遥控器，将平板电脑放置在遥控器上的卡座上，并确认稳定，之后可以打开遥控器。然后将飞机装上电池、螺旋桨，并取下相机保护夹，再次检查电池、螺旋桨是否安装稳定，相机保护夹是否取下，确认没有问题可给飞机开机。在飞机遥控器上拨动方向开关，可看到飞机相机有轻微移动，说明遥控器与飞机连接成功。然后用 USB 线将遥控器与平板电脑连接，此时遥控器上会出现"发现设备连接提示"并要求选择用哪个软件连接设备，选择安装好的 RTechGo 软件，稍等后软件就启动，在软件界面正上方标题栏位置可看到已经连接好的飞机信息，如图 8-2 所示。

图 8-2　连接好的飞机信息

有些时候，由于连接线接触不稳或者其他信号干扰，偶尔会出现没有成功连接飞机的现象，此时需要先关闭遥控器然后重新开启遥控器就可以连接上飞机。

成功连接上飞机后，在 RTechGo 软件里面，进行相关的航空摄影设置。首先进行飞行参数设置，如图 8-3 所示。

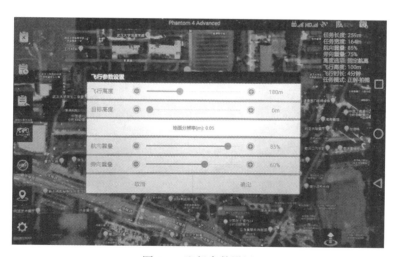

图 8-3　飞行参数设置

根据本次综合实习任务，可设置飞行高度为 180m，航向重叠为 85%，旁向重叠为 60%。然后选择航拍任务为"正射模式"，并选择新建任务，此时飞机软件将在屏幕中心位置显示一个默认的任务，如图 8-4 所示。

在此界面中，可按住绿色圆点移动拍摄范围。根据本次综合生产要求，将拍摄范围设定到目标范围中，如图 8-5 所示。

此时可看到由软件自动计算好的航线，确认没有问题后，就可以选择"准备起飞"，进入"飞行安全检查"，界面如图 8-6 所示。

通过的检查项以✔表示，没有通过的检查项以✘表示，有风险的检查项以⚠表示。

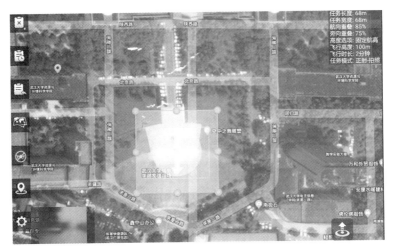

图 8-4 新建任务

图 8-5 规划拍摄范围

空中飞行情况复杂，建议全部检查项通过后再进行飞行，以免发生危险。飞行安全检查完成后，点击列表下方的"自动起飞"，飞机启动开始上升到设置的拍摄高度进行作业。作业完成后，飞行器会自动返航到起飞位置，降落点附近务必排除杂物，如果飞行器的降落位置不准确，则需手动调节，以免发生降落故障。

8.2.3 飞行质量检查

航空摄影成果的质量检查包括对航空摄影成果的飞行质量、影像质量、数据质量及附件质量进行检查。飞行质量检查主要包括像片重叠度、像片倾斜角与旋偏角、航高保持、航线弯曲度、航摄漏洞、摄区覆盖等检查；影像质量检查主要包括影像最大位移、清晰度、反差等检查；数据质量检查主要包括数据的完整性与数据组织的正确性检查；附件质

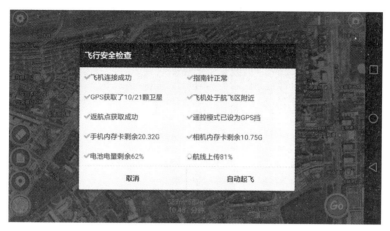

图 8-6　飞行安全检查

量检查主要是对提交资料的完整性和正确性的检查。

　　本次综合生产的飞行质量检查包含两种方法，第一是影像质量检查，主要使用 Windows 资源管理器中浏览影像数据，逐张观察获取的影像，对影像质量进行评定。第二是检查影像覆盖范围和影像对应的 GPS 数据是否正常，主要通过使用 DPGrid 软件对获取的数据进行自动快拼图生产完成。在桌面上选择 DPGrid 快捷方式，或者直接在 DPGrid 安装目录中，运行 DPGridEdu.exe。选择文件菜单中的"新建"，系统弹出新建工程界面，如图 8-7 所示。

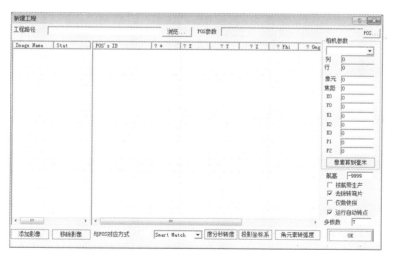

图 8-7　新建工程界面

　　指定生产测区的工程文件存储路径（如 e：\ DPU \ Wu38），并直接在 Windows 资源管理器中，将航空摄影测量获取的影像目录拖入对话框，可见到如图 8-8 所示结果。

图 8-8　添加航空影像

由于大疆飞机已经自带了 GPS 设备，在拍摄过程中已经将 GPS 信息记录到影像中了，DPGrid 软件会直接读出 GPS 信息，并填入新建工程界面中。在此界面的右下角处，选中"仅做快拼"选项，如图 8-9 所示。

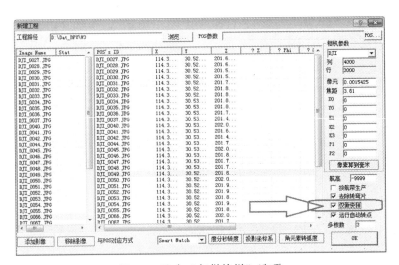

图 8-9　选中"仅做快拼"选项

检查确认影像与 GPS 都准确无误，然后选择新建工程对话框的"OK"按钮，此时系统将进行每张影像的预处理，包括建立每张影像的快视图、提取少量的 Sift 点等处理，如果这个过程没有成功，将无法进行下一步处理。之后，DPGrid 系统开始匹配连接点，处理过程中在界面上会有正在处理的影像名称提示，所有影像都会以主影像身份向临近影像进行匹配连接点，处理过程界面如图 8-10 所示。

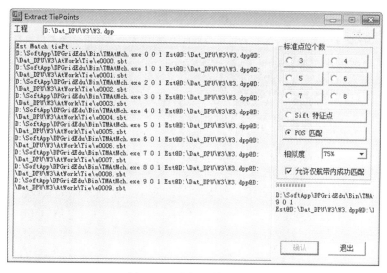

图 8-10　进行影像预处理

　　匹配连接点组建自由网过程中，软件将会自动执行光束法平差，其处理界面如图 8-11
所示。

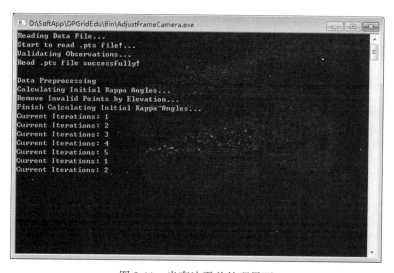

图 8-11　光束法平差处理界面

　　如果匹配连接点过程中从未弹出此界面，有可能是软件未安装完整，请核实软件是否
安装完整，运行环境是否正确，平差解算必须是在 64 位系统中运行，并且需要 Windows
中已经安装有 Microsoft 的运行库。

　　所有自动快拼图生产的相关处理结束后，系统弹出自动计算地面分解率的结果，连续
选择"确认"就可以，最后可以看到本次航空摄影测量任务的测区影像分布情况，如图
8-12 所示。

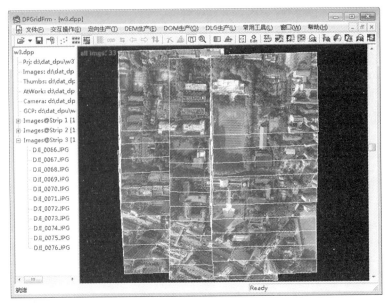

图 8-12　测区影像分布情况

通过此结果可以检查本次飞行的情况，可以核查飞行区域是否覆盖完整，航带是否合适等情况，作业人员也还可以选择菜单"定向生产"→"三维场景"，将快拼成果进行三维透视浏览，如图 8-13 所示。

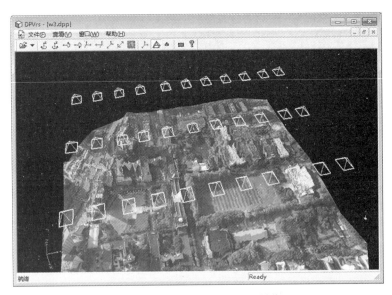

图 8-13　快拼成果三维透视浏览

通过飞行质量检查可以判断本次飞行是否成功，如果发现影像覆盖不全，GPS 数据不正常、获取的影像不清晰等情况则需要重新进行航空摄影。

8.3 航测外业

外业生产是根据获取的航空影像，在影像包含的目标地区，进行像片控制点联测以及对航片中一些地形地物进行调查和绘注等工作的总称，外业工作包括：

①像片控制点联测。像片控制点一般是航摄前在地面上布设的标志点，也可选用像片上的明显地物点（如道路交叉点等），用普通测量方法测定其平面坐标和高程。

②像片调绘。是图像判读、调查和绘注等工作的总称。在像片上通过判读，用规定的地形图符号绘注地物、地貌等要素；测绘没有影像的和新增的重要地物；注记通过调查所得的地名等。通过像片调绘所得到的像片称为调绘片。调绘工作可分为室内的、野外的和两者相结合的 3 种方法。

本次综合生产主要是进行像片控制点联测。

8.3.1 设计布控方案

像片控制点是航测外业最重要的工作，像片控制点的优劣将直接影响内业生产，像片控制点布设要求和布点原则请参考 3.1.2 节 "像控点布设要求"。本例综合生产中，飞机上安装有相对精度比较高的 GPS 系统，此外作业区域也比较小，因此可以适当减少控制点。

通常情况下，测区的四周需要布设控制点，本例拟在测区四角和中部附近布设控制点，此外也还需要考虑像片控制点应该选在比较开阔的位置，特别要避开高楼、树木等。综合考虑后，本例像片控制点布设计划如图 8-14 所示。

图 8-14　像片控制点布设计划

8.3.2 控制点联测

像片控制点分三种：像片平面控制点（简称平面点），只需联测平面坐标；像片高程控制点（简称高程点），只需联测高程；像片平高控制点（简称平高点），要求平面坐标和高程都应联测，由于 GPS 技术的进步，使得 RTK 的精度逐渐提高，从测量结果来看，RTK 技术不仅可以满足像控点的精度要求，而且可以大量节省测量时间，与传统像控点测量方法相比显示了较大的优越性。实际作业时用 RTK 采集的点全部是平高点，本例中拟采用南方测绘的 RTK 去采集像片控制点，所有点都作为平高点。使用 RTK 设备进行控制点测量的具体操作请参考 3.3 节 "RTK 测量地面控制点"，本例中使用 RTK 设备测量获得的部分像片控制点信息如图 8-15 所示。

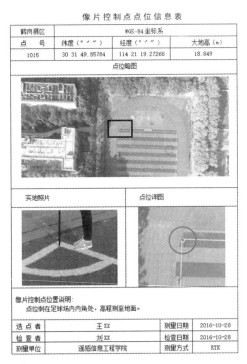

图 8-15　像片控制点信息

8.4　内业生产

内业生产是指使用内业生产仪器（通常是数字摄影测量系统），对外业获取的影像数据、控制数据、调绘数据等，按摄影测量生产规范，进行空中三角测量或独立模型定向、DEM 生产、正射影像生产和 DLG 生产的过程，生产的产品通常包括符合测绘规范的定向成果、DEM 数据成果、正射影像、DLG 等。

本次综合生产内业生产仪器选择使用 DPGrid 软件系统，成果产品包括空三定向成果、

DEM 成果、正射影像成果、DLG 成果。成图比例尺拟采用 1∶1000 比例尺，DEM 格网间距为 1m，正射影像地面分解率为 0.1m，DLG 要求采集目标区域内的所有地物和等高线，最终成绩将从成果完整性、规范性和精度检查报告等方面综合评定。

8.4.1 数据整理

数据整理是摄影测量内业生产前期的重要环节，是否正确理解原始数据对成果的产生以及精度有着重要的影响。在此环节中，需要分析航片的分辨率、摄影比例尺、地面分解率、影像的航带关系等，同时也需要对相机文件、控制点文件、航片索引图等进行分析整理，本案例的影像数据如图 8-16 所示。

图 8-16 航空摄影获得的影像数据

航空摄影获得的像片 GPS 属性信息如图 8-17 所示。

外业控制点坐标值使用 UTM 投影后整理为文本文件，内容如图 8-18 所示。

8.4.2 空中三角测量

空中三角测量是内业的第一步操作，也是最基础的一步操作。在桌面上选择 DPGrid 快捷方式，或者直接在 DPGrid 安装目录中，运行 DPGridEdu. exe。选择文件菜单中的"新建"，系统弹出新建工程界面，如图 8-19 所示。

指定生产测区的工程文件存储路径（如 e：\ DPU \ Wu38），并直接在 Windows 资源管理器中，将航空摄影测量获取的影像目录拖入对话框，可得到如图 8-20 所示结果。

由于大疆飞机已经自带了 GPS 设备，在拍摄过程中已经将 GPS 信息记录到影像中了，DPGrid 软件会直接读出 GPS 信息，并填入新建工程界面中。检查确认影像与 GPS 都准确无误，然后选择新建工程对话框的"OK"按钮，系统将开始数据处理，过程如

图 8-17　航空摄影获得的像片 GPS 属性信息

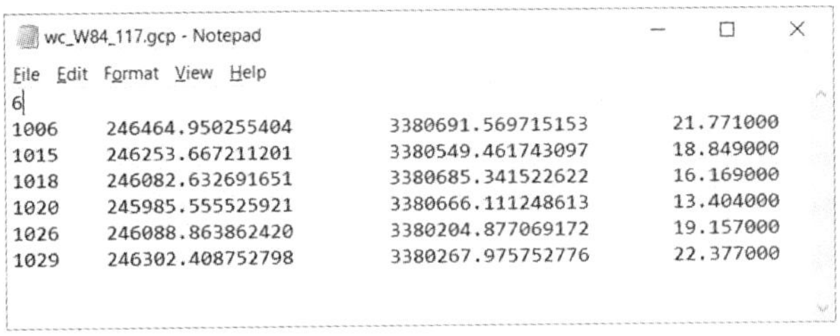

图 8-18　外业控制点坐标值文本文件

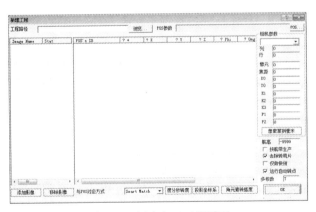

图 8-19　新建空三工程界面

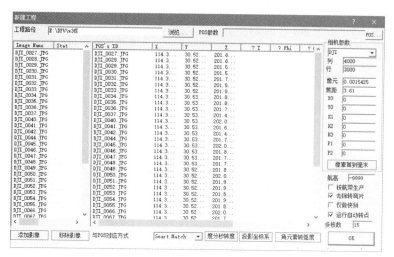

图 8-20 添加航空摄影测量影像数据

图 8-21 所示。

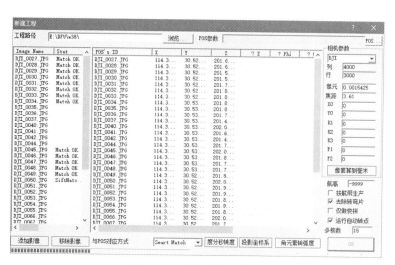

图 8-21 数据开始预处理

此时系统将进行每张影像的预处理,包括建立每张影像的快视图、提取少量的 Sift 点等处理,如果这个过程没有成功,将无法进行下一步处理。

所有处理结束后,测区工程才算成功建立,工程建立成功后,将会在主窗口中显示本测区数的航拍位置图、有效影像数目等信息,如图 8-22 所示。

在新建工程对话框中,已经选择了"匹配连接点",此时将弹出匹配连接点界面,如图 8-23 所示。

这种模式中,DPGrid 系统自动为用户选择了 POS 匹配模式,并开始匹配连接点,连

293

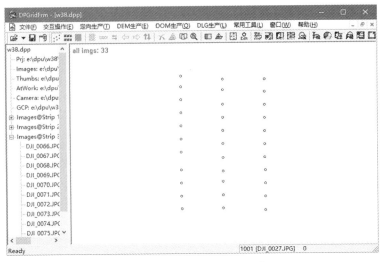

图 8-22　建好的空三工程显示信息

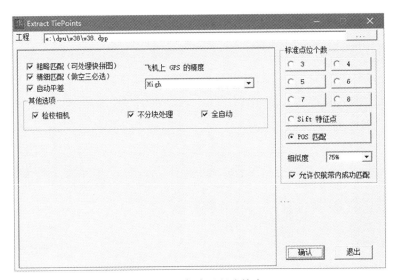

图 8-23　自动匹配连接点

接点自动匹配是比较花费时间的一项处理，处理过程中在界面上会有正在处理的影像名称提示，所有影像都会以主影像身份向临近影像进行匹配连接点，处理过程界面如图 8-24 所示。

匹配连接点组建自由网过程中，软件将会自动执行光束法平差，其处理界面如图 8-25 所示。

如果匹配连接点过程中从未弹出此界面，有可能是软件未安装完整，请核实软件是否安装完整，运行环境是否正确，平差解算必须是在 64 位系统中运行，并且需要 Windows 中已经安装有 Microsoft 的运行库。

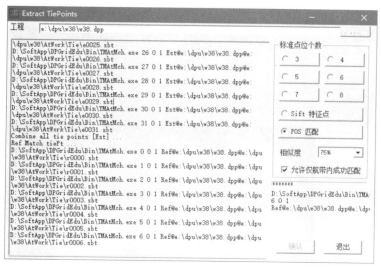

图 8-24　匹配连接点过程信息

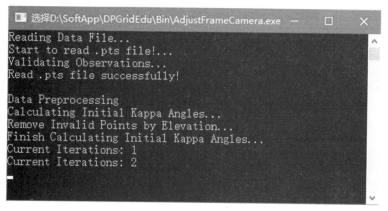

图 8-25　光束法平差处理

平差完成后，如测区参数未设置或初始参数设置不合适，系统会提示工程参数需要重设对话框，如图 8-26 所示。

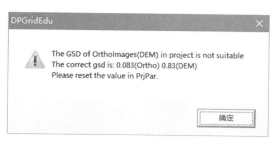

图 8-26　工程参数重设对话框

此提示框仅仅是提示，并不会修改工程的任何参数，因此选择"确定"即可。在此之后，DPGrid 系统会重新读入工程数据，此时系统将再次弹出工程参数设置对话框，如图 8-27 所示。

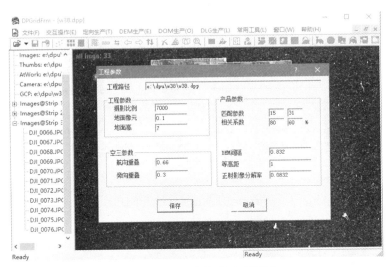

图 8-27　工程参数设置对话框

此时的工程参数中，DEM 间隔和正射影像分解率将根据 GPS 辅助的自由网空中三角测量结果进行估值并自动填写到对话框中，按本次综合实习的要求，应该修改 DEM 间隔为 1.0m，正射影像分解率为 0.1m。

测区的自由网成功建立后，可以看到本次航空摄影测量任务的测区影像分布情况，如图 8-28 所示。

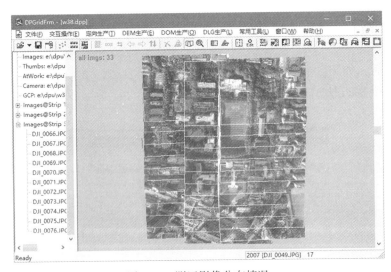

图 8-28　测区影像分布情况

自动匹配连接点成功后，就使用"交互编辑与平差"进行带控制点的空中三角测量生产，具体生产过程和步骤请参考4.3节"交互编辑与平差"。

8.4.3 DEM 生产

在 DPGrid 界面上选择菜单 DEM 生产下的"密集匹配"菜单项，系统弹出 DPDem-Mch 主界面，并自动加载了当前打开的测区工程，如图 8-29 所示。

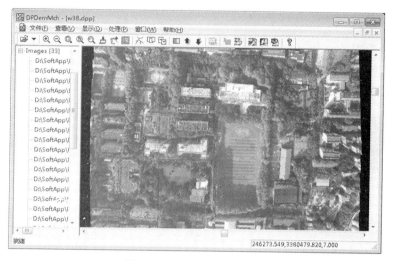

图 8-29 DPDemMch 主界面

在密集匹配界面的菜单中选择"处理"→"匹配整个测区"菜单项，系统弹出 DEM Matching 主界面，并自动加载了当前打开的测区工程，如图 8-30 所示。

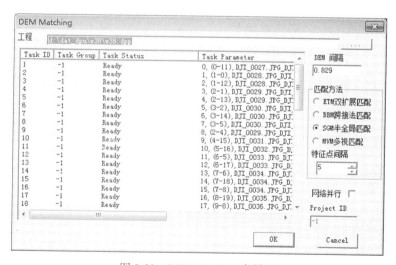

图 8-30 DEM Matching 主界面

确认 DEM 间隔为 1.0，然后选择匹配方法为 SGM 半全局匹配，特征点间隔设置为 9，选择"OK"开始密集匹配。匹配比较花时间，需要较长时间的等待，等匹配结束后，在测区目录中的 Dem 目录中将会有匹配结果数据文件，文件名称为"测区名 . dem"。

在 DPGrid 界面上选择菜单 DEM 生产下的"DEM 编辑"，系统已自动载入当前测区的 DEM，作业人员需要加载当前测区工程，然后可见到如图 8-31 所示界面，在界面中开始对 DEM 进行立体编辑，具体编辑方法请参考 5.5 节"DEM 编辑"。

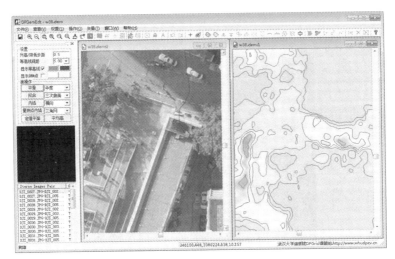

图 8-31　DEM 编辑界面

编辑完成后，需要对 DEM 进行自我检查，可采用"DEM 渲染"工具辅助进行直观的查看，具体操作：在 DPGrid 界面上选择菜单 DEM 生产下的"DEM 渲染"菜单项，在弹出的界面中选择编辑好的 DEM 文件，文件名称为"测区名 . dem"，可见到如图 8-32 所示界面。

选择菜单"显示"→"彩色渲染模式"可看到渲染后的 DEM，通过鼠标可对 DEM 进行旋转、缩放等操作，认真观察 DEM 数据是否有异常，如有突然凸起的点、凹入很深的位置、表面有明显断裂等，发现有问题，则继续使用 DEM 编辑修改，直至 DEM 完全正确。

8.4.4　正射影像生产

在 DPGrid 主界面上，选择"DOM 生产"→"正射生产"菜单项，系统弹出如图 8-33 所示的界面。

在界面中确认正射影像的分辨率为 0.1m，格式可以选择 ＊.tif，调色处理主要取决于航空摄影获取的影像色彩是否一致，如果色彩一致则无须进行调色处理。

正射影像生产是按原始影像独立进行的，因此还需要拼接处理。在 DPGrid 软件界面上选择"DOM 生产"→"正射拼接"菜单项，系统弹出 DPMzx 主界面，在主界面中选择"新建工程"，设置工程路径和工程参数，后进入正射影像拼接主界面。选择菜单"文件"→"添加影像"，或者单击工具栏上的添加影像 ，在系统弹出的打开对话框中选择需要进行拼接的正射影像文件，然后单击打开按钮，窗口中显示载入的正射影像，如图

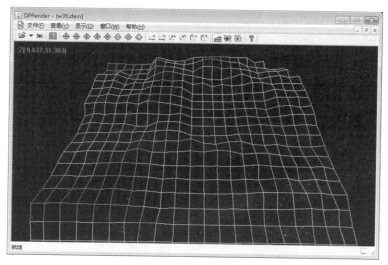

图 8-32　DEM 渲染检查

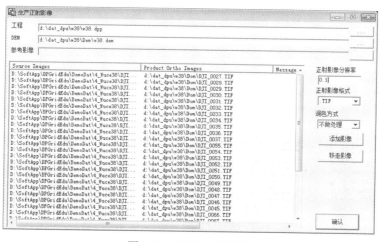

图 8-33　DOM 生产界面

8-34 所示。

所有影像按坐标叠合在一起显示，此时相互有压盖是正常现象，在生产拼接线后，压盖才会消失。选择菜单"处理"→"生成拼接线"，或者单击工具栏上的生成拼接线 ⚙，即生成了红色的拼接线，如图 8-35 所示。

选择"处理"→"编辑拼接线"菜单项，开始用鼠标编辑拼接线。用鼠标移动或者添加拼接线上的节点，拼接线变化后即可查看拼接效果。通过调整拼接线使拼接线两边的影像过渡更自然，色差更小，保证房屋、道路的完整性，逻辑关系一致性。拼接线编辑完成后，就可以将拼接的成果输出，选择菜单项"拼接影像"，在系统弹出拼接成果保存窗口中指定成果保存路径及名称即可进行拼接输出，拼接成果格式默认为 *.dpr。

自动生成的大比例尺的正射影像，会出现严重的变形，需要采取正射影像编辑的方法对其进行局部校正。在 DPGrid 软件界面上选择"DOM 生产"→"正射编辑"菜单项，

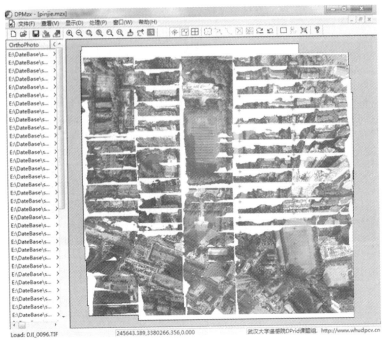

图 8-34　载入正射影像

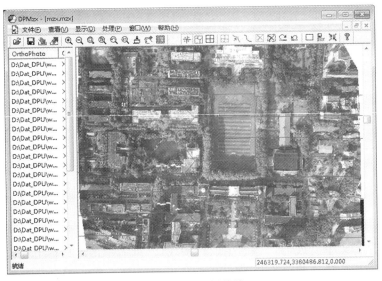

图 8-35　编辑拼接线

系统弹出 DPDomEdt 主界面，在打开待编辑的正射影像后，如图 8-36 所示。

载入 DEM，载入 DPGrid 测区开始对有问题的正射影像进行编辑，具体编辑方法可参考 6.5 节"正射影像编辑"。

待正射影像编辑完成后，最后一步是制作正射影像图，在 DPGrid 软件界面上选择

图 8-36　正射影像编辑

"DOM 生产"→"影像地图"菜单项，系统弹出 DiPlot 主界面，在打开一幅正射影像后，可见到所有可用功能及菜单，如图 8-37 所示。

图 8-37　正射影像图制作

在正射影像图制作软件中，通过设置图廓参数、格网参数、图幅信息参数等（具体操作请参考 6.7 节"正射影像图制作"），最后输出一幅正射影像成果图，本例综合生产正射影像成果图，如图 8-38 所示。

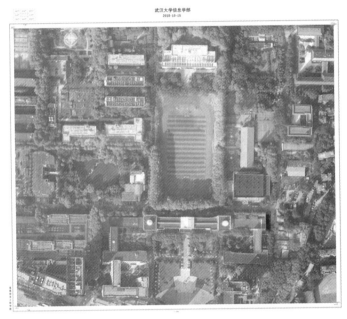

图 8-38　综合生产正射影像成果图

8.4.5　DLG 生产

在 DPGrid 软件界面上选择"DLG 生产"→"立体影像测图"菜单项，系统弹出 DP-Draw 主界面，在打开或新建矢量文件后，系统显示如图 8-39 所示界面。

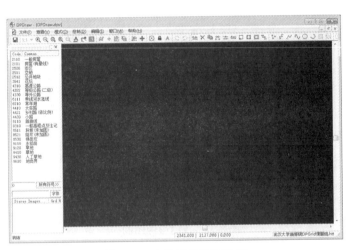

图 8-39　立体影像测图界面

在立体测图中，载入本例综合生产的测区工程，选择立体模型开始逐个测量目标测区中的地物和等高线，具体测量方法可以参考 7.2 节"DLG 要素采集"。

所有要素采集完成后，就可以制作矢量地图。在 DPGrid 软件界面上选择"DLG 生产"→"整饰出版"菜单项，系统弹出 DPPlot 主界面，打开一个本例综合生产的 DLG 数据，如图 8-40 所示。

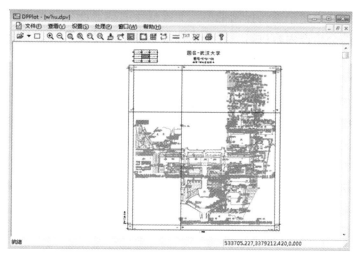

图 8-40　DLG 整饰出版

在 DLG 出版软件中，通过设置图廓参数、格网参数、图幅信息参数等，具体操作请参考 7.4 节 "DLG 出版"。最后输出一幅 DLG 成果图，本例综合生产的 DLG 部分成果图如图 8-41 所示。

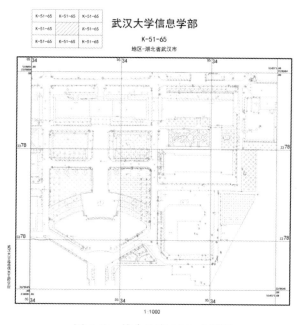

图 8-41　综合生产 DLG 成果图

8.5　成果评价

　　成果评价在生产中属于质量控制部门，而教学中自然是教师给学生学习效果的测评。成果评价可以按综合生产内容进行，评价的标准参照生产规范，但又不能全盘照搬，可以根据学生实际情况、教学实际情形、课程时间等多方面综合考虑，指定相应成果评价标准和机制。在本案例中，拟采用三大类成果进行评价，一是航空摄影成果评价；二是像片控制点成果评价；三是内业成果评价。其中内业评价内容较为丰富，包含空中三角测量成果、DEM 成果、正射影像成果、DLG 成果。

8.5.1　航空摄影成果

　　航空摄影成果包括航线规划报告、航空摄影过程操作报告、航空摄影获取的影像数据及对应的数据描述报告。

　　根据航线规划报告内容，评价航线规划是否合理，包括航高、重叠度、测区覆盖情况等。

　　根据航空摄影过程操作报告内容，评价航空摄影过程操作是否规范，包括环境安全检查是否到位、仪器安装过程是否正确，起飞、降落过程的监控是否到位等。

　　根据航空摄影获取的影像数据及对应的数据描述报告，评价影像数据描述是否规范，通过测区快拼图评判数据覆盖是否合理、通过随机核查影像查看影像质量是否合格等。

8.5.2　像片控制成果

　　像片控制成果包括布控方案设计报告、控制点实测报告、控制点数据描述以及控制点数据。

　　根据布控方案设计报告内容，评价控制点布设是否合理，是否出现失控、控制点的选择是否合理等。

　　根据控制点实测报告内容，评价控制点测量中操作是否规范、仪器操作是否规范、坐标的获取是否存在问题等。

　　根据控制点数据描述以及控制点数据内容，评价控制点数据是否说得清楚明白，控制点数据是否做到规范标准，特别是点位图、位置说明、坐标等信息是否清晰明了等。

8.5.3　内业成果

　　内业成果包含内业生产操作报告、空中三角测量成果以及平差报告、DEM 成果及精度报告、正射影像成果及精度报告、DLG 成果。

　　根据内业生产操作报告可评价作业人员是否熟练掌握内业生产流程、内业生产各个工具的操作等。

　　根据空中三角测量成果以及平差报告可评价空三成果、空三成果精度是否合格，特别是平差报告，其内容列出了处理过程总连接点、控制点、检查点等数据分布情况和达到的精度，根据数据分布情况可判断作业人员生产过程是否合理，生产的成果是否可靠，精度是否合格。

根据 DEM 成果及精度报告，可评价 DEM 成果是否完整、DEM 精度是否合格。为了客观地评价 DEM 精度，评价老师应该准备一份生产测区的检查点，然后每次随机抽取几个点对 DEM 进行评价，检查点还应该设置在高楼、树木等需要认真编辑处理的目标附近，这样可以更严谨地评价作业人员是否认真处理。

根据正射影像成果及精度报告，可评价正射影像成果是否完整、正射影像精度是否合格。正射影像除客观精度外还包含影像质量，这个需要评价人员对数据进行浏览，认真核查正射影像内部是否存在影像变形、影像接边是否明显等。

根据 DLG 成果，可评价 DLG 数据是否完整，各地物形状和属性是否按规范采集。为了检查 DLG 精度（同时也是空三成果的精度），在生产过程中可以指定必须采集的特征点，如区域内某个路面的点、某个球场中的点、某个台阶等，而且要求将特征点的属性设为一般高程点及注记，这样在提交的成果中，这些点的高程坐标被标识在图中，非常有利于评价者评价数据精度。

总之，成果评价是生产环境中非常重要的内容，需要质量控制人员或老师根据实际情况总结经验，形成科学又合理可行的机制。

第9章 其他摄影测量软件

无人机测绘包括数据获取（即航空摄影系统）和数据处理（即摄影测量软件），通过前面的章节，我们详细地介绍了航空摄影系统的使用和摄影测量软件的使用方法。目前，航空摄影系统和摄影测量软件比本书介绍的要多得多，但是原理和本质是一样的，掌握了其中的某一种系统就可以轻松地理解和掌握其他系统。为扩展大家的学习，本章将简单介绍几款主流的摄影测量软件系统。

9.1 无人机影像处理软件 ContextCapture

Bentley 公司的 ContextCapture 是全球应用最广泛的基于数码照片生成全三维模型的软件解决方案。其前身是由法国 Acute3D 公司开发的 Smart3DCapture 软件，Bentley 公司已于 2015 年全资收购 Acute3D 公司，并将其软件产品更名为 ContextCapture。ContextCapture 的特点是能够基于数字影像照片全自动生成高分辨率真三维模型。照片可以来自数码相机、手机、无人机载相机或航空倾斜摄影仪等各种设备。适应的建模对象尺寸从近景对象到中小型场所到街道到整个城市，目前 ContextCapture 软件已在全球多家工业及科研单位得到了广泛应用。

ContextCapture 软件可以使用来自不同传感器的图像，使用各种各样的相机，从智能手机到专业化的高空或地面多向采集系统。利用各种可以获得的图像格式和元数据来制作三维模型。通过呈现任何大小的快照，生成高分辨率的平剖图和透视图。使用输出标尺、刻度和定位来设置图像大小和刻度，以便能够准确重复利用。充分利用基于时间的、直观逼真的漫游场景和对象动画系统，轻松快速地生成电影。ContextCapture 软件可创建高保真图像，使用高度逼真的影像支持精确的制图和工程设计。ContextCapture 软件可创建扩展的地形模型，使用和显示大型可扩展地形模型，提高大型数据集的投资回报。ContextCapture 软件以多种模式显示可扩展的地形模型，例如，带阴影的平滑着色、坡向角、立面图、斜坡和等高线等。使用 DGN 文件、点云数据等源数据同步地形模型。ContextCapture 软件可生成二维和三维 GIS 模型，使用一系列完整的地理数据类型（其中包括真实正射影像、点云、栅格数字高程模型和 Esri I3S 格式），生成准确的地理参考三维模型。包含 SRS 数据库接口，可确保与用户选择的 GIS 解决方案的数据互用性。ContextCapture 软件可生成三维 CAD 模型，通过使用一系列传统的 CAD 格式，包括 STL、OBJ 或 FBX、点云格式生成三维模型。

ContextCapture 软件可以用于城乡规划、地下市政管线相结合、施工模拟、数字展馆等方面。在城乡规划方面，通过无人机和实景三维建模技术，生产面向城乡规划行业的实景三维模型，主要应用于城乡规划的现状调查分析、规划方案对比、辅助政府部门审批监管等方面，提供天际线分析、敏感点分析、视域分析、工程建设监管等多项定性、定量分析，将城乡规划行业技术手段从二维升级到三维，为城乡规划从业者们做出最终决定提供科学有效的帮助，提高了规划设计的科学性，规划管理的效率，具有广泛的应用前景。在地下市政管线相结合方面，通过实景模型与地下市政管线的结合，可以很直观地表达出地下与地上的位置关系，更好地用于指导设计和施工。

ContextCapture 软件特点：

①快速、简单、全自动。ContextCapture 软件能无需人工干预地从简单连续影像中生成最逼真的实景三维场景模型。无须依赖昂贵且低效率的激光点云扫描系统或 POS 定位系统，仅仅依靠简单连续的二维影像，就能还原出最真实的实景真三维模型。

②身临其境的实景真三维模型。ContextCapture 软件不同于传统技术仅仅依靠高程生成的缺少侧面等结构的 2.5 维模型，Smart3D 可运算生成基于真实影像的超高密度点云，并以此生成基于真实影像纹理的高分辨率实景真三维模型，对真实场景在原始影像分辨率下的全要素级别的还原达到了无限接近真实的机制。

③广泛的数据源兼容性。ContextCapture 软件能接受各种硬件采集的各种原始数据，包括大型固定翼飞机、载人直升机、大中小型无人机、街景车、手持数码相机甚至手机，并直接把这些数据还原成连续真实的三维模型，无论大型海量城市级数据，还是考古级精细到毫米的模型，都能轻松还原出最接近真实的模型。

④优化的数据格式输出。ContextCapture 软件能够输出包括 obj、osg（osgb）、dae 等的通用兼容格式，能够方便地导入各种主流 GIS 应用平台，而且它能生成超过 20 级金字塔级别的模型精度等级，能够流畅应对本地访问或是基于互联网的远程访问浏览。

ContextCapture 软件主要模块：Master（主控台）、Setting（设置）、Engine（引擎）、Viewer（浏览）等，如图 9-1 所示。

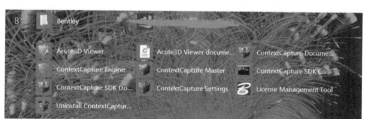

图 9-1　ContextCapture 软件模块组成

Setting：一个中间媒介，它主要是帮助 Engine 指向任务的路径。

Master：一个非常好的人机交互界面，相当于一个管理者，它创建任务、管理任务、监视任务的进度等，具体功能包括：导入数据集、定义处理过程设置、提交作业任务、监控作业任务进度、浏览处理结果。主控制台不执行处理任务，而是将任务分解成基本的作业并将其提交到作业队列，主控包含工程、区块、重建和生产。工程（Project）：一个工程管理着所有与它对应场景相关的处理数据，工程包含一个或多个区块作为子项；区块（Block）：一个区块管理着一系列用于一个或多个三维重建的输入图像与其属性信息，这些信息包括传感器尺寸、焦距、主点、透镜畸变以及位置与旋转等姿态信息；重建（Reconstruction）：一个重建管理用于启动一个或多个场景制作的三维重建框架；生产（Production）：一个生产管理三维模型的生成，还包括错误反馈、进度报告、模型导入等功能。

Engine：负责对所指向的 Job Queue 中任务进行处理，可以独立于 Master 打开或者关闭。

Viewer：可预览生成的三维场景和模型。

9.1.1　新建工程

ContextCapture Master 运行后首先弹出的就是新建或打开工程界面，如图 9-2 所示。

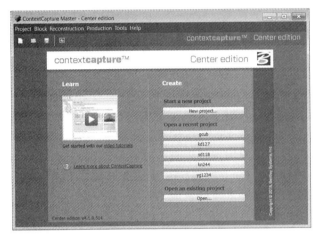

图 9-2　ContextCapture 开始界面

选择新建工程，依次填入工程名称、工程目录后点击"OK"，如图 9-3 所示。

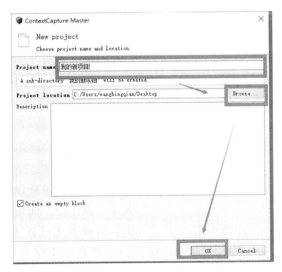

图 9-3　ContextCapture 新建工程

选择"Photos"选项卡，然后点击"Add photos"按钮，添加要建模的照片，如图9-4所示。

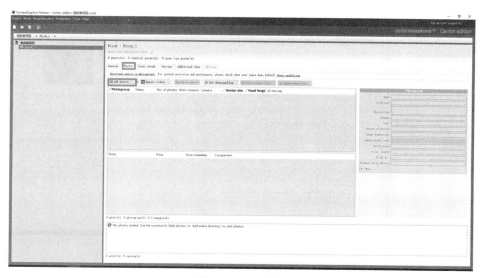

图 9-4　添加影像

选择完影像后，界面中会列出添加成功的影像，如图9-5所示。

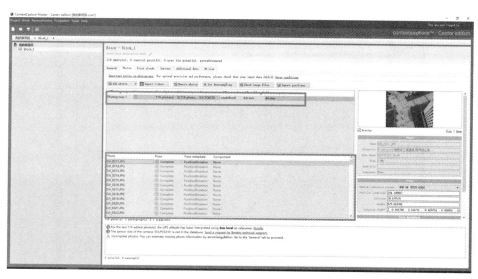

图 9-5　列出添加成功的影像

点击"Check image files"按钮，对影像进行检查，如图9-6和图9-7所示。

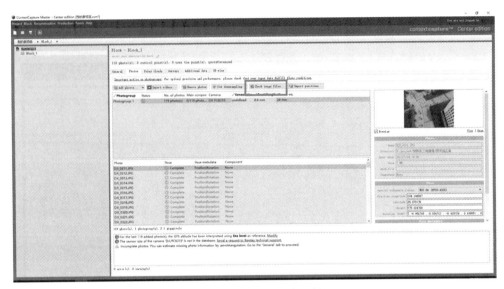

图 9-6　选择检查影像文件

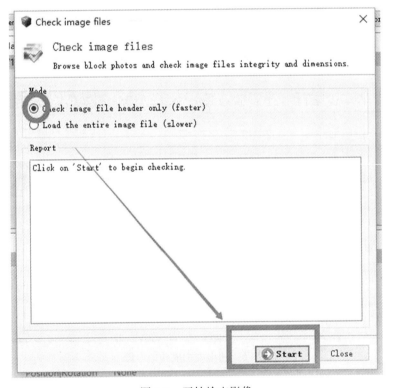

图 9-7　开始检查影像

9.1.2 设置控制点

选择"Surveys"选项卡，然后点击"Edit control points"按钮，如图9-8所示。

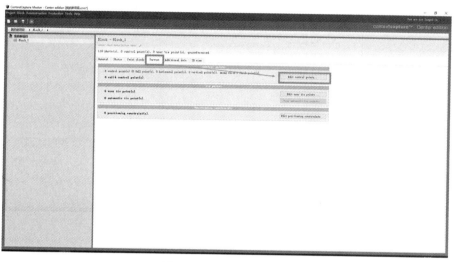

图9-8 开始添加控制点

点击右侧加号，选择图片添加控制点，如图9-9所示。

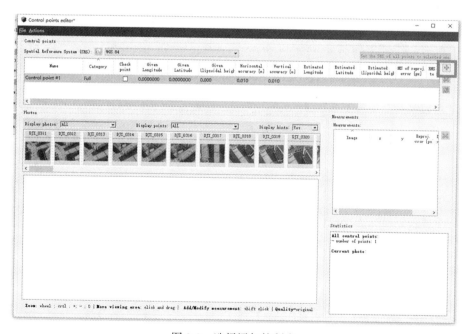

图9-9 选择添加控制点

选择"General"选项卡，然后点击右侧的"Submit"按钮，如图9-10所示。

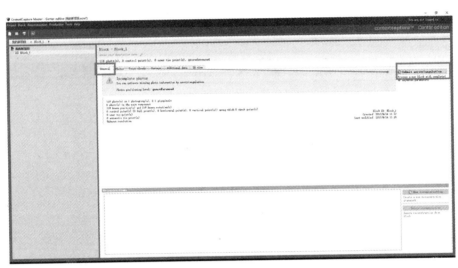

图 9-10　提交工程（保存工程）

9.1.3　开启自动处理

填入工作目录名称后，点击"Next"，如图9-11所示。

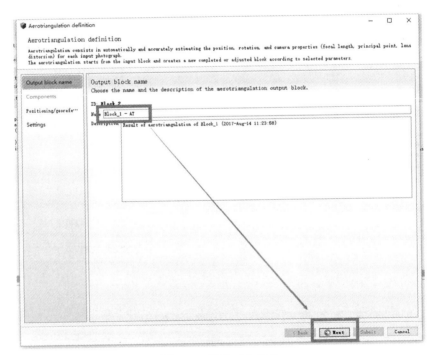

图 9-11　填入工作目录

在这一步中，如果没有添加控制点，会默认选择使用照片坐标（红色），若添加了控制点，则选择使用控制点坐标（绿色），而后点击"Next"，如图 9-12 所示。

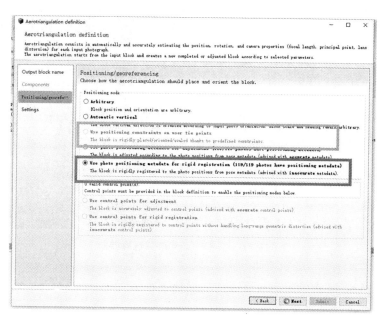

图 9-12　选择使用 GPS 还是控制点坐标

各个选项保持默认，点击"Submit"，如图 9-13 所示。

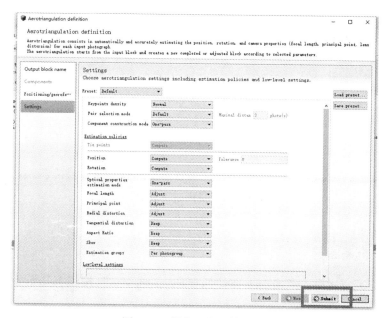

图 9-13　提交工程开始处理

313

打开桌面上的橙色图标（ContextCapture Center Engine），开始进行运算，如图 9-14 所示。

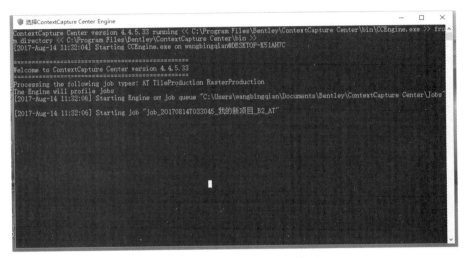

图 9-14　ContextCapture 的运算器

运算器启动后，主界面上会显示进度，如图 9-15 所示。

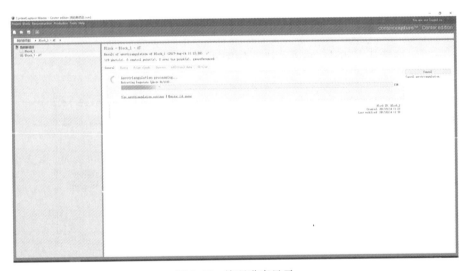

图 9-15　处理进度显示

9.1.4　Mesh 产品生产

待空三运算完成之后，点击右下方"New reconstruction"按钮，开始生产产品，如图 9-16 所示。

选择"Spatial framework"选项卡，按图 9-17 所示设置进行分块。

图 9-16　产品生产

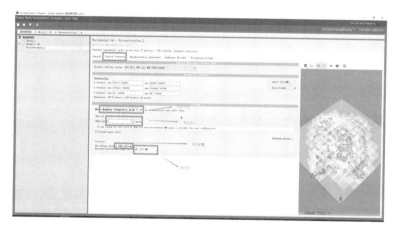

图 9-17　分块设置

返回 "General" 选项卡后，点击 "Submit new production" 按钮，如图 9-18 所示。

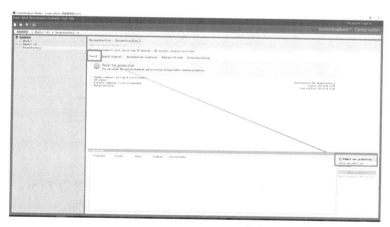

图 9-18　提交处理

在弹出的对话框中填入模型名称，点击"Next"，如图 9-19 所示。

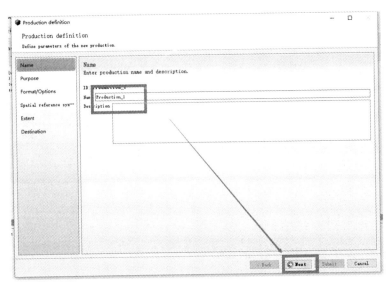

图 9-19　设置产品工程名称

然后选择默认的"3DMesh"，点击"Next"，如图 9-20 所示。

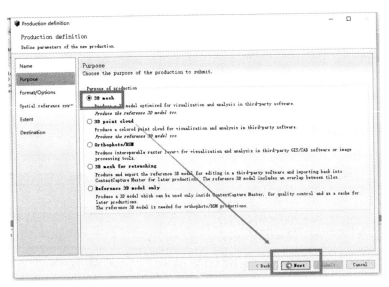

图 9-20　选择生产 Mesh

选择输出的模型格式，其他保持默认，点击"Next"，如图 9-21 所示。
选择模型所使用的坐标系，然后点击"Next"，如图 9-22 所示。
勾选要进行建模的瓦片后（默认全选），点击"Next"，如图 9-23 所示。

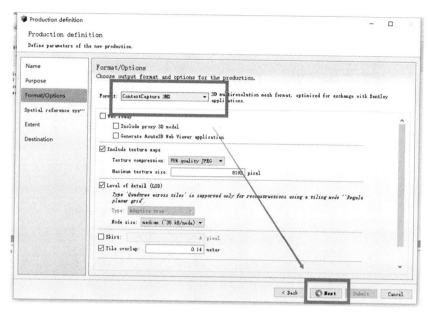

图 9-21 指定产品格式

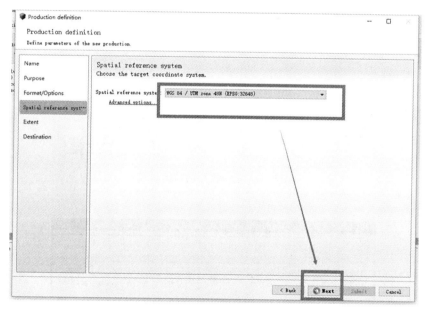

图 9-22 指定产品坐标系

选择模型的输出目录后点击"Submit"按钮,进行三维建模工作,如图 9-24 所示。

在左侧目录结构中选择最后一个目录,可以看到如图 9-25 所示情况。

至此,所有的操作已经完成,耐心等待模型建立完成即可。此时可以关闭 Master 程序,只留下引擎程序运行。

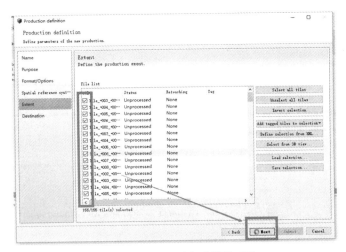

图 9-23　选择要进行建模的瓦片

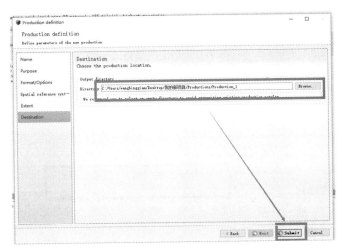

图 9-24　选择模型的输出目录

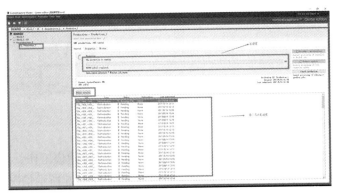

图 9-25　选择最后一个目录

9.2 无人机影像处理软件 Pix4Dmapper

Pix4Dmapper 影像处理软件是完整的测图、建模解决方案,该软件转换数千张影像为对地定位的二维镶嵌图和三维模型,其友好的界面、快速的运行、精确的运算在各行各业中得到了广泛的应用。Pix4Dmapper 无需人为干预即可获得专业的精度,整个过程完全自动化,并且精度更高,真正使无人机变为新一代专业测量工具。无需专业操作员、飞机操控员就能够直接处理和查看结果,并把结果发送给最终用户。完善的工作流把原始航空影像变为任何专业的 GIS 软件都可以读取的 DOM 和 DEM 数据。通过提供 ERDAS、SocetSet 和 Inpho 可读的输出文件,能够与摄影测量软件进行无缝集成。自动获取相机参数,自动从影像 EXIF 中读取相机的基本参数。无需 IMU 数据,无需 IMU 姿态信息,只需要影像的 GPS 位置信息,即可全自动处理无人机数据和航空影像,自动生成 Google 瓦片,自动将 DOM 进行切片,生成 PNG 瓦片文件和 KML 文件,直接使用 Google Earth 即可浏览成果。自动生成带有纹理信息的三维模型,方便进行三维景观制作。Pix4Dmapper 支持多达 10000 张影像同时处理,在同一工程中处理来自不同相机的数据—多架次、大于 2000 张数据全自动处理—直观便捷的界面,便于添加 GCP—快速成果图(DOM、DSM 等)原生 64 位软件。达到快速数据处理,需要配备与 Pix4Dmapper 特性匹配的高性能工作站,才能发挥软件的优势。

Pix4Dmapper 的优势:①专业化、简单化。Pix4Dmapper 让摄影测量进入全新的时代,整个过程完全自动化,并且精度更高,真正使无人机变为新一代专业测量工具。只需要简单的操作,不需要专业知识,飞控手就能够处理和查看结果,并把结果发送给最终用户。②空三、精度报告。Pix4Dmapper 通过软件自动空三计算原始影像外方位元素。利用 PIX4UAV 的技术和区域网平差技术,自动校准影像。软件自动生成精度报告,可以快速和正确地评估结果的质量。软件提供了详细的、定量化的自动空三、区域网平差和地面控制点的精度。③全自动、一键化。Pix4Dmapper 无需 IMU,只需影像的 GPS 位置信息,即可全自动一键操作,不需要人为交互处理无人机数据。Pix4Dmapper 是原生 64 位软件,能大大提高处理速度,自动生成正射影像并自动镶嵌及匀色,将所有数据拼接为一个大影像,影像成果可用 GIS 和 RS 软件进行显示。④云数据、多相机。Pix4Dmapper 利用自己独特的模型,可以同时处理多达 10000 张影像。可以处理多个不同相机拍摄的影像,可将多个数据合并成一个工程进行处理。

Pix4Dmapper 应用领域:航测制图、灾害应急、安全执法、农林监测、水利防汛、电力巡线、海洋环境、高校科研。

Pix4Dmapper 数据处理软件作业流程如图 9-26 所示。

9.2.1 原始资料准备

原始资料包括影像数据、POS 数据以及控制点数据。在制作控制点数据之前,请先确认要航拍及处理的数据处于哪一个坐标系,这样后面进行数据处理时就不会产生一些意外。确认原始数据的完整性,检查获取的影像中有没有质量不合格的相片。同时查看 POS

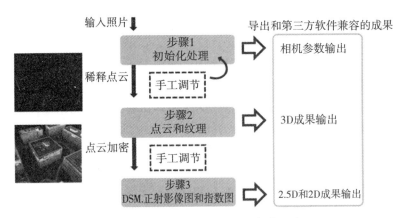

图 9-26 Pix4Dmapper 数据处理软件作业流程

数据文件，主要检查航带变化处的相片号，防止 POS 数据中的相片号与影像数据相片号不对应，出现不对应情况应手动调整。Pix4Dmapper 识别的 POS 数据如图 9-27 所示。

相片号	纬度	经度	高度	俯仰角	翻滚角	航偏角
DSC00727.JPG	33.862951	109.844301	1091	281.973907	0.382010	2.231632
DSC00728.JPG	33.863103	109.843754	1091	284.330505	-0.488670	0.056306
DSC00729.JPG	33.863252	109.843196	1090	285.813690	-0.365072	-0.556191
DSC00730.JPG	33.863374	109.842663	1089	281.517975	0.060655	1.591669
DSC00731.JPG	33.863515	109.842079	1087	280.518188	0.079881	1.904784

图 9-27 Pix4Dmapper 识别的 POS 数据

　　某些无人机把 GPS 信息直接写入照片，那么 Pix4Dmapper 会自动把这些信息从照片中提取，而不需要任何的人工干预。另外，Pix4Dmapper 软件并不强调一定需要飞行的姿态，它只需要相片号、经度、纬度、高度就可以。还有一些特定的飞机，Pix4Dmapper 可以直接从它们的飞行日志中获取所有信息。控制点文件、控制点名字中不能包含特殊字符。控制点文件可以是 TXT 或者 CSV 格式。

9.2.2 建立工程

　　建立工程，打开 Pix4Dmapper，选"项目"→"新项目"（或者直接在界面上选择"新项目"），如图 9-28 所示，选上航拍项目，然后输入项目名称，设置路径（项目名称以及项目路径不能包含中文），然后选择"下一步"。

　　加入影像，点"添加图像"，选择加入的影像。影像路径可以不在工程文件夹中，路径中不要包含中文，点"下一步"，如图 9-29 所示。

　　设置图片属性，图像坐标系，默认是 WGS-84（经纬度）坐标，这不需要进行任何更改。地理定位和方向设置为 POS 数据文件，点击从文件选择 POS 文件。相机型号设置为相机文件。通常软件能够自动识别影像相机模型。确认各项设置后，点击"下一步"，如图 9-30 所示。

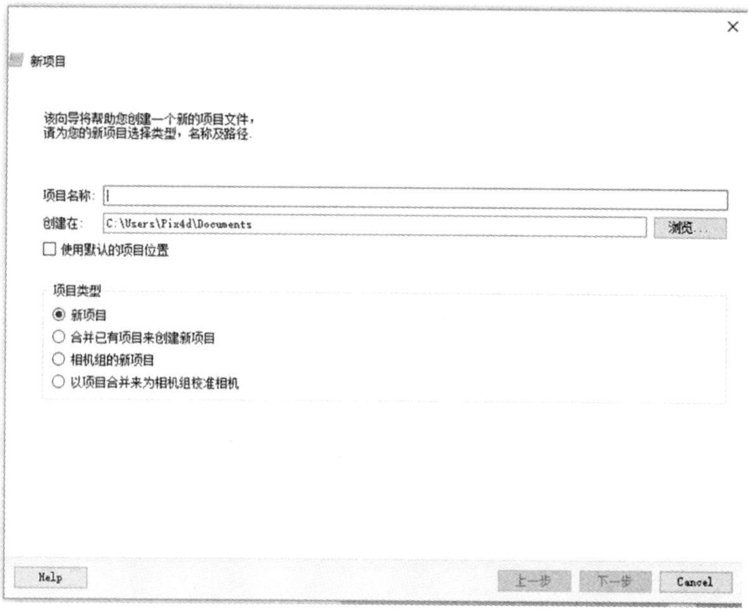

图 9-28 Pix4Dmapper 新建工程

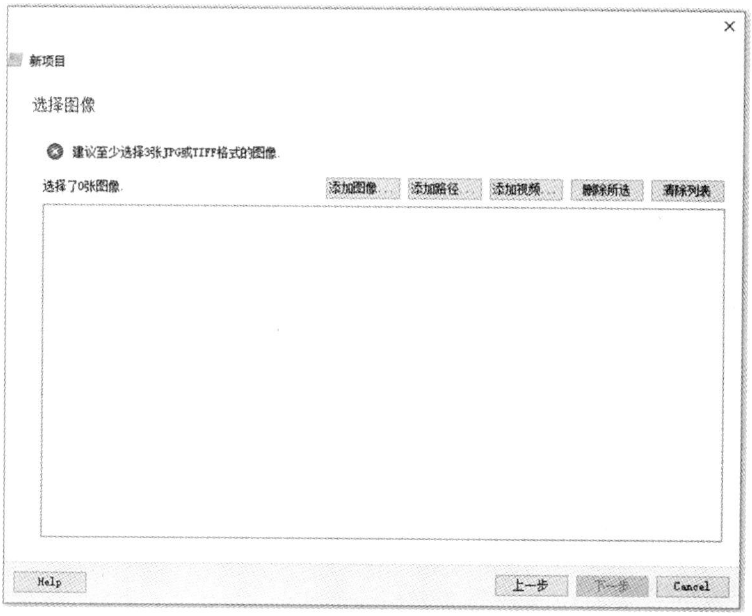

图 9-29 添加图像

选择输出坐标系设置需要输出数据的坐标系，如果有控制点的话，那么就需要选择和控制点的坐标系相互一致。比如西安 80 坐标系，点击已知坐标系并在高级坐标系选项上打勾，然后在已知坐标系下方点击"从列表..."，就可以选择中国的三大坐标系，分别为

图 9-30　设置影像坐标系

北京 54，西安 80 以及中国 2000 坐标系。如果需要使用本地坐标系并且有 PRJ 文件的话，那么就可以点击"从 PRJ..."，从而可以导入自己的 PRJ 坐标系，如图 9-31 所示。

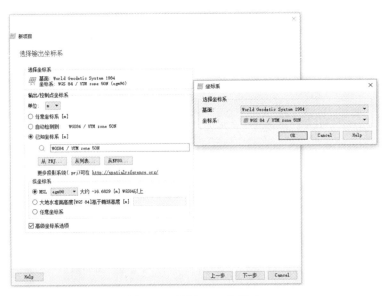

图 9-31　设置 PRJ 坐标系

处理选项模板，设置需要处理的项目模板，根据项目、相机的不同，可以选择不同的模板，点击所需模板，然后点击"结束"来创建项目，如图 9-32 所示。

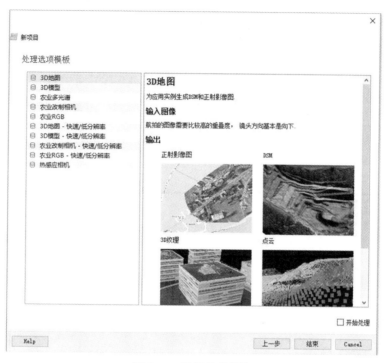

图 9-32　设置处理模块

9.2.3　控制点管理

控制点必须在测区范围内合理分布，通常在测区四周以及中间都要有控制点。要完成模型的重建至少要有 3 个控制点。通常 100 张相片要有 6 个控制点左右，更多的控制点对精度也不会有明显提升（在高程变化大的地方更多的控制点可以提高高程精度）。控制点不要做在太靠近测区边缘的位置，也不能布在一条直线上，要分布在不同的平面高程上。另外控制点最好能够在 5 张影像上同时找到（至少要两张）。

1）使用平面控制点/手动连接点编辑器加入控制点

这种方法需要逐个控制点在相片上刺出，控制点比较难以找到，一般来说，首先要确定一个控制点的大体位置，然后推断出相片编号，在一张相片上确定控制点位置后，就可以在这张相片的前后左右查看进行刺点。刺出后可以由软件自动完成初步处理、生成点云、生成 DSM 以及正射影像。

导入控制点，点击 GCP/MTP 管理，如图 9-33 所示，出现如图 9-34 所示界面的对话框。点击导入控制点，在出来的对话框中选择要导入的控制点文件，如图 9-35 所示，文件格式可以为 .txt 或 .csv，然后点击"OK"。在 GCP/MTP 管理器中可以看到控制点数据，如图 9-36 所示，控制点标签栏前面都是 0，说明这些控制点还没有刺点，那下一步所要做的就是需要把这些控制点和图像相关联。

图 9-33　选控制点管理

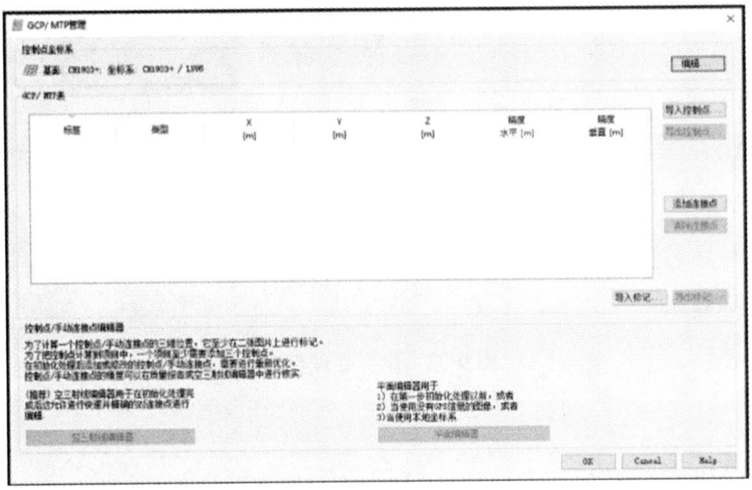

图 9-34　控制点管理界面

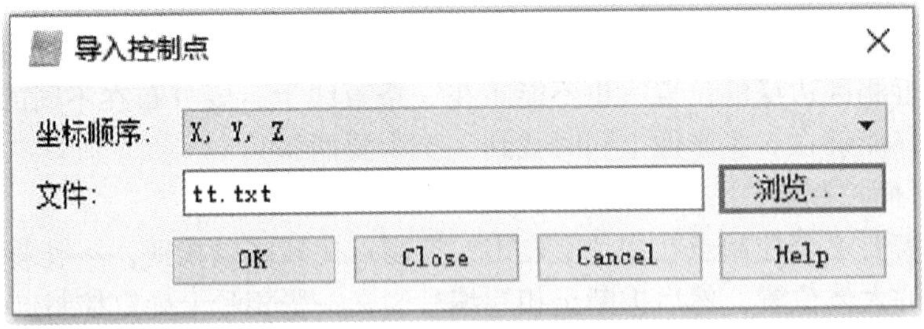

图 9-35　导入控制点界面

　　如果具备标记的话，那么也可以直接导入标记，如图 9-37 所示，在 GCP/MTP 管理器中导入标记，点击"OK"，软件中就可以看到所有和导入控制点相关的图像已经刺出。

　　如果没有标记文件，并且软件第一步已经处理完成，那么再给图片刺点就非常容易，因为在项目的连接点三维显示中可以很好地发现所有导入控制点的位置。首先我们选择点

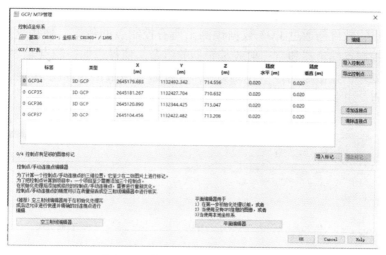

图 9-36　控制点管理中控制点数据

图 9-37　导入标记

击左侧栏目中的一个控制点，在右侧栏目中，这个控制点所拍摄的照片就会很清晰地都显示出来，而我们所需要做的就只是在右侧刺上和这个控制点相关的所有相片，如图 9-38 所示。

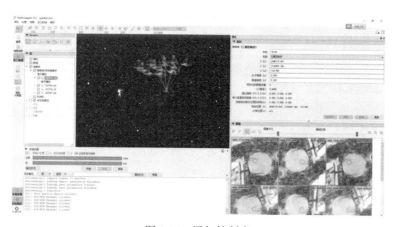

图 9-38　添加控制点

这个方法非常容易添加控制点，首先要对软件进行初始化处理，然后在空三射线编辑器中显示控制点，软件会通过 POS 数据预测出所有控制点的位置。使用这种方法添加控制点，是平面控制点编辑器和空三射线编辑器的组合，使得添加控制点非常方便。

完成初步处理，点击左侧栏"本地处理"，勾选"初始化处理"，其他点云以及正射影像不勾选，点"开始"进行运行，如图 9-39 所示。

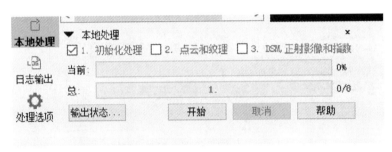

图 9-39 开始初步处理

2）在平面编辑器中输入控制点坐标

点击 GCP/MTP 管理图标，启动 GCP/MTP 管理，如图 9-40 所示，然后点击"添加连接点"功能，双击标签下面的名字，更改控制点名称，双击类型，把 Manual Tie Point 改成 3D GCP，这样 X，Y，Z 的坐标就可以输入进去，点击"OK"，如图 9-41 所示。

图 9-40 进入控制点管理

点击左侧栏空三射线，然后点击"连接点"→"控制点/手动连接点"→"控制点名称"（刚刚添加），在空三射线编辑器里面可以清晰地看到控制点的位置，并且在右侧栏所有的控制点投影图像也已经显示，我们需要的就是在右侧图像上刺点就可以了，如图

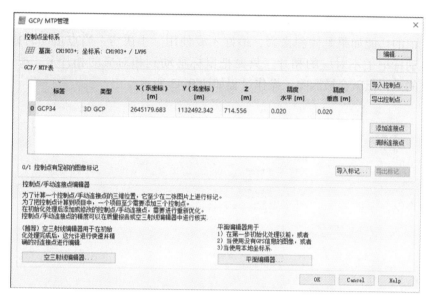

图 9-41 修改控制点属性

9-42 所示。

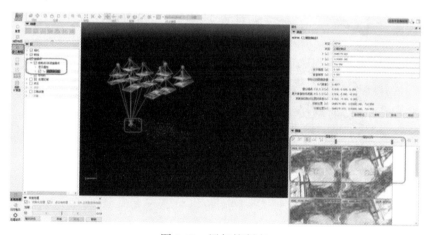

图 9-42 添加控制点

在每张相片上左击图像，标出控制点的准确位置（至少标出两张）。这时控制点的标记会变成一个黄色的框中间有黄色的叉，表示这个控制点已经被标记（标了两张相片后，这个标记中间多了一个绿色的叉，则表示这个控制点已经重新参与计算，重新得到位置）。

检查其他影像上的绿色标志，进行逐个标记，然后点击"使用"，点击两张图片以后，也可以点击自动标记，软件会自动标记上所有想对应的相片。但是需要进行检查，如果标记位置与控制点位置能够对应上，那么这个控制点不需要再标注，如果所标记位置与控制点位置相差比较远，那么就需要重新点击来纠正，否则会影响到项目的精度。请注意，自动标记的功能如果是倾斜摄影，最好不要使用。小诀窍：当点击的时候点错了相片，或者自动标记了不对应的相片，只要把鼠标移动到相对应的相片上，按 Delete 键，这张相片上的点击点就会被删除，操作过程如图 9-43 所示。

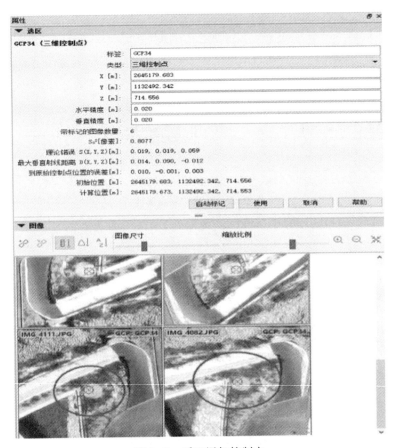

图 9-43　手工添加控制点

对其他的控制点分别进行上面的操作。当所有的点都标记完成后，点菜单栏运行，选择 Reoptimize（重新优化），把新加入的控制点加入重建，重新生成结果。

3）设置 GCP 坐标系

一般来说，控制点坐标系基本上是在创建新项目的时候就设置好了，如果在创建新项目的时候没有设置好控制点的坐标系，那么也可以重新或者再次设置。点击图标 GCP/MTP 管理，在出现的 GCP/MTP 管理对话框中，在最上侧控制点坐标系一栏中点击编辑，出现如图 9-44 所示对话框，选择坐标系统的输入方式，设置好 GCP 坐标系统后点"OK"。

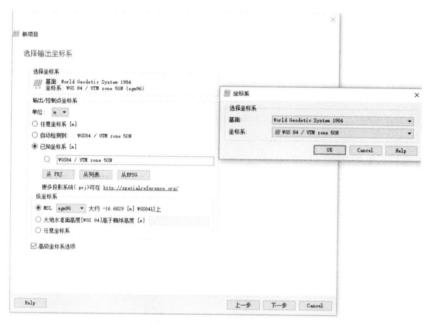

图 9-44　设置控制点坐标

9.2.4　全自动处理

当项目创建完成，控制点信息已经全部加入（如有的话），坐标系已经确定，那么，整个项目就可以进行快速的全自动处理，点击左侧栏本地处理，然后选择"本地处理"，系统出现如图 9-45 所示对话框。

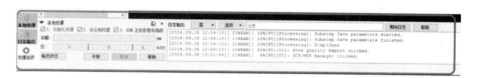

图 9-45　本地处理界面

在前面添加控制点过程中，如果初始化处理已经运行了，那么这里就不需要再次运行了。根据需要选择所需要运行的步骤，点击"开始"按钮运行。如果初始化处理没有运行过，那么就需要把 1，2，3 每个步骤都勾选，然后点击"开始"。我们一般建议先处理第 1 步，初始化处理，然后检查项目质量报告。如果质量报告里面各项参数都能够满足项目的需求，那么，我们就可以继续做第 2 步、第 3 步，如果质量报告中某些参数没有达到标准，那么就需要对项目的某些参数进行调整，再次进行第 1 步处理，或者进行重新优化，再次检查质量报告，只有在质量报告条件满足的前提下才能继续往下处理。

在启动 Pix4Dmapper 全自动处理前，应该对其处理内容和处理参数进行设置，设置方法是，选择左侧栏的处理选项就会弹出处理选项的对话框，如图 9-46 所示。

图 9-46　处理选项对话框

在这个对话框中，总共分为 4 大类，分别对应了初始化处理、点云和纹理、DSM 正射影像和指数、资源及信息发送，下面就以各步骤选项分别予以简单的说明。

1. 初始化处理选项设置

初始化处理选项主要分为三个选项：常规、匹配、校准。

(1) 常规设置如图 9-47 所示，主要是对图像比例采用什么方法进行设置，全面高精度处理及快速检测就不再重复阐述。定制设置中，选择 1/2，1/4，1/8 的图像比例，对整个项目的精度将会递减，也就是说1/2 的图像比例可能会稍微降低项目精度，选择 1/8 的图像比例，项目精度将会降低很多。

图 9-47　初始化处理选项常规设置

(2) 匹配设置如图 9-48 所示，主要分为匹配对图像和匹配策略。如果无人机是以 90°镜头朝下的飞行路线进行航拍，选择航拍网格或走廊型航线，如果无人机是以 45°左右的角度进行航拍，有固定的航线，比如绕兴趣点飞行，或者上下移动等，选择自由飞行或者倾斜拍摄。

图 9-48　初始化处理选项匹配设置

定制选项内容较为丰富，各选项定义如下：

①使用时间：匹配的时候将会考虑图像所拍摄的时间戳，它允许用户设置多少图像（在拍摄时间之前和之后）被用于一对匹配。

②利用图像地理信息三角测量：此选项仅适合用于带有地理位置信息的图像，主要是利用图像的位置构成三角，然后每个图像可以与由一个三角形构成的图像进行匹配。

③使用距离：此选项仅适合用于带有地理位置信息的图像，每个图像可以与一个相对距离内的图像进行匹配。连续图像间的相对距离：比如我们设置相对距离为 5，而连续图像之间的平均距离为 2m，那么软件就会计算出 $5×2=10m$ 的一个半径球体，并自动设置一个中心图像，然后与在这个半径为 10m 之内的球体内的所有图像进行匹配。

④使用相似度：匹配具有最相似内容的 n 个图像。

⑤使用 MTPs：通过共享手动连接点连接的图像将被匹配。

⑥为多相机使用时间：主要用于不同相机的对同一区域多个架次的图像进行匹配，它使用其中一个架次的图像时间然后与其他架次的图像进行计算匹配。

匹配策略：使用几何验证匹配，处理速度会比较慢，但是结果会更加精确，如果不选的话，匹配仅依靠图像的内容来进行匹配，如果勾选几何验证匹配，那么几何信息建立了特征点之间的位置信息，此选项适合农场的耕地，带有玻璃的外墙等项目的匹配。

（3）校准设置如图 9-49 所示，主要包含特征点数量、校准、预处理和导出。

特征点数量：分为自动的和定制特征点的数量。

图 9-49　初始化处理选项校准设置

校准：默认是标准，此步骤是一个进行自动空中三角测量、光束法局域网平差以及相机自检校计算的过程，软件会自动进行相机的多次校准直到得出一个满意的重建结果为止，主要包含相机优化和再次匹配。

①相机优化：a. 内方位参数优化。全部：优化所有的内方位参数，用于畸变较大的相机；最重要的：优化最重要的内方位参数；无：不优化任何内方位参数。b. 外方位参数优化。全部：优化相机的位置及旋转角度；无：不使用任何优化的外方位参数；方向：此选项仅适用于当校准部分选择有精确地理定位及方向，而角度方向没有如地理位置那么精确时使用。

②再次匹配：选项对影像进行再次匹配，会得到更好的匹配效果。在测区内有大量植被、森林时建议选上，但会增加处理时间。

预处理：此选项仅对 Bebop 无人机拍摄的图像有效，它能够自动去除 Bebop 所拍摄到的天空部分。

导出：可以选择需要导出的各种参数。

2. 点云和纹理选项设置

点云和纹理的选项主要分为 4 类：点云、三维网格纹理、高级、插件。

①点云设置如图 9-50 所示，主要包含点云加密和导出。点云加密图像比例：可选项 1/2、1/4、1/8、图像原始尺寸等，可根据处理要求指定。导出：可以选择需要导出的点云格式。"合并瓦片到一个文件"可以把所有的分块点云合并成一个整体的点云文件。

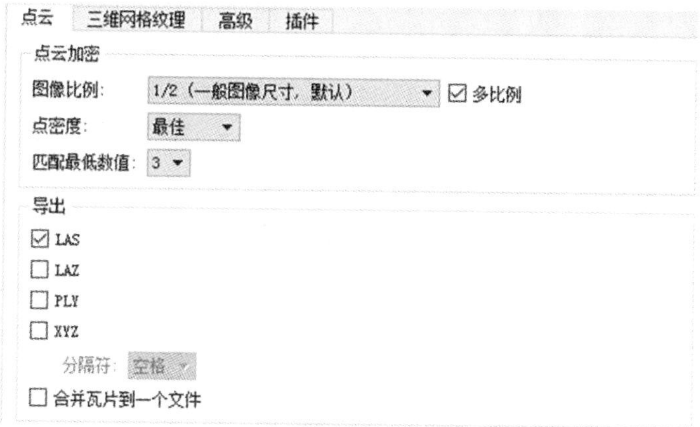

图 9-50　点云和纹理的选项点云设置

②三维网格纹理设置如图 9-51 所示，主要包含生成、配置和导出。

图 9-51　点云和纹理的选项三维网格纹理设置

生成：勾选才会生成三维网格纹理模型。配置：默认为生成像素为 8192×8192 纹理

333

大小的三角网格，如果项目需要一个比较高精度的三维模型，那么就可以选择高分辨率的选项，同时勾选"对纹理使用色彩平衡"，这可以保证纹理的色彩比较统一。导出：可以选择需要导出的模型格式。

③高级如图 9-52 所示，主要包含点云加密、图像组、点云过滤、点云分类和三维纹理设置。

图 9-52　点云和纹理的选项高级设置

点云加密：匹配窗口大小也即点云密度，可选 7×7、9×9 等。可根据处理要求设定。点云过滤：可选择"使用处理区域""使用调绘""自动限制相机深度"等。点云分类：选择"分类点云到地形/对象点"后，可指定分类参数，包括最小对象长度、最大对象长度、最小对象高度等参数，这些参数与点云过滤算法有关，可参考点云过滤算法。三维纹理设置："采样密度分配"，该值从 1（默认值）到 5。增加该值将创建与点的密度较低的区域更多的三角形。"八元树算法下每分支上最多的三角网格数目"：数值从 8（默认值）到 128，更高的数值会导致较不详细的成果。

3. DSM 正射影像选项设置

DSM 正射影像的选项主要分为 3 类：DSM 和正射影像图、附加输出、指数计算器。

（1）DSM 和正射影像图设置如图 9-53 所示，主要包含分辨率、DSM 过滤、栅格数字表面模型（DSM）、正射影像图设置。

图 9-53 DSM 和正射影像图设置

①分辨率："自动的"，默认值 1，软件自动生成以地面分辨率为倍数的 DSM 和正射影像图；"定制"，用户可以自定义相对应的地面分辨率的正射影像图。

②DSM 过滤：可选"使用噪波过滤"、"使用平滑表面"算法进行处理，平滑表面的程度可设定类型为尖锐、平滑、中等。

③栅格数字表面模型（DSM）：可选生成算法"距离倒数加权法"和"Delaunay 三角网"。

④正射影像图：是否生成正射影像图以及相关参数。

（2）附加输出设置如图 9-54 所示，主要包含方格数字表面模型（DSM）和等高线。方格数字表面模型（DSM）：可指定 DSM 格式和间距。等高线：可选择输出格式和相关参数。

（3）指数计算器设置，主要包含辐射相关的一些参数指定，通常不需要处理，这里不再介绍。

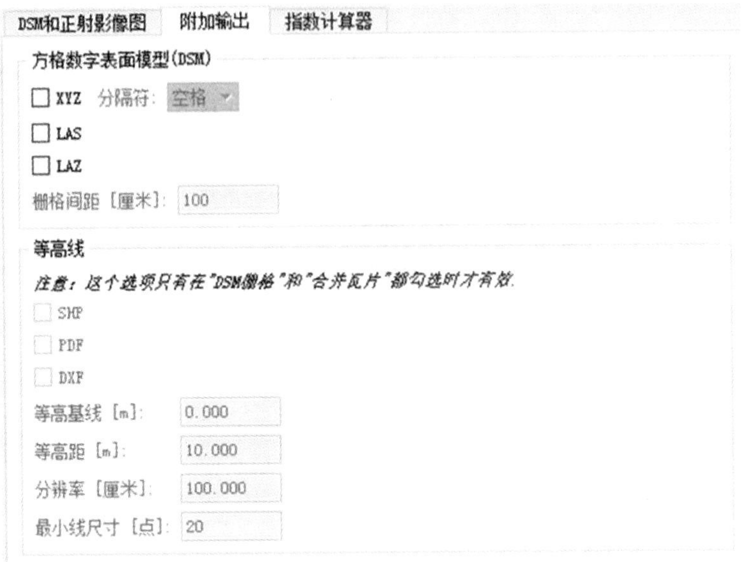

图 9-54　附加输出设置

9.2.5　质量分析

1. 质量检查

Pix4Dmapper 的质量检查主要包含 5 部分，分别是 Images、Dataset、Camera Optimization、Matching 和 Georeferencing，如图 9-55 所示。

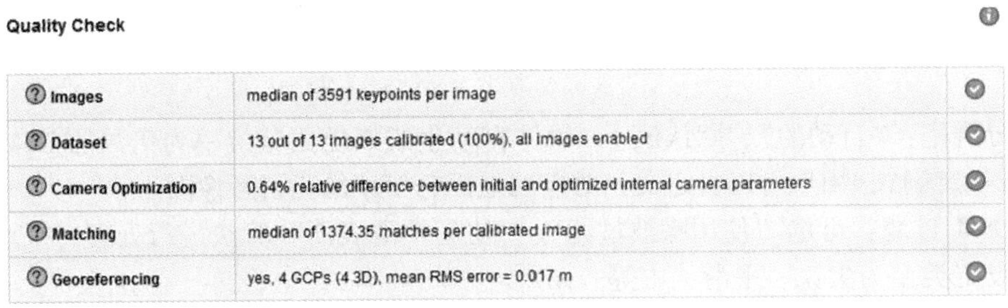

Quality Check

Images	median of 3591 keypoints per image	
Dataset	13 out of 13 images calibrated (100%), all images enabled	
Camera Optimization	0.64% relative difference between initial and optimized internal camera parameters	
Matching	median of 1374.35 matches per calibrated image	
Georeferencing	yes, 4 GCPs (4 3D), mean RMS error = 0.017 m	

图 9-55　Pix4Dmapper 质量报告

①Images（图像）：在图像上能够提取的特征点的数量，如果图像比例>1/4，每张图像上提取的特征点应该是 10000 个点以上；如果图像比例≤1/4，每张图像上提取的特征点数量应该是 1000 个点以上。

②Dataset（数据集）：主要是显示在一个 block 中能够进行模型重建的图像数量。如果显示有几个 block，那么可能是飞行时相片间的重叠度不够或者相片质量太差。一般来

说，在一个 block 中，需要校准的图像数量要>95%。

③Camera Optimization（相机参数优化）：最初的相机焦距以及像主点和计算得到的相机焦距和像主点误差不能超过 5%，如果显示有超过 5%的误差，那么就需要到相机设置对话框中加载优化过的参数，在项目文件中尽量多加一些手动连接点，然后重新开始第一步的处理，一直到在质量报告中显示通过。

④Matching（匹配）：每校准图像匹配的中位数。如果图像比例>1/4，每校准图像上计算出的匹配数应该是 1000 以上；如果图像比例≤1/4，每校准图像上计算出的匹配数应该是 100 以上。

⑤Georeferencing（地理定位）：此项主要用于检查控制点的误差，首先确认项目使用了控制点，然后保证控制点的误差小于 2 倍的平均地面分辨率。如果没有布控制点，那么也会显示黄色警告，这可以忽略不计。

2. 平差报告

Pix4Dmapper 的平差报告如图 9-56 所示，包含中误差 Mean Reprojection Error（以像素为单位）、像点观测数、连接点数等。

Bundle Block Adjustment Details

Number of 2D Keypoint Observations for Bundle Block Adjustment	17686
Number of 3D Points for Bundle Block Adjustment	6441
Mean Reprojection Error [pixels]	0.102

图 9-56　Pix4Dmapper 的平差报告

3. 相机检校

Pix4Dmapper 的相机检校参数如图 9-57 所示，分别包含初始和结果的焦距、主点、畸变等。

⑦ Internal Camera Parameters

▣ CanonIXUS220HS_4.3_4000x3000 (RGB). Sensor Dimensions: 6.198 [mm] x 4.648 [mm]

EXIF ID: CanonIXUS220HS_4.3_4000x3000

	Focal Length	Principal Point x	Principal Point y	R1	R2	R3	T1	T2
Initial Values	2839.640 [pixel] 4.400 [mm]	2019.760 [pixel] 3.129 [mm]	1547.000 [pixel] 2.397 [mm]	-0.043	0.026	-0.006	0.001	0.002
Optimized Values	2821.438 [pixel] 4.372 [mm]	1992.436 [pixel] 3.087 [mm]	1557.419 [pixel] 2.413 [mm]	-0.035	0.010	0.004	0.004	-0.000
Uncertainties (Sigma)	54.174 [pixel] 0.084 [mm]	7.725 [pixel] 0.012 [mm]	7.362 [pixel] 0.011 [mm]	0.008	0.021	0.019	0.000	0.000

图 9-57　Pix4Dmapper 的相机检校参数

4. 控制点误差

Pix4Dmapper 的控制点误差如图 9-58 所示，包含有各点的残差、中误差等。

Geolocation Details

Ground Control Points

GCP Name	Accuracy XY/Z [m]	Error X [m]	Error Y [m]	Error Z [m]	Projection Error [pixel]	Verified/Marked
GCP34 (3D)	0.020/ 0.020	0.019	-0.001	-0.003	0.692	3 / 3
GCP35 (3D)	0.020/ 0.020	-0.013	0.012	0.018	0.500	5 / 5
GCP36 (3D)	0.020/ 0.020	-0.011	-0.015	-0.019	0.266	2 / 2
GCP37 (3D)	0.020/ 0.020	0.013	-0.019	-0.050	0.756	3 / 3
Mean [m]		0.001929	-0.005527	-0.013123		
Sigma [m]		0.014100	0.012385	0.024838		
RMS Error [m]		0.014231	0.013562	0.028092		

Localisation accuracy per GCP and mean errors in the three coordinate directions. The last column counts the number of calibrated images where the GCP has been automatically verified vs. manually marked.

图 9-58　Pix4Dmapper 的控制点误差

9.3　无人机影像处理软件 PhotoScan

PhotoScan 是俄罗斯公司 Agisoft 开发的一款基于影像自动生成高质量三维模型的优秀软件，这对于 3D 建模需求来说实在是一把利器。PhotoScan 无须设置初始值，无须相机检校，它根据最新的多视图三维重建技术，可对任意照片进行处理，无需控制点，而通过控制点则可以生成真实坐标的三维模型。照片的拍摄位置是任意的，无论是航摄照片还是高分辨率数码相机拍摄的影像都可以使用。整个工作流程无论是影像定向还是三维模型重建过程都是完全自动化的。PhotoScan 可生成高分辨率真正射影像及带精细色彩纹理的 DEM 模型。完全自动化的工作流程，即使非专业人员也可以在一台电脑上处理成百上千张航空影像，生成专业级别的摄影测量数据，这里介绍 PhotoScan 进行 DEM/正射影像生产的作业流程。

9.3.1　新建工程

运行 PhotoScan，系统界面如图 9-59 所示。

主界面包含三个主要区域：

①工作区：项目目录和照片明细；

②模型功能区：对生成的模型进行操作的功能性控制；

③模型预览区：可视化模型预览。

1. Preferences 性能选项

在 Tools 菜单下，选择菜单项“Preferences”，如图 9-60 所示。

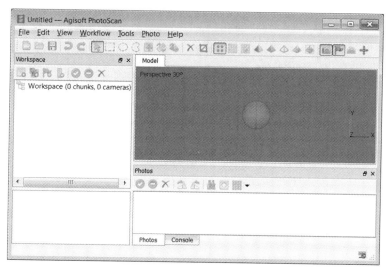

图 9-59　PhotoScan 主界面

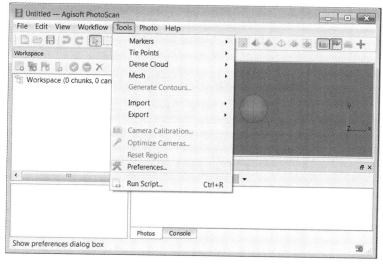

图 9-60　性能选项菜单

　　系统弹出 Preferences 配置项，为软件系统设置硬件环境，Preferences 配置项包含 4 个页面，分别为 General、OpenCL、Advanced、Network。

　　General 选项，如图 9-61 所示，可在设置中选择界面使用语言，如中文。也可设置立体环境，如 Anaglyph（软件）、Hardware（硬件）等。

　　OpenCL 选项，如图 9-62 所示，可在设置中选择使用的 CPU 设备。

　　Advanced 选项，如图 9-63 所示，可设置项目压缩级别，保留深度图，存储绝对图像路径等。

　　Network 选项，如图 9-64 所示，可设置与网络并行运算的相关参数等。

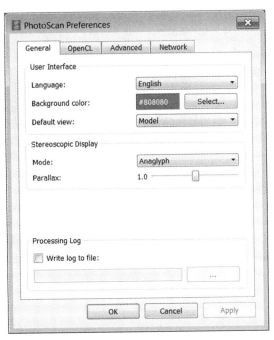

图 9-61　General 选项设置

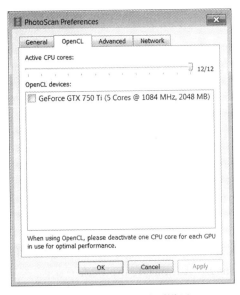

图 9-62　OpenCL 选项设置

2. 添加照片

在主界面的 "WorkFlow 工作流程" 菜单中选择 "添加照片"，如图 9-65 所示。
系统弹出对话框，要求选择添加的影像，如图 9-66 所示。

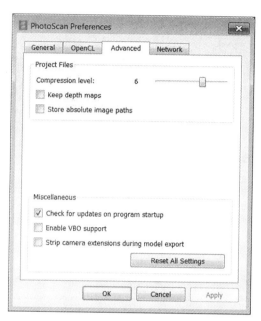

图 9-63 Advanced 选项设置

图 9-64 Network 选项设置

选择希望添加的影像后，系统会提示正在引入对话框，结束后可见到如图 9-67 所示界面。

图 9-65 "添加照片"菜单

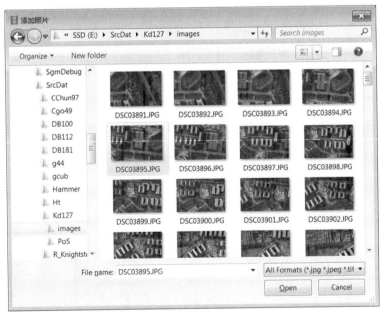

图 9-66 选择添加的影像

3. 指定 POS/GPS 参数

如果影像中已经包含了 GPS 信息，或者数据没有 GPS 信息，可跳过指定 POS/GPS 参

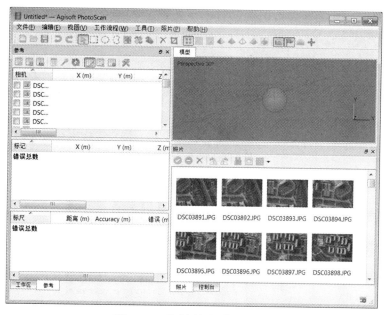

图 9-67   成功添加影像的结果

数。界面中参考标签没有显示，只需在视图菜单中选择窗口下的"参考"就可以，如图
9-68 所示。

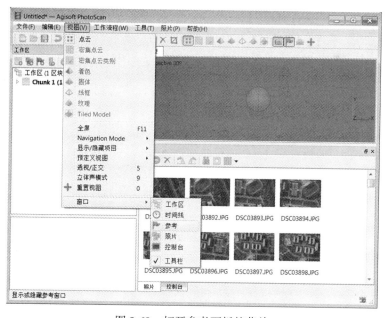

图 9-68   打开参考面板的菜单

在主界面左下方，选择参考标签页，可得到如图 9-69 所示操作界面。

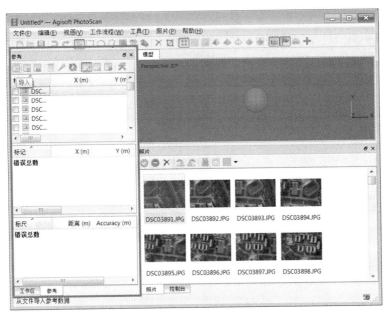

图 9-69　参考面板界面

参考栏上方是处理按钮，最左边第一个就是导入，选择导入后，可得到如图 9-70 所示界面，要求输入 GPS 文件。

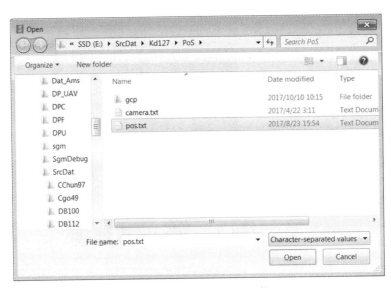

图 9-70　选择导入 GPS 文件

选择 GPS 文件后，系统弹出如图 9-71 所示的 GPS 参数指定对话框。

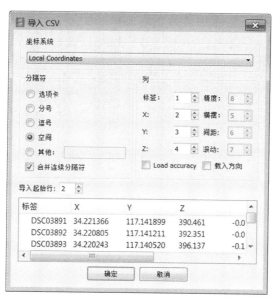

图 9-71　GPS 参数指定对话框

　　在对话框中，正确指定各数据字段以及坐标系统定义等，选择"确定"即可完成指定 POS/GPS，结果如图 9-72 所示。

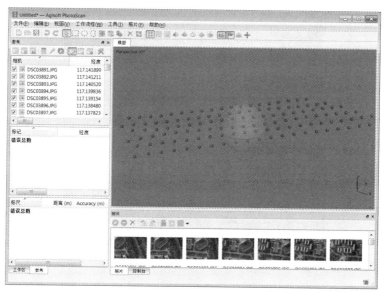

图 9-72　成功导入 GPS 结果

　　特别提醒，GPS 文件中标签必须与文件名称一致，否则会导入失败，如图 9-73 就是比较理想的 GPS 文件格式和内容。

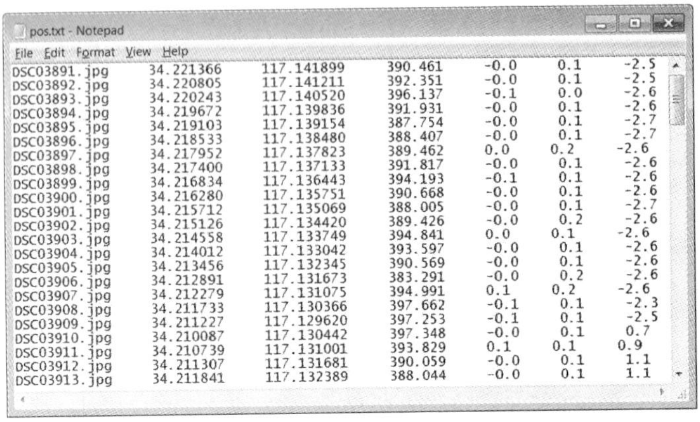

DSC03891.jpg	34.221366	117.141899	390.461	-0.0	0.1	-2.5
DSC03892.jpg	34.220805	117.141211	392.351	-0.0	0.1	-2.5
DSC03893.jpg	34.220243	117.140520	396.137	-0.1	0.0	-2.6
DSC03894.jpg	34.219672	117.139836	391.931	-0.0	0.1	-2.6
DSC03895.jpg	34.219103	117.139154	387.754	-0.0	0.1	-2.7
DSC03896.jpg	34.218533	117.138480	388.407	-0.0	0.1	-2.7
DSC03897.jpg	34.217952	117.137823	389.462	0.0	0.2	-2.6
DSC03898.jpg	34.217400	117.137133	391.817	-0.0	0.1	-2.6
DSC03899.jpg	34.216834	117.136443	394.193	-0.1	0.1	-2.6
DSC03900.jpg	34.216280	117.135751	390.668	-0.0	0.1	-2.6
DSC03901.jpg	34.215712	117.135069	388.005	-0.0	0.1	-2.7
DSC03902.jpg	34.215126	117.134420	389.426	-0.0	0.2	-2.6
DSC03903.jpg	34.214558	117.133749	394.841	0.0	0.1	-2.6
DSC03904.jpg	34.214012	117.133042	393.597	-0.0	0.1	-2.6
DSC03905.jpg	34.213456	117.132345	390.569	-0.0	0.1	-2.6
DSC03906.jpg	34.212891	117.131673	383.291	-0.0	0.2	-2.6
DSC03907.jpg	34.212279	117.131075	394.991	0.1	0.2	-2.6
DSC03908.jpg	34.211733	117.130366	397.662	-0.1	0.1	-2.3
DSC03909.jpg	34.211227	117.129620	397.253	-0.1	0.1	-2.5
DSC03910.jpg	34.210087	117.130442	397.348	-0.0	0.1	0.7
DSC03911.jpg	34.210739	117.131001	393.829	0.1	0.1	0.9
DSC03912.jpg	34.211307	117.131681	390.059	-0.0	0.1	1.1
DSC03913.jpg	34.211841	117.132389	388.044	-0.0	0.1	1.1

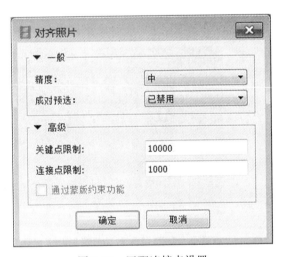

图 9-73　GPS 文件格式

9.3.2　空三定向

1. 匹配连接点

在 PhotoScan 系统中，开始自由网空三被称为“对齐照片（Align Photo）”，因此在菜单中选择“对齐照片”即开始进行处理，处理过程主要包括：连接点匹配、平差等。在这个阶段，PhotoScan 先进行重叠图像之间的匹配，然后估计每张照片的相机位置并构建稀疏点云模型。从工作流程菜单中选择 Align Photo 命令，界面如图 9-74 所示。

图 9-74　匹配连接点设置

在“对齐照片”对话框中可设置的参数包括：

精度：连接点的相似度，较低的准确度，可用于在较短的时间内获取粗略的相机位置，为了结果可靠，一般选择“高”。

成对预选：建议使用“参考+通用”（如果相机位置未知，只能使用通用预选模式）

关键点限制：每张影像提取的特征点，建议填 10000 以上。

连接点限制：每张影像匹配连接点，建议填 1000。

设置好参数，选择"确定"按钮，开始全自动提取连接点和自由网平差处理，系统提示如图 9-75 所示"处理进度…"对话框。

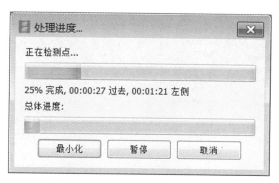

图 9-75　匹配连接点进度

结束后，可获得测区的稀疏点云模型，并显示在模型视图中，相机位置和方向在视图窗口中用蓝色矩形表示，如图 9-76 所示。

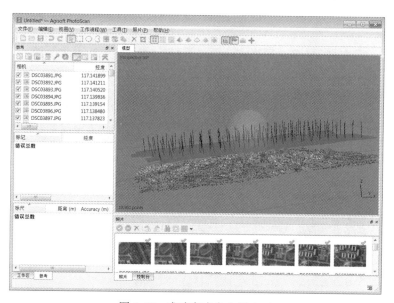

图 9-76　成功完成自由网空三

2. 加控制点平差

添加控制点，在 PhotoScan 中称为"创建标记（Mark Photo）"，每个控制点就是一个标记（Mark），控制点的坐标信息需要在参考（Reference）面板上输入和编辑，具体操作包括导入控制点坐标，选择像点等。

导入控制点坐标与导入影像 POS 操作一样，先选择参考面板，在面板工具条上选择第一个按钮（导入按钮），弹出选择导入文件的对话框，如图 9-77 所示。

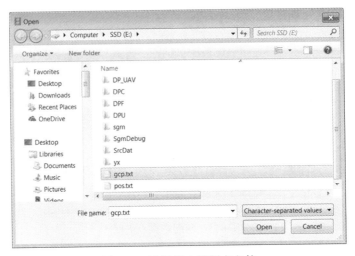

图 9-77　选择导入控制点文件

选择控制点文件后，系统弹出控制点坐标系、文件格式各列的含义对应对话框，如图 9-78 所示。

图 9-78　指定控制点文件内容

在对话框中指定好控制点内容、坐标等，选择"确定"，系统弹出创建新标记确认对话框，如图 9-79 所示，选择"是"即可。

成功引入控制点文件后，在参考面板上就有控制点列表显示，如图 9-80 所示。

图 9-79 引入控制点提示

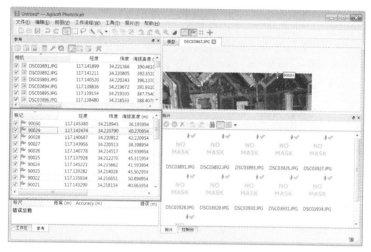

图 9-80 成功导入控制点文件

控制点的像点坐标量测也是在参考面板上操作，选中一个控制点，按鼠标右键，在弹出的菜单中选择"标记筛选照片"菜单项，如图 9-81 所示。

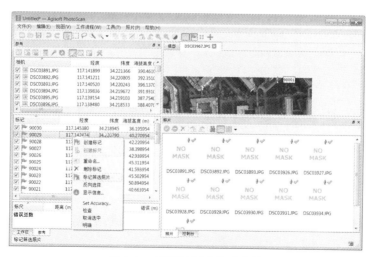

图 9-81 预测控制点像片菜单

　　此时，系统会将包含有控制点的影像预测出来，并显示在主界面右下方的窗口中，用鼠标左键逐个双击打开影像，在打开的影像窗口中，用鼠标选择中心小圆圈，将控制点移动到正确位置，如图 9-82 所示。

图 9-82　调整控制点位置

　　所有控制点影像位置都调整完成后，控制量测才算结束。然后就可以开始重新平差，重新平差在 PhotoScan 中称为"优化（Optimize Camera Alignment）"。在参考面板的工具栏上选择"优化"按钮，可得到如图 9-83 所示界面。

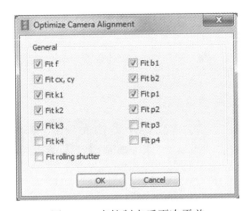

图 9-83　有控制点后再次平差

　　在界面中选择需要求解的参数，选择"OK"开始重新平差。

3. 导出空三成果

　　在主界面中选择菜单"工具"→"导出相机..."，如图 9-84 所示，在弹出的对话框中，选择保存文件名即可。

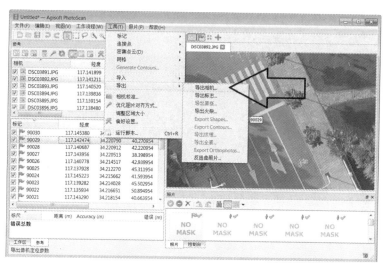

图 9-84　导出空三成果界面

成功导出的数据如图 9-85 所示。

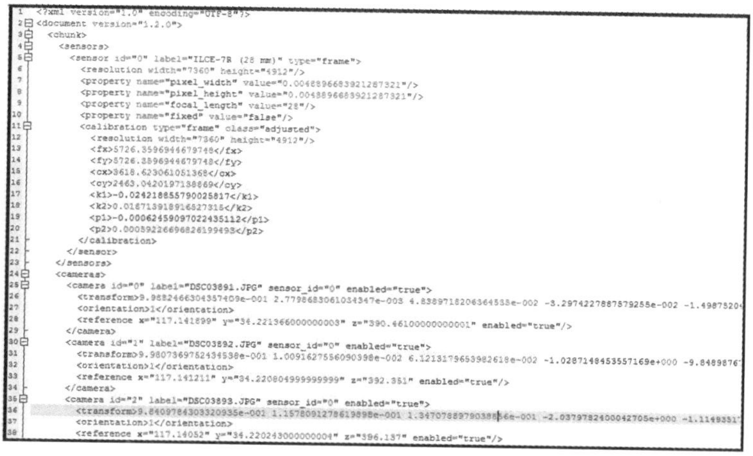

图 9-85　空三成果成功导出的数据

9.3.3　产品生产

1. 设置工程范围

设置工程范围是可选操作，系统默认是所有影像覆盖的范围。在主界面中激活模型标签，在工具栏上选择"调整区域大小""旋转区域"等功能，然后在模型视图中用鼠标可以修改工程的范围，如图 9-86 所示。

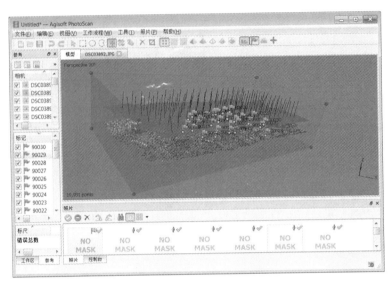

图 9-86　设置工程范围

PhotoScan 的所有产品生产操作都在工作流程中列出，如图 9-87 所示，作业人员根据需要生产对应产品即可。

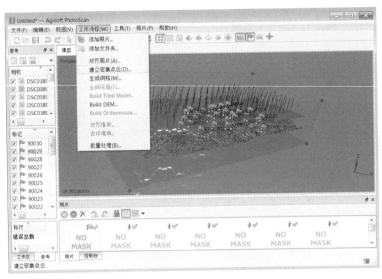

图 9-87　PhotoScan 的产品生产操作菜单

2. 生成密集点云

在工程流程中选择建立密集点云，系统弹出如图 9-88 所示参数设置界面。

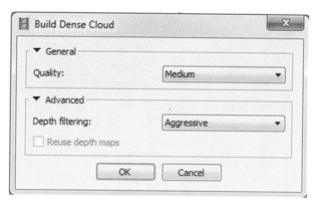

图 9-88　密集点云匹配参数设置

在对话框中可设置相关参数，包括质量、深度滤波等，设置完成后结果如图 9-89 所示。

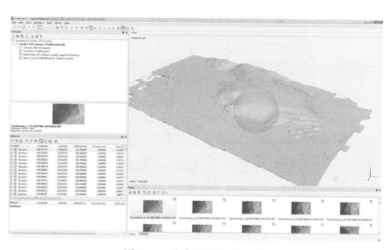

图 9-89　密集匹配设置结果

可以使用工具栏上的选择工具和删除/裁剪工具，编辑密集点云中的点。

3. 生成 Mesh

在密集点云被重建之后，可以基于密集的云数据生成 Mesh 模型，这一步是可选操作，如果不需要多边形模型作为最终结果，则可以跳过，从工程流程菜单中选择生成网格，系统弹出如图 9-90 所示 Mesh 参数设置界面。

按需求设置相关参数后，选择"OK"，开始处理，结果如图 9-91 所示。

生产 Mesh 数据后，PhotoScan 提供了以下几何图形编辑功能，对模型进行编辑处理，编辑处理是交互处理，这里仅介绍一些基本操作。

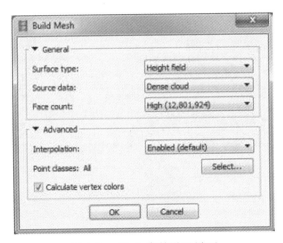

图 9-90　Mesh 参数设置界面

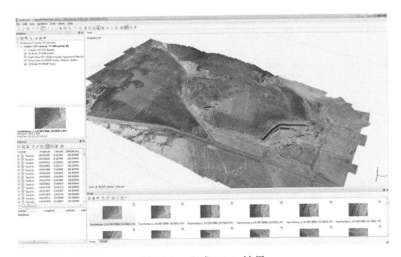

图 9-91　生成 Mesh 结果

删除不需要的面，使用工具栏中的选择工具指定要删除的面，所选区域在模型视图中以红色突出显示，请使用工具栏（或 Del 键）上的删除选择按钮或使用工具栏上的裁剪选择按钮删除所有未选中的面。

如果原始图像的重叠不够，可能需要在几何编辑阶段使用工具菜单中的"关闭孔"命令。在参数设置中，需要指定最大孔的尺寸，以总模型尺寸的百分比表示，如图 9-92 所示。

抽稀 Mesh，从工具菜单选择"抽稀（Decimate Mesh）"命令，在参数设置对话框中，指定最终模型中的面数量，如图 9-93 所示。

Mesh 编辑处理功能比较多，这里就不一一介绍，有兴趣和需求的用户请参考 Photo-Scan 的详细使用说明。

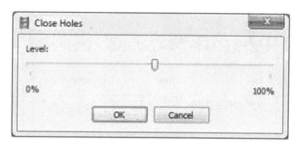

图 9-92　填充 Mesh 的小洞

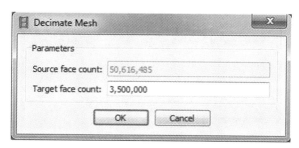

图 9-93　抽稀 Mesh 的参数设置

4. 生成纹理

从工程流程菜单中选择生成纹理，系统弹出如图 9-94 所示对话框。

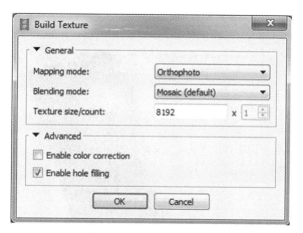

图 9-94　生成纹理的参数

设置需要的参数后选择"OK"，即可开始生成纹理。

5. 生成 DEM

从工程流程菜单中选择生成 DEM，系统弹出如图 9-95 所示对话框。

图 9-95　生成 DEM 的参数

　　DEM 数据可以基于点云或者 Mesh 生成。通常选择点云,处理完成可见到如图 9-96 所示结果。

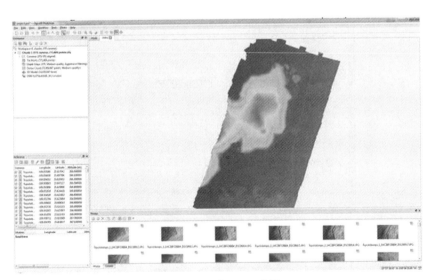

图 9-96　生成 DEM 成果

6. 导出 DEM

在主界面的文件菜单中选择导出 DEM，可见到如图 9-97 所示对话框。

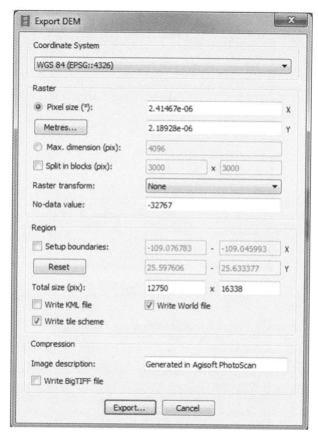

图 9-97　导出 DEM 的参数

在对话框中指定相关参数后，选择导出即可。

7. 生成正射影像

从工程流程菜单中选择生成正射影像，系统弹出如图 9-98 所示对话框。
界面中可指定成果坐标系统，所需要的 DEM 数据，正射影像的地面元大小 GSD 等。

8. 导出正射影像

在主界面的文件菜单中选择导出正射影像，可得到如图 9-99 所示对话框。
在对话框中设置相关参数，其中 Split in blocks 按分块导出在数据量比较大情况下，可以加快速度，建议选中，此外导出文件格式不推荐选择 JPEG 这类，有损压缩，文件超过 4G 后，PhotoScan 会启用 BigTiff 格式。

图 9-98 生成正射影像的参数

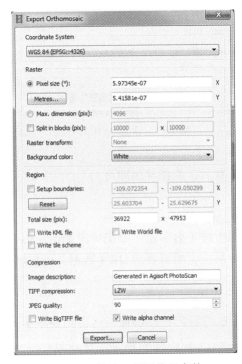

图 9-99 导出正射影像的参数

参 考 文 献

［1］ 王之卓. 摄影测量原理 ［M］. 北京：测绘出版社，1979.

［2］ 张剑清，潘励，王树根. 摄影测量学 ［M］. 武汉：武汉大学出版社，2003.

［3］ 张祖勋，张剑清. 数字摄影测量学 ［M］. 武汉：武汉大学出版社，2012.

［4］ 段延松. 数字摄影测量4D生产综合实习教程 ［M］. 武汉：武汉大学出版社，2014.

［5］ 段延松. 航空摄影测量内业 ［M］. 武汉：武汉大学出版社，2018.

［6］ 刘亚文，段延松，柯涛. 摄影测量综合实习教程 ［M］. 武汉：武汉大学出版社，2018.

［7］ 周俊. 电子经纬仪的误差修正和模型仿真 ［D］. 南京：南京航空航天大学，2005.

［8］ 国家测绘局测绘标准化研究所. GB/T 6962—2005 1∶500、1∶1000、1∶2000 比例尺地形图航空摄影规范 ［S］//全国地理信息标准化技术委员会. 北京：中国标准出版社，2005.

［9］ 张祖勋，张剑清，张力. 数字摄影测量发展的机遇与挑战 ［J］. 武汉测绘科技大学学报，2000 （1）.

［10］ 王树根. 摄影测量原理及应用 ［M］. 武汉：武汉大学出版社，2009.

［11］ 贾永红. 数字图像处理 ［M］. 武汉：武汉大学出版社，2003.

［12］ 孔祥元. 大地测量学基础 ［M］. 武汉：武汉大学出版社，2010.

［13］ 徐绍铨，张华海，杨志强. GPS测量原理及应用 ［M］. 武汉：武汉大学出版社，2008.

［14］ 郭学林. 航空摄影测量外业 ［M］. 郑州：黄河水利出版社，2011.

［15］ 孔毅，张志强，赵崇亮. 基于ArcGIS的CAD数据入库研究 ［J］. 测绘通报，2010 （5）.

［16］ 王孟杰. 数字测绘产品的质量控制策略浅析 ［J］. 科技资讯，2006 （28）.

［17］ Ir Chung San, Han L A. Digital Photogrammetry on the Move ［J］. GIM, 1993, 7 （8）.

［18］ A. Stewart Walker, Gordon Petrie. Digital Photogramatric Workstations 1992-96 ［J］. International Archives of Photogrammetry and Remote Sensing 18th Congress Vienna, Austria, 1996, 19 （B2）：384-395.

［19］ 何国金，李克鲁，胡德永，从柏林，张雯华. 多卫星遥感数据的信息融合：理论、方法与实践 ［J］. 中国图象图形学报，1999 （9）.

［20］ 周邦义. 基于测绘产品生产现状的检验措施研究 ［J］. 科技资讯，2011 （15）.

［21］ 张晓东，吴正鹏. 全数字空中三角测量精度影响因素分析 ［J］. 天津测绘，2013 （1）.

［22］ 王宗权 . 利用 Geoway-Checker 软件设计 1∶5 千缩编 1∶1 万 DLG 数据检查程序 ［J］. 数字技术与应用，2012（9）.

［23］ 赵向方 . 关于 DLG 数据整理及建库质量控制的探讨 ［J］. 北京测绘，2011（2）.

［24］ 大疆精灵 Phantom 4 系列教学合集 ［EB/OL］. ［2016-3-16］. https：//bbs. dji. com/forum. php? mod＝forumdisplay&fid＝65&filter＝typeid&typeid＝172.

［25］ 南方测绘 GPS/RTK 仪器 S86 2016 测量系统使用手册 ［EB/OL］. ［2018-10-10］. http：//www. southsurvey. com/download. php? id＝22.

［26］ UMap 飞控软件使用手册 ［EB/OL］. ［2018-01-13］. https：//max. book118. com/html/2018/0113/148566902. shtm.

［27］ RtechGo 飞控软件使用手册 ［EB/OL］. ［2018-1-1］. http：//www. whrtech. com/Support. html.

［28］ ContextCapture 软件使用手册 ［EB/OL］. ［2018-1-1］. https：//www. bentley. com/zh/products/product-line/reality-modeling-software/contextcapture.

［29］ Pix4dMaper 软件使用手册 ［EB/OL］. ［2018-01-01］. https：//pix4d. com. cn/faq-2/.

［30］ PhotoScan 软件使用手册 ［EB/OL］. ［2018-02-02］. http：//www. agisoft. cn/Download/JCS/.